高等学校“十三五”规划教材

本书荣获中国石油和化学工业优秀出版物奖

线性代数及其MATLAB应用

第二版

Second Edition

谢彦红　吴茂全　主　编

韩世迁　李明辉　副主编

化学工业出版社

·北京·

本书主要面向应用型本科人才的培养。内容包括：行列式、矩阵及初等变换法、求解线性方程组的理论与方法、向量的相关性理论、矩阵的特征值问题及二次型化标准形方法等。书中每章最后一节介绍了利用MATLAB软件解决相应线性代数问题的内容，为逐步提高学生解决更复杂的实际问题的能力打下良好的基础。书末附录中介绍了线性代数发展简史，能拓宽视野，扩展知识面，提高数学素养。

本书在编写过程中注重数学思想的渗透，重视数学概念产生背景的分析，引进概念尽量结合实际，由直观到抽象，深入浅出，通俗易懂。本书课后习题按照一定的难易比例进行配备，习题中融入了近年考研真题，以期满足各层次学生的学习需求。

本书适用于普通高等学校理工科各专业，亦可供其他相关专业选用，适用面较广。本书还可以作为考研读者及科技工作者的参考书。

图书在版编目（CIP）数据

线性代数及其MATLAB应用/谢彦红，吴茂全主编．2版．—北京：化学工业出版社，2017.6 （2023.8重印）
高等学校“十三五”规划教材 本书荣获中国石油和化学工业优秀出版物奖
ISBN 978-7-122-29510-1

Ⅰ.①线… Ⅱ.①谢…②吴… Ⅲ.①线性代数-计算机辅助计-Matlab软件-高等学校-教材 Ⅳ.①O151.2-39

中国版本图书馆CIP数据核字（2017）第081543号

责任编辑：郝英华　　装帧设计：韩　飞
责任校对：边　涛

出版发行：化学工业出版社（北京市东城区青年湖南街13号　邮政编码100011）
印　　装：三河市延风印装有限公司
787mm×1092mm　1/16　印张11　字数265千字　　2023年8月北京第2版第6次印刷

购书咨询：010-64518888　　售后服务：010-64518899
网　　址：http://www.cip.com.cn
凡购买本书，如有缺损质量问题，本社销售中心负责调换。

定　　价：32.00元

《线性代数及其 MATLAB 应用》编写人员

主　编　谢彦红　吴茂全

副主编　韩世迁　李明辉

参　编（以姓氏笔画为序）

刘　丹　李明辉　吴会咏　吴茂全　张　成

姜　鹏　韩世迁　谢彦红

前言 PREFACE

数学不仅是一种工具，而且是一种思维模式；不仅是一种知识，而且是一种素养；不仅是一种科学，而且是一种文化。数学教育在培养高素质科学技术人才中越来越显示出其独特的、不可替代的重要作用。

随着计算机技术的飞速发展，线性代数的基本理论和方法在自然科学、社会科学、工程技术及经济管理等领域得到了广泛应用，已经成为广大科技工作者从事基础研究、应用研究必不可少的数学工具。因而线性代数是高等院校理工农医经管等学科本科生必修的一门重要基础课，也是硕士研究生入学必考的科目之一。该课程有助于培养学生的抽象思维能力、逻辑推理能力、空间想象能力、数值计算能力和综合运用知识分析解决问题的能力，为后续课程的学习奠定良好的数学基础。

编者依据教育部普通高等学校教学指导委员会所制订的新的本科数学基础课程教学基本要求，将多年的教学经验有机地融入书中，在编写过程中注重数学思想的渗透，重视数学概念产生背景的分析。编者在编写过程中主要考虑了以下几个方面。

（1）线性代数教学学时偏少。在内容安排上力求全面、精炼，注重深入浅出，从具体到抽象，简明易懂，使学生少走弯路地接受新知识。在习题配备上，既有必要的基础训练，又有适当的综合提高题，并挑选了近十年典型的考研真题放在总习题里，如题号后（2016 数学一）表示 2016 年数学一的考题，以期满足各层次学生的需求。

（2）利用代数余子式引入行列式的概念。本书避开了排列、轮换等知识，通过以旧带新的方式，即学生在中学已学过的知识——二、三阶行列式及代数余子式的概念引出 n 阶行列式的定义，使学生更易接受和理解行列式的本质。

（3）突出了矩阵及初等变换方法。本书注重运用矩阵的思想和方法处理问题，在求逆矩阵、矩阵的秩、判别向量组的线性相关性、求解线性方程组及二次型化标准形等问题上，初等变换方法贯穿始终。

（4）注重学生实践能力的培养。为了加强学生运用线性代数知识解决实际问题的实践能力培养，本书在每一章的最后一节均介绍了利用 MATLAB 软件解决相应线性代数问题的内容，为逐步提高学生解决更复杂的实际问题的能力打下良好的基础。

（5）注重数学素养的提升。随着科学技术的迅猛发展，数学文化已渗透到社会的各领域，具备数学素养的高科技人才更适合社会发展需要，因此本书在附录部分简要介绍了线性代数的发展历程，以期拓宽视野、扩展知识面，提高数学素养。附录中还介绍了一元多项式的基本理论，以便讨论矩阵对角化求特征值时参考应用。

本书第二版是在第一版的基础上，根据我们三年多的教学实践，按照新形势下教材改革的需求，并吸取使用本书的同行们所提出的宝贵意见修订而成。

本次修订，我们保留了原书的体系，对书中一些不很确切的文字符号做了修改；对书中几处内容做了次序调整；将原来的第 5 章特征值问题和第 6 章二次型进行了整合，使全书更具系统性，同时也满足了资源共享课程教学的需要；调整增加了部分例题和习题，并增加了最新考研试题，为进一步深造的同学提供参考资料。

本书由谢彦红、吴茂全主编，韩世迁、李明辉任副主编，参加本书编写的还有张成、刘丹、姜鹏、吴会咏。本书的出版得益于沈阳化工大学各级领导的鼓励和支持，得益于广大同仁的大力支持，在此一并表示衷心的感谢！

编者力求编好此书，但限于水平，难免有疏漏之处，敬请广大同仁及读者批评指正。

编者

2017 年 4 月

目录 CONTENTS

第1章　行列式

1.1　n 阶行列式 …… 1

1.1.1　二阶、三阶行列式 …… 1

1.1.2　二阶和三阶行列式的关系 …… 4

1.1.3　n 阶行列式 …… 5

习题 1-1 …… 8

1.2　行列式的性质 …… 8

1.3　行列式的计算实例 …… 13

习题 1-3 …… 17

1.4　行列式的应用 …… 18

习题 1-4 …… 22

1.5　行列式的 MATLAB 应用 …… 22

1.5.1　MATLAB 简介 …… 22

1.5.2　行列式的 MATLAB 应用实例 …… 22

总习题 1 …… 26

第2章　矩阵

2.1　矩阵的概念 …… 29

2.1.1　引例 …… 29

2.1.2　矩阵的定义 …… 30

习题 2-1 …… 31

2.2　矩阵的运算 …… 32

2.2.1　矩阵的加法 …… 32

2.2.2　数与矩阵乘法 …… 32

2.2.3　矩阵与矩阵的乘法 …… 33

2.2.4　矩阵的转置 …… 36

2.2.5　方阵的行列式 …… 38

习题 2-2 …… 38

2.3　逆矩阵 …… 39

2.3.1　逆矩阵的定义 …… 39

2.3.2　方阵可逆的充分必要条件 …… 39

2.3.3　可逆矩阵的运算规律 …… 42

习题 2-3 …… 43

2.4　矩阵的分块 …… 43

2.4.1 分块矩阵 …… 43
2.4.2 分块矩阵的运算 …… 45
习题 2-4 …… 50
2.5 初等变换与初等矩阵 …… 51
2.5.1 矩阵的初等变换 …… 51
2.5.2 矩阵的标准形 …… 51
2.5.3 初等矩阵 …… 53
习题 2-5 …… 57
2.6 矩阵的 MATLAB 应用 …… 58
2.6.1 矩阵的输入 …… 58
2.6.2 一些特殊矩阵的产生 …… 58
2.6.3 矩阵中元素的操作及运算 …… 59
2.6.4 初等变换的 MATLAB 应用实例 …… 62
总习题 2 …… 63

第 3 章 矩阵的秩与线性方程组

3.1 矩阵的秩 …… 66
3.1.1 矩阵的秩的定义 …… 66
3.1.2 矩阵的秩的计算 …… 67
3.1.3 矩阵的秩的性质 …… 68
习题 3-1 …… 69
3.2 齐次线性方程组 …… 69
习题 3-2 …… 71
3.3 非齐次线性方程组 …… 72
习题 3-3 …… 75
3.4 矩阵的秩与线性方程组的 MATLAB 应用 …… 75
3.4.1 矩阵的秩的 MATLAB 应用实例 …… 75
3.4.2 线性方程组的 MATLAB 应用实例 …… 76
总习题 3 …… 78

第 4 章 向量空间

4.1 向量组的线性相关性 …… 79
4.1.1 n 维向量 …… 79
4.1.2 向量组的线性组合 …… 80
4.1.3 线性相关 …… 82
习题 4-1 …… 84
4.2 向量组的秩 …… 85
习题 4-2 …… 87
4.3 向量空间 …… 88

习题 4-3 …… 89
4.4 线性方程组解的结构 …… 90
4.4.1 齐次线性方程组解的结构 …… 90
4.4.2 非齐次线性方程组解的结构 …… 93
习题 4-4 …… 94
4.5 向量的内积 …… 95
4.5.1 向量的内积 …… 95
4.5.2 正交向量组 …… 96
4.5.3 施密特(Schimidt)正交化过程 …… 97
4.5.4 正交矩阵 …… 98
习题 4-5 …… 99
4.6 向量空间的 MATLAB 应用 …… 100
4.6.1 向量的内积与单位化 …… 100
4.6.2 向量组线性相关性及秩的 MATLAB 应用实例 …… 100
4.6.3 方程组解的结构的 MATLAB 应用实例 …… 102
总习题 4 …… 104

第 5 章 特征值问题与二次型

5.1 方阵的特征值与特征向量 …… 106
5.1.1 特征值与特征向量的概念 …… 106
5.1.2 特征值与特征向量的性质 …… 108
习题 5-1 …… 110
5.2 相似矩阵与方阵的对角化 …… 110
5.2.1 方阵的对角化 …… 110
5.2.2 方阵对角化的应用 …… 113
习题 5-2 …… 114
5.3 实对称矩阵的对角化 …… 114
5.3.1 实对称矩阵的对角化 …… 114
5.3.2 用正交矩阵化实对称矩阵为对角阵 …… 116
习题 5-3 …… 119
5.4 二次型及其标准形 …… 120
5.4.1 二次型的定义和矩阵表示，合同矩阵 …… 120
5.4.2 正交变换化二次型为标准形 …… 122
5.4.3 配方法化二次型为标准形 …… 124
习题 5-4 …… 126
5.5 正定二次型 …… 127
习题 5-5 …… 129
5.6 特征值问题与二次型问题的 MATLAB 应用 …… 129
5.6.1 特征值与对角化的 MATLAB 应用实例 …… 129

5.6.2 正交变换化标准形的 MATLAB 应用实例 …… 133
总习题 5 …… 136

习题参考答案与提示

附录

附录 1 线性代数发展简史 …… 157
附录 2 一元多项式的一些概念和结论 …… 161

参考文献

随着计算机技术的飞速发展，线性代数的基本理论和方法在自然科学、社会科学、工程技术及经济管理等领域得到广泛应用。因而线性代数是高等院校理工类、经管类、农医类及社科类等本科生必修的一门重要基础课。

通过该课程的学习，逐渐培养学生的抽象思维能力、逻辑推理能力、空间想象能力、数值计算能力和综合运用知识分析解决问题的能力，为后续课程的学习奠定良好的数学基础。

第1章　行列式

行列式是一种特定的算式，它是我们今后学习线性代数的一个基本工具．本章将在二、三阶行列式的基础上，给出 n 阶行列式的定义并讨论其性质及利用其性质计算行列式等内容．最后讨论行列式知识的有关应用．

1.1　n 阶行列式

1.1.1　二阶、三阶行列式

从消元法解二元线性方程组入手，引入二阶行列式．

设有二元线性方程组

$$\begin{cases} a_{11}x_1+a_{12}x_2=b_1 & \text{(1-1a)} \\ a_{21}x_1+a_{22}x_2=b_2 & \text{(1-1b)} \end{cases} \tag{1-1}$$

其中 a_{ij}（$i,j=1,2$）是未知数 x_j（$j=1,2$）的系数，b_i（$i=1,2$）是常数项．

用消元法消去 x_2，即 $a_{22}\times$式(1-1a)$-a_{12}\times$式(1-1b)，得

$$(a_{11}a_{22}-a_{12}a_{21})x_1=b_1a_{22}-a_{12}b_2$$

$a_{11}\times$式(1-1b)$-a_{21}\times$式(1-1a)，得

$$(a_{11}a_{22}-a_{12}a_{21})\ x_2=a_{11}b_2-b_1a_{21}$$

当 $a_{11}a_{22}-a_{12}a_{21}\neq 0$ 时，方程组(1-1) 有唯一解为

$$\begin{cases} x_1=\dfrac{b_1a_{22}-a_{12}b_2}{a_{11}a_{22}-a_{12}a_{21}} \\ x_2=\dfrac{a_{11}b_2-b_1a_{21}}{a_{11}a_{22}-a_{12}a_{21}} \end{cases} \tag{1-2}$$

从式(1-2) 可以看到，x_1，x_2的分母都等于 $a_{11}a_{22}-a_{12}a_{21}$，它是由方程组(1-1) 的未知量系数所确定的，将方程组(1-1) 的系数按原来位置排成两行两列（横的称为行，竖的称为列）的方表（见图 1.1）．

图 1.1

从图 1.1 可以看出，$a_{11}a_{22}-a_{12}a_{21}$就是方表中实线表示的对角线（称为**主对角线**）上的两个数的乘积减去用虚线表示的对角线（称为**次对角线**）上的两个数的乘积所得的差，通常用记号$\begin{vmatrix} a_{11} & a_{12} \\ a_{21} & a_{22} \end{vmatrix}$表示 $a_{11}a_{22}-a_{12}a_{21}$，即

定义$\begin{vmatrix} a_{11} & a_{12} \\ a_{21} & a_{22} \end{vmatrix}=a_{11}a_{22}-a_{12}a_{21}$称为**二阶行列式**，其中 a_{ij}（$i,j=1,2$）称为这个行列式

的第 i 行第 j 列的元素．行列式一般用字母 D 表示．

由二阶行列式的定义，二元线性方程组(1-1) 的解式(1-2)，当方程组(1-1) 的系数所组成的行列式［称为方程组(1-1) 的**系数行列式**］

$$\begin{vmatrix} a_{11} & a_{12} \\ a_{21} & a_{22} \end{vmatrix} \neq 0$$

时，方程组(1-1) 有唯一解，记 $D_1=\begin{vmatrix} b_1 & a_{12} \\ b_2 & a_{22} \end{vmatrix}$，$D_2=\begin{vmatrix} a_{11} & b_1 \\ a_{21} & b_2 \end{vmatrix}$，则方程组(1-1) 的解可用行列式表示为

$$x_1=\frac{D_1}{D}=\frac{\begin{vmatrix} b_1 & a_{12} \\ b_2 & a_{22} \end{vmatrix}}{\begin{vmatrix} a_{11} & a_{12} \\ a_{21} & a_{22} \end{vmatrix}},\ x_2=\frac{D_2}{D}=\frac{\begin{vmatrix} a_{11} & b_1 \\ a_{21} & b_2 \end{vmatrix}}{\begin{vmatrix} a_{11} & a_{12} \\ a_{21} & a_{22} \end{vmatrix}}$$

由二阶行列式的定义，二阶行列式的算法很容易记，即其值等于主对角线上元素的乘积减去次对角线上元素的乘积

【例 1.1】 计算 $\begin{vmatrix} 1 & 2 \\ 3 & -1 \end{vmatrix}$ 的值．

解 由二阶行列式的定义，得 $\begin{vmatrix} 1 & 2 \\ 3 & -1 \end{vmatrix}=1\times(-1)-3\times2=-7$

【例 1.2】 解方程组 $\begin{cases} x_1-3x_2=5 \\ 2x_1+4x_2=0 \end{cases}$

解 系数行列式 $D=\begin{vmatrix} 1 & -3 \\ 2 & 4 \end{vmatrix}=10\neq0$，方程组有唯一解

$$x_1=\frac{\begin{vmatrix} 5 & -3 \\ 0 & 4 \end{vmatrix}}{10}=\frac{20}{10}=2,\ x_2=\frac{\begin{vmatrix} 1 & 5 \\ 2 & 0 \end{vmatrix}}{10}=-1$$

定义 1.1 设有 $3\times3=9$ 个数 a_{ij}（$i=1,2,3$；$j=1,2,3$）排成三行三列的数表，记号

$$\begin{vmatrix} a_{11} & a_{12} & a_{13} \\ a_{21} & a_{22} & a_{23} \\ a_{31} & a_{32} & a_{33} \end{vmatrix}$$

表示代数和 $a_{11}a_{22}a_{33}+a_{12}a_{23}a_{31}+a_{13}a_{21}a_{32}-a_{11}a_{23}a_{32}-a_{12}a_{21}a_{33}-a_{13}a_{22}a_{31}$，称为**三阶行列式**．

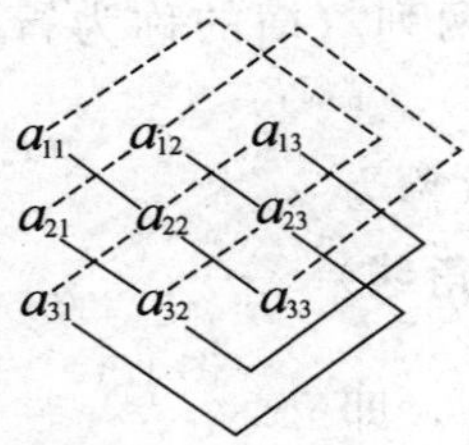

图 1.2

从上述定义可知，三阶行列式是 6 项的代数和，每一项都是不同行不同列的 3 个数的乘积，再冠以正负号，三项正号，三项负号，它可以用图 1.2 记忆．图中每条实线所连接的三个数的乘积前面加正号，每条虚线所连接的三个数的乘积前面加负号．这一计算行列式的方法叫做**对角线法**．

【例 1.3】 计算三阶行列式

$$D=\begin{vmatrix} 1 & 2 & 3 \\ 4 & 0 & 5 \\ -1 & 0 & 6 \end{vmatrix}$$

解 由对角线法，有

$D=1\times0\times6+3\times4\times0+2\times5\times(-1)-3\times0\times(-1)-1\times5\times0-2\times4\times6=-10-48=-58$

类似地，我们可以利用三阶行列式来解三元线性方程组

$$\begin{cases} a_{11}x_1+a_{12}x_2+a_{13}x_3=b_1 \\ a_{21}x_1+a_{22}x_2+a_{23}x_3=b_2 \\ a_{31}x_1+a_{32}x_2+a_{33}x_3=b_3 \end{cases} \tag{1-3}$$

记

$$D=\begin{vmatrix} a_{11} & a_{12} & a_{13} \\ a_{21} & a_{22} & a_{23} \\ a_{31} & a_{32} & a_{33} \end{vmatrix},\ D_1=\begin{vmatrix} b_1 & a_{12} & a_{13} \\ b_2 & a_{22} & a_{23} \\ b_3 & a_{32} & a_{33} \end{vmatrix},$$

$$D_2=\begin{vmatrix} a_{11} & b_1 & a_{13} \\ a_{21} & b_2 & a_{23} \\ a_{31} & b_3 & a_{33} \end{vmatrix},\ D_3=\begin{vmatrix} a_{11} & a_{12} & b_1 \\ a_{21} & a_{22} & b_2 \\ a_{31} & a_{32} & b_3 \end{vmatrix}$$

其中 D 称为方程组(1-3) 的系数行列式，D_j 是以常数项 b_1，b_2，b_3 分别替换系数行列式中的 a_{1j}，a_{2j}，a_{3j}（未知数 x_j 的系数）所得的行列式．于是当系数行列式 $D\neq0$ 时，方程组有唯一解

$$x_1=\frac{D_1}{D},\ x_2=\frac{D_2}{D},\ x_3=\frac{D_3}{D}$$

上述用行列式解线性方程组的方法称为**克莱姆（Cramer）法则**，以后还会介绍 n 元线性方程组的克莱姆法则．

【例 1.4】 解方程组

$$\begin{cases} x_1-2x_2+x_3=-2 \\ 2x_1+x_2-3x_3=1 \\ -x_1+x_2-x_3=0 \end{cases}$$

解 由于方程组的系数行列式 $D=\begin{vmatrix} 1 & -2 & 1 \\ 2 & 1 & -3 \\ -1 & 1 & -1 \end{vmatrix}=-5\neq0$

所以方程组有唯一解，又

$$D_1=\begin{vmatrix} -2 & -2 & 1 \\ 1 & 1 & -3 \\ 0 & 1 & -1 \end{vmatrix}=-5,\ D_2=\begin{vmatrix} 1 & -2 & 1 \\ 2 & 1 & -3 \\ -1 & 0 & -1 \end{vmatrix}=-10$$

$$D_3=\begin{vmatrix}1 & -2 & -2\\ 2 & 1 & 1\\ -1 & 1 & 0\end{vmatrix}=-5$$

因此方程组的解为：$x_1=\frac{D_1}{D}=1$，$x_2=\frac{D_2}{D}=2$，$x_3=\frac{D_3}{D}=1$

1.1.2 二阶和三阶行列式的关系

由二阶和三阶行列式的定义，可得

$$\begin{vmatrix}a_{11} & a_{12} & a_{13}\\ a_{21} & a_{22} & a_{23}\\ a_{31} & a_{32} & a_{33}\end{vmatrix}=a_{11}a_{22}a_{33}+a_{12}a_{23}a_{31}+a_{13}a_{21}a_{32}-a_{11}a_{23}a_{32}-a_{12}a_{21}a_{33}-a_{13}a_{22}a_{31}$$

$$=a_{11}(a_{22}a_{33}-a_{23}a_{32})-a_{12}(a_{21}a_{33}-a_{23}a_{31})+a_{13}(a_{21}a_{32}-a_{22}a_{31})$$

$$=a_{11}\begin{vmatrix}a_{22} & a_{23}\\ a_{32} & a_{33}\end{vmatrix}-a_{12}\begin{vmatrix}a_{21} & a_{23}\\ a_{31} & a_{33}\end{vmatrix}+a_{13}\begin{vmatrix}a_{21} & a_{22}\\ a_{31} & a_{32}\end{vmatrix}$$

从上式可以看到，三阶行列式等于它的第一行的每个元素分别乘一个二阶行列式的代数和．为了进一步说明这些二阶行列式与原来三阶行列式的关系，下面引入余子式和代数余子式的概念．

在三阶行列式

$$\begin{vmatrix}a_{11} & a_{12} & a_{13}\\ a_{21} & a_{22} & a_{23}\\ a_{31} & a_{32} & a_{33}\end{vmatrix}$$

中划去元素 a_{ij} 所在的第 i 行元素和第 j 列元素，剩下的元素按原来位置顺序组成的二阶行列式叫做元素 a_{ij} 的余子式，记作 M_{ij}，称 $(-1)^{i+j}M_{ij}$ 为元素 a_{ij} 的**代数余子式**，记作 A_{ij}．即

$$A_{ij}=(-1)^{i+j}M_{ij}$$

例如，在三阶行列式 D 中，元素 a_{12} 的余子式 M_{12} 是指：在 D 中划去元素 a_{12} 所在的第一行和第二列所有元素，剩下的元素按它们在 D 中原来位置顺序组成的二阶行列式，即

$$M_{12}=\begin{vmatrix}a_{21} & a_{23}\\ a_{31} & a_{33}\end{vmatrix}$$

而元素 a_{12} 的代数余子式为

$$A_{12}=(-1)^{1+2}M_{12}=-\begin{vmatrix}a_{21} & a_{23}\\ a_{31} & a_{33}\end{vmatrix}$$

利用代数余子式，三阶行列式可写成

$$D=a_{11}A_{11}+a_{12}A_{12}+a_{13}A_{13}$$

这表明：三阶行列式等于它的第一行的每一个元素与其对应的代数余子式的乘积的和．

对三阶行列式所含的 6 项做另外的组合，还可把三阶行列式写成

$$D=a_{21}A_{21}+a_{22}A_{22}+a_{23}A_{23}$$

或

$$D=a_{31}A_{31}+a_{32}A_{32}+a_{33}A_{33}$$

综合之，得

$$D=a_{i1}A_{i1}+a_{i2}A_{i2}+a_{i3}A_{i3}=\sum_{k=1}^{3}a_{ik}A_{ik}，(i=1，2，3) \quad (1\text{-}4)$$

式(1-4) 表明：三阶行列式等于它的任一行的三个元素与其对应的代数余子式乘积的和．

式(1-4) 称为三阶行列式按第 i 行展开的展开式．类似地，容易验证三阶行列式按列展开式为

$$D=a_{1j}A_{1j}+a_{2j}A_{2j}+a_{3j}A_{3j}=\sum_{k=1}^{3}a_{kj}A_{kj}，(j=1,2,3) \quad (1\text{-}5)$$

式(1-5) 表明：三阶行列式也等于它的任一列的三个元素与其对应的代数余子式乘积的和．

如果规定一阶行列式 $D_1=|a_{11}|=a_{11}$（注意与数 a_{11} 的绝对值的区别），并记二阶行列式中 a_{ij}（i，$j=1$，2）的代数余子式分别为

$$A_{11}=(-1)^{1+1}|a_{22}|=a_{22}，A_{12}=(-1)^{1+2}|a_{21}|=-a_{21}$$

$$A_{21}=(-1)^{2+1}|a_{12}|=-a_{12}，A_{22}=(-1)^{2+2}|a_{11}|=a_{11}$$

于是二阶行列式也有类似的按行展开式

$$D=\begin{vmatrix}a_{11} & a_{12}\\ a_{21} & a_{22}\end{vmatrix}=a_{i1}A_{i1}+a_{i2}A_{i2}=\sum_{k=1}^{2}a_{ik}A_{ik}，(i=1，2)$$

以及按列展开式

$$D=\begin{vmatrix}a_{11} & a_{12}\\ a_{21} & a_{22}\end{vmatrix}=a_{1j}A_{1j}+a_{2j}A_{2j}=\sum_{k=1}^{2}a_{kj}A_{kj}，(j=1，2)$$

【例 1.5】 计算三阶行列式

$$D=\begin{vmatrix}1 & 1 & -3\\ 0 & 2 & 3\\ 0 & 7 & 0\end{vmatrix}$$

解 由于第三行中有两个元素为零，故按第三行展开较简便．

$$D=7\times(-1)^{3+2}\begin{vmatrix}1 & -3\\ 0 & 3\end{vmatrix}=-21$$

或者按第一列展开也可以．

1.1.3 *n* 阶行列式

类似二阶和三阶行列式的关系，用归纳法给出 n 阶行列式的定义．

定义 1.2 设有 $n\times n=n^2$ 个数排成 n 行 n 列的数表，定义 n 阶行列式为

$$D=\begin{vmatrix} a_{11} & a_{12} & \cdots & a_{1n} \\ a_{21} & a_{22} & \cdots & a_{2n} \\ \vdots & \vdots & \ddots & \vdots \\ a_{n1} & a_{n2} & \cdots & a_{nn} \end{vmatrix}=\begin{cases} a_{11}, & n=1 \\ a_{11}A_{11}+a_{12}A_{12}+\cdots+a_{1n}A_{1n}, & n>1 \end{cases}$$

其中 A_{1j} 是元素 a_{1j} 的代数余子式($j=1, 2, \cdots, n$).

一般地，n 阶行列式中划去元素 a_{ij} 所在的第 i 行和第 j 列的元素，剩下的 $n-1$ 阶行列式即为元素 a_{ij} 的余子式，记作 M_{ij}，即

$$M_{ij}=\begin{vmatrix} a_{11} & \cdots & a_{1,j-1} & a_{1,j+1} & \cdots & a_{1n} \\ \vdots & \ddots & \vdots & \vdots & \ddots & \vdots \\ a_{i-1,1} & \cdots & a_{i-1,j-1} & a_{i-1,j+1} & \cdots & a_{i-1,n} \\ a_{i+1,1} & \cdots & a_{i+1,j-1} & a_{i+1,j+1} & \cdots & a_{i+1,n} \\ \vdots & \ddots & \vdots & \vdots & \ddots & \vdots \\ a_{n1} & \cdots & a_{n,j-1} & a_{n,j+1} & \cdots & a_{nn} \end{vmatrix}$$

在余子式 M_{ij} 前面加符号 $(-1)^{i+j}$，即为元素 a_{ij} 的代数余子式，记作 A_{ij}，即

$$A_{ij}=(-1)^{i+j}M_{ij}.$$

同三阶行列式类似，n 阶行列式按行（列）展开定理如下.

定理 1.1 n 阶行列式等于它任一行（列）的 n 个元素与其对应的代数余子式乘积的和，即

$$D=a_{i1}A_{i1}+a_{i2}A_{i2}+\cdots+a_{in}A_{in}=\sum_{k=1}^{n}a_{ik}A_{ik}\ (i=1,2,\cdots,n)$$

或

$$D=a_{1j}A_{1j}+a_{2j}A_{2j}+\cdots+a_{nj}A_{nj}=\sum_{k=1}^{n}a_{kj}A_{kj}\ (j=1,2,\cdots,n)$$

证明 略.

【例 1.6】 计算四阶行列式

$$D=\begin{vmatrix} 2 & 0 & -2 & 4 \\ 3 & 0 & 1 & 1 \\ 0 & 1 & 0 & 3 \\ 0 & 0 & 5 & 1 \end{vmatrix}$$

解 由于第二列的零元较多，所以按第二列展开较简便，即

$$D=(-1)^{3+2}\begin{vmatrix} 2 & -2 & 4 \\ 3 & 1 & 1 \\ 0 & 5 & 1 \end{vmatrix}=-\begin{vmatrix} 2 & -2 & 4 \\ 3 & 1 & 1 \\ 0 & 5 & 1 \end{vmatrix}$$

再按第一列展开，得

$$D=-2\times(-1)^{1+1}\begin{vmatrix} 1 & 1 \\ 5 & 1 \end{vmatrix}-3\times(-1)^{1+2}\begin{vmatrix} -2 & 4 \\ 5 & 1 \end{vmatrix}=8-66=-58$$

【例 1.7】 证明

(1)主对角线行列式

$$\begin{vmatrix} a_{11} & & & \\ & a_{22} & & \\ & & \ddots & \\ & & & a_{nn} \end{vmatrix}=a_{11}a_{22}\cdots a_{nn}$$

（2）上三角形行列式

$$\begin{vmatrix} a_{11} & a_{12} & \cdots & a_{1n} \\ & a_{22} & \cdots & a_{2n} \\ & & \ddots & \vdots \\ & & & a_{nn} \end{vmatrix}=a_{11}a_{22}\cdots a_{nn}$$

（3）下三角形行列式

$$\begin{vmatrix} a_{11} & & & \\ a_{21} & a_{22} & & \\ \vdots & \vdots & \ddots & \\ a_{n1} & a_{n2} & \cdots & a_{nn} \end{vmatrix}=a_{11}a_{22}\cdots a_{nn}$$

（4）副对角线行列式

$$\begin{vmatrix} & & a_1 \\ & a_2 & \\ \iddots & & \\ a_n & & \end{vmatrix}=(-1)^{\frac{n(n-1)}{2}}a_1a_2\cdots a_n$$

注：以上未写出的元素均为零．

证明 只证(3)和(4)．

（3）按第一行展开

$$D=a_{11}\ (-1)^{1+1}\begin{vmatrix} a_{22} & & \\ \vdots & \ddots & \\ a_{n2} & \cdots & a_{nn} \end{vmatrix}=a_{11}a_{22}\ (-1)^{1+1}\begin{vmatrix} a_{33} & & \\ \vdots & \ddots & \\ a_{n3} & \cdots & a_{nn} \end{vmatrix}$$

$$=\cdots\ =a_{11}a_{22}\cdots a_{n-1}\ (-1)^{1+1}|a_{nn}|\ =a_{11}a_{22}\cdots a_{nn}$$

（4）按第一行展开

$$D=a_1\ (-1)^{1+n}\begin{vmatrix} & a_2 \\ \iddots & \\ a_n & \end{vmatrix}=(-1)^{1+n}a_1a_2\ (-1)^{1+(n-1)}\begin{vmatrix} & a_3 \\ \iddots & \\ a_n & \end{vmatrix}$$

$$=\cdots=\ (-1)^{1+n}\ (-1)^{1+(n-1)}\cdots\ (-1)^{1+2}a_1a_2\cdots a_{n-1}|a_n|$$

$$=\ (-1)^{\frac{(n-1)(n+4)}{2}}a_1a_2\cdots a_n\ =\ (-1)^{\frac{n(n-1)}{2}}a_1a_2\cdots a_n$$

上述例子在实际计算中经常用到，较为复杂的行列式往往选择等于零的元素较多的一行（列）展开，再加上利用行列式的性质，在行列式中化出尽可能多的零，或化成以上的特殊行列式，使计算更加快捷简便．

习题 1-1

1. 计算下列行列式

(1) $\begin{vmatrix} 1 & -2 \\ 3 & 4 \end{vmatrix}$　　(2) $\begin{vmatrix} 0 & a & b \\ -a & 0 & c \\ -b & -c & 0 \end{vmatrix}$

2. 解方程

(1) $\begin{vmatrix} \lambda-3 & -1 \\ -5 & \lambda+1 \end{vmatrix}=0$　　(2) $\begin{vmatrix} \lambda+1 & -1 & 0 \\ 4 & \lambda-3 & 0 \\ -1 & 0 & \lambda-2 \end{vmatrix}=0$

3. 解方程组

(1) $\begin{cases} 2x_1+x_2=1 \\ 3x_1-2x_2=12 \end{cases}$　　(2) $\begin{cases} 3x_1+2x_2-x_3=1 \\ x_1+5x_2+x_3=0 \\ 2x_1+3x_2-2x_3=-5 \end{cases}$

4. 计算下列行列式第三行元素的代数余子式，并求出各行列式

(1) $\begin{vmatrix} 1 & -1 & 0 & 1 \\ 2 & 0 & 2 & -1 \\ 0 & 0 & 0 & 0 \\ 3 & 1 & 3 & -2 \end{vmatrix}$　　(2) $\begin{vmatrix} 1 & -1 & 0 & 1 \\ 2 & 0 & 2 & -1 \\ a & b & c & d \\ 3 & 1 & 3 & -2 \end{vmatrix}$

5. 计算下列行列式

(1) $\begin{vmatrix} x & y & 0 & \cdots & 0 & 0 \\ 0 & x & y & \cdots & 0 & 0 \\ \vdots & \vdots & \vdots & \ddots & \vdots & \vdots \\ 0 & 0 & 0 & \cdots & x & y \\ y & 0 & 0 & \cdots & 0 & x \end{vmatrix}$　　(2) $\begin{vmatrix} x & a & b & 0 & c \\ 0 & y & 0 & 0 & d \\ 0 & c & z & 0 & f \\ y & h & k & u & l \\ 0 & 0 & 0 & 0 & v \end{vmatrix}$

6. 证明

$$\begin{vmatrix} a_{11} & a_{12} & 0 & 0 \\ a_{21} & a_{22} & 0 & 0 \\ a_{31} & a_{32} & a_{33} & a_{34} \\ a_{41} & a_{42} & a_{43} & a_{44} \end{vmatrix} = \begin{vmatrix} a_{11} & a_{12} \\ a_{21} & a_{22} \end{vmatrix} \cdot \begin{vmatrix} a_{33} & a_{34} \\ a_{43} & a_{44} \end{vmatrix}$$

1.2 行列式的性质

由行列式的定义可知，当行列式的阶数 n 较大时，直接用定义计算行列式是较为繁琐的．下面介绍行列式的一些性质，以此简化行列式的计算．

将行列式 D 的各行与同序号的列互换，所得到的行列式称为行列式 D 的**转置行列式**，记作 D^{T}. 设

$$D=\begin{vmatrix} a_{11} & a_{12} & \cdots & a_{1n} \\ a_{21} & a_{22} & \cdots & a_{2n} \\ \vdots & \vdots & \ddots & \vdots \\ a_{n1} & a_{n2} & \cdots & a_{nn} \end{vmatrix}$$

则

$$D^{\mathrm{T}}=\begin{vmatrix} a_{11} & a_{21} & \cdots & a_{n1} \\ a_{12} & a_{22} & \cdots & a_{n2} \\ \vdots & \vdots & & \vdots \\ a_{1n} & a_{2n} & \cdots & a_{nn} \end{vmatrix}$$

性质 1.1 行列式 D 与它的转置行列式 D^{T} 相等 .

证明 用数学归纳法证明 . 当 $n=1$ 时，结论显然成立 .

假设对 $n-1$ 阶行列式上述结论正确，即 $n-1$ 阶行列式与它的转置行列式相等 . 现证明对上述的 n 阶行列式也正确 . 将 D 按第一列展开，得到

$$D=a_{11}A_{11}+a_{21}A_{21}+\cdots+a_{n1}A_{n1}$$

再将 D 的转置行列式 D^{T} 按第一行展开，注意 D^{T} 中第一行的元素就是 D 中第一列的元素，得到

$$D^{\mathrm{T}}=a_{11}\widetilde{A}_{11}+a_{21}\widetilde{A}_{12}+\cdots+a_{n1}\widetilde{A}_{1n}=\sum_{k=1}^{n}a_{k1}\widetilde{A}_{1k}$$

其中 $\widetilde{A}_{1k}=(-1)^{1+k}\widetilde{M}_{1k}$，由于 $\widetilde{M}_{1k}$ 是 M_{k1} 的转置，且 M_{k1} 是 $n-1$ 阶行列式，由归纳假设，$\widetilde{M}_{1k}=M_{k1}$，故 $\widetilde{A}_{1k}=(-1)^{1+k}\widetilde{M}_{1k}=(-1)^{k+1}M_{k1}=A_{k1}$，由此证得

$$D=\sum_{k=1}^{n}a_{k1}A_{k1}=D^{\mathrm{T}}$$

性质 1.1 说明了在行列式中行与列有相同的地位，后面对行所有的性质，对于列也成立，反过来也是对的 .

性质 1.2 对换行列式的两行（列），行列式变号（对换行列式的第 i 行与第 j 行，记作 $r_i \leftrightarrow r_j$；对换第 i 列与第 j 列，记作 $c_i \leftrightarrow c_j$）.

证明 先证对换行列式相邻两行的情形，设行列式

$$D=\begin{vmatrix} a_{11} & a_{12} & \cdots & a_{1n} \\ \vdots & \vdots & \ddots & \vdots \\ a_{i1} & a_{i2} & \cdots & a_{in} \\ a_{i+1,1} & a_{i+1,2} & \cdots & a_{i+1,n} \\ \vdots & \vdots & \ddots & \vdots \\ a_{n1} & a_{n2} & \cdots & a_{nn} \end{vmatrix}\begin{matrix} \\ \\ \leftarrow \text{第 } i \text{ 行} \\ \leftarrow \text{第 } i+1 \text{ 行} \\ \\ \\ \end{matrix}$$

对换第 i 和第 $i+1$ 两行后

$$D_1=\begin{vmatrix} a_{11} & a_{12} & \cdots & a_{1n} \\ \vdots & \vdots & \vdots & \vdots \\ a_{i+1,1} & a_{i+1,2} & \cdots & a_{i+1,n} \\ a_{i1} & a_{i2} & \cdots & a_{in} \\ \vdots & \vdots & \ddots & \vdots \\ a_{n1} & a_{n2} & \cdots & a_{nn} \end{vmatrix} \begin{matrix} \\ \\ \leftarrow \text{第 } i \text{ 行} \\ \leftarrow \text{第 } i+1 \text{ 行} \\ \\ \\ \end{matrix}$$

将 D 按 i 行展开，得

$$D=a_{i1}A_{i1}+a_{i2}A_{i2}+\cdots+a_{in}A_{in}=\sum_{k=1}^{n}a_{ik}A_{ik}$$

其中 $A_{ik}=(-1)^{i+k}M_{ik}$. 将 D_1按第 $i+1$ 行展开，得到

$$D_1=a_{i1}\widetilde{A}_{i+1,1}+a_{i2}\widetilde{A}_{i+1,2}+\cdots+a_{in}\widetilde{A}_{i+1,n}=\sum_{k=1}^{n}a_{ik}\widetilde{A}_{i+1,k}$$

其中 $\widetilde{A}_{i+1,k}=(-1)^{(i+1)+k}\widetilde{M}_{i+1,k}$. 注意到 D 中第 i 行元素 a_{ik} 的余子式 M_{ik} 与 D_1 中第 $i+1$行对应元素 a_{ik} 的余子式 $\widetilde{M}_{i+1,k}$ 是相同的，所以

$$\widetilde{A}_{i+1,k}=(-1)^{i+1+k}\widetilde{M}_{i+1,k}=-(-1)^{i+k}M_{ik}=-A_{ik}$$

从而得

$$D_1=-D$$

再证对换任意两行的情形. 不妨设对换第 i 和第 j 两行，且设 $j-i=l$ $(0<l<n)$. 对换步骤如下.

设 $$\begin{pmatrix} a_{11} & a_{12} & \cdots & a_{1n} \\ \vdots & \vdots & \ddots & \vdots \\ a_{i1} & a_{i2} & \cdots & a_{in} \\ \vdots & \vdots & \ddots & \vdots \\ a_{j1} & a_{j2} & \cdots & a_{jn} \\ \vdots & \vdots & \vdots & \vdots \\ a_{n1} & a_{n2} & \cdots & a_{nn} \end{pmatrix} \begin{matrix} \\ \\ \leftarrow \text{第 } i \text{ 行} \\ \\ \leftarrow \text{第 } j \text{ 行} \\ \\ \\ \end{matrix} \quad (j-i=l)$$

先将第 j 行逐次与其上一行对换，经过 l 次对换得行列式

$$\begin{vmatrix} a_{11} & a_{12} & \cdots & a_{1n} \\ \vdots & \vdots & \ddots & \vdots \\ a_{j1} & a_{j2} & \cdots & a_{jn} \\ a_{i1} & a_{i2} & \cdots & a_{in} \\ \vdots & \vdots & \ddots & \vdots \\ a_{n1} & a_{n2} & \cdots & a_{nn} \end{vmatrix} \begin{matrix} \\ \\ \leftarrow \text{第 } i \text{ 行} \\ \leftarrow \text{第 } i+1 \text{ 行} \\ \\ \\ \end{matrix}$$

再将上面的行列式的第 $i+1$ 行逐次与下一行对换，经过 $l-1$ 次对换，得到行列式

$$\begin{pmatrix} a_{11} & a_{12} & \cdots & a_{1n} \\ \vdots & \vdots & \ddots & \vdots \\ a_{j1} & a_{j2} & \cdots & a_{jn} \\ \vdots & \vdots & \ddots & \vdots \\ a_{i1} & a_{i2} & \cdots & a_{in} \\ \vdots & \vdots & \vdots & \vdots \\ a_{n1} & a_{n2} & \cdots & a_{nn} \end{pmatrix} \begin{matrix} \\ \\ \leftarrow 第\ i\ 行 \\ \\ \leftarrow 第\ j\ 行 \\ \\ \\ \end{matrix}$$

这样，行列式 D 经过 $2l-1$ 次相邻两行的逐次对换得到行列式 D_1，实现了将 D 中第 i，j 两行对换，因为相邻两行对换一次，行列式变换一次符号，所以

$$D_1=(-1)^{2l-1}D=-D$$

性质 1.3 行列式中有两行（列）对应元素相同，那么这个行列式等于零.

证明 设行列式 D 中第 i 行与第 j 行对应元素完全相同，把这两行对换后得到行列式 D_1，由性质 1.2 知 $D_1=-D$. 另一方面，由于对换的两行元素完全相同，有 $D_1=D$，由此推得

$$D=-D，2D=0$$

所以

$$D=0$$

利用性质 1.3 以及定理 1.1[行列式按行(列)展开定理]可推出下面推论.

推论 1.1 行列式的某一行（列）的每一个元素与另一行（列）对应元素的代数余子式的乘积之和等于零，即

$$a_{i1}A_{j1}+a_{i2}A_{j2}+\cdots+a_{in}A_{jn}=\sum_{k=1}^{n}a_{ik}A_{jk}=0 \quad (i\neq j)$$

或

$$a_{1i}A_{1j}+a_{2i}A_{2j}+\cdots+a_{ni}A_{nj}=\sum_{k=1}^{n}a_{ki}A_{kj}=0 \quad (i\neq j)$$

证明 只证推论对行的情形成立，对列的情形也有类似的证明. 构造行列式 D，使其第 i，j 两行对应元素完全相同.

$$\begin{pmatrix} a_{11} & a_{12} & \cdots & a_{1n} \\ \vdots & \vdots & \vdots & \vdots \\ a_{i1} & a_{i2} & \cdots & a_{in} \\ \vdots & \vdots & \vdots & \vdots \\ a_{i1} & a_{i2} & \cdots & a_{in} \\ \vdots & \vdots & \ddots & \vdots \\ a_{n1} & a_{n2} & \cdots & a_{nn} \end{pmatrix} \begin{matrix} \\ \\ \leftarrow 第\ i\ 行 \\ \\ \leftarrow 第\ j\ 行 \\ \\ \\ \end{matrix}$$

由性质 1.3 知道 $D=0$. 将 D 按第 j 行展开，得

$$a_{i1}A_{j1}+a_{i2}A_{j2}+\cdots+a_{in}A_{jn}=\sum_{k=1}^{n}a_{ik}A_{jk}=0 \quad (i\neq j)$$

综合定理 1.1 与上述推论 1.1，我们有

$$\sum_{k=1}^{n} a_{ik}A_{jk}=\begin{cases}D, & i=j\\0, & i\neq j\end{cases} \tag{1-6}$$

或

$$\sum_{k=1}^{n} a_{ki}A_{kj}=\begin{cases}D, & i=j\\0, & i\neq j\end{cases} \tag{1-7}$$

性质 1.4 行列式的某一行（列）中所有元素都乘以同一个数 k，等于用 k 去乘这个行列式(行列式的第 i 行乘以 k，记作 $r_i\times k$；第 j 列乘以 k，记作 $c_j\times k$)，即

$$\begin{vmatrix} a_{11} & a_{12} & \cdots & a_{1n}\\ \vdots & \vdots & \ddots & \vdots\\ ka_{i1} & ka_{i2} & \cdots & ka_{in}\\ \vdots & \vdots & \ddots & \vdots\\ a_{n1} & a_{n2} & \cdots & a_{nn}\end{vmatrix}=k\begin{vmatrix} a_{11} & a_{12} & \cdots & a_{1n}\\ \vdots & \vdots & \ddots & \vdots\\ a_{i1} & a_{i2} & \cdots & a_{in}\\ \vdots & \vdots & \ddots & \vdots\\ a_{n1} & a_{n2} & \cdots & a_{nn}\end{vmatrix}$$

证明 将上述等式左边的行列式按 i 行展开，得

$$\begin{aligned}左边&=ka_{i1}A_{i1}+ka_{i2}A_{i2}+\cdots+ka_{in}A_{in}\\&=k(a_{i1}A_{i1}+a_{i2}A_{i2}+\cdots+a_{in}A_{in})=右边\end{aligned}$$

性质 1.4 说明当行列式的某一行（列）有公因子 k 时，可把 k 提到行列式外面来．

性质 1.5 行列式中某两行（列）对应元素成比例，那么这个行列式等于零．

证明 利用性质 1.3 与性质 1.4 即可证得．

性质 1.6 如果行列式 D 中某一行（列）的每一个元素都是两个数的和，例如第 i 行元素都是两个数的和，则 D 等于下列两个行列式之和

$$\begin{vmatrix} a_{11} & a_{12} & \cdots & a_{1n}\\ \vdots & \vdots & \ddots & \vdots\\ a_{i1}+b_{i1} & a_{i2}+b_{i2} & \cdots & a_{in}+b_{in}\\ \vdots & \vdots & \ddots & \vdots\\ a_{n1} & a_{n2} & \cdots & a_{nn}\end{vmatrix}=\begin{vmatrix} a_{11} & a_{12} & \cdots & a_{1n}\\ \vdots & \vdots & \ddots & \vdots\\ a_{i1} & a_{i2} & \cdots & a_{in}\\ \vdots & \vdots & \ddots & \vdots\\ a_{n1} & a_{n2} & \cdots & a_{nn}\end{vmatrix}+\begin{vmatrix} a_{11} & a_{12} & \cdots & a_{1n}\\ \vdots & \vdots & \ddots & \vdots\\ b_{i1} & b_{i2} & \cdots & b_{in}\\ \vdots & \vdots & \ddots & \vdots\\ a_{n1} & a_{n2} & \cdots & a_{nn}\end{vmatrix}$$

证明 将 D 按第 i 行展开即可证得．

性质 1.7 把行列式的某一行（列）的每一个元素乘以同一个常数 k 后加到另一行（列）对应元素上去，那么行列式的值不变（第 j 行乘以 k 后加到第 i 行上去，记作 r_i+kr_j；第 j 列乘以 k 后加到第 i 列上去，记作 c_i+kc_j）．

$$\begin{vmatrix} a_{11} & a_{12} & \cdots & a_{1n}\\ \vdots & \vdots & \ddots & \vdots\\ a_{i1} & a_{i2} & \cdots & a_{in}\\ \vdots & \vdots & \ddots & \vdots\\ a_{j1} & a_{j2} & \cdots & a_{jn}\\ \vdots & \vdots & \ddots & \vdots\\ a_{n1} & a_{n2} & \cdots & a_{nn}\end{vmatrix}\xlongequal{r_i+kr_j}\begin{vmatrix} a_{11} & a_{12} & \cdots & a_{1n}\\ \vdots & \vdots & \ddots & \vdots\\ a_{i1}+ka_{j1} & a_{i2}+ka_{j2} & \cdots & a_{in}+ka_{jn}\\ \vdots & \vdots & \ddots & \vdots\\ a_{j1} & a_{j2} & \cdots & a_{jn}\\ \vdots & \vdots & \ddots & \vdots\\ a_{n1} & a_{n2} & \cdots & a_{nn}\end{vmatrix}$$

证明 利用性质 1.6 与性质 1.3、性质 1.4 即可证得．

我们可以利用以上介绍的行列式的性质，把行列式化成上（下）三角形行列式来求行列式的值．行列式的行（列）的三种运算，就是 $r_i \leftrightarrow r_j$，$r_i \times k$，$r_i + kr_j$ 和 $c_i \leftrightarrow c_j$，$c_j \times k$，$c_i + kc_j$，下一节中将介绍一些行列式的计算实例及其应用．

1.3 行列式的计算实例

这一节主要介绍利用行列式的性质，将行列式化成上（下）三角形或某行（列）零元素较多的行列式，再按此行（列）展开，使行列式的计算变得较简单，从而求得行列式的值．

【例 1.8】 计算行列式

$$\begin{vmatrix} 1 & -1 & 2 & -3 & 1 \\ -3 & 3 & -7 & 9 & -5 \\ 2 & 0 & 4 & -2 & 1 \\ 3 & -5 & 7 & -14 & 6 \\ 4 & -4 & 10 & -10 & 2 \end{vmatrix}$$

解 本例应用行列式性质及定理 1.1［行列式按行（列）展开定理］进行求解。

$$D = \begin{vmatrix} 1 & -1 & 2 & -3 & 1 \\ -3 & 3 & -7 & 9 & -5 \\ 2 & 0 & 4 & -2 & 1 \\ 3 & -5 & 7 & -14 & 6 \\ 4 & -4 & 10 & -10 & 2 \end{vmatrix} \xlongequal[\substack{r_4 - 3r_1 \\ r_5 - 4r_1}]{\substack{r_2 + 3r_1 \\ r_3 - 2r_1}} \begin{vmatrix} 1 & -1 & 2 & -3 & 1 \\ 0 & 0 & -1 & 0 & -2 \\ 0 & 2 & 0 & 4 & -1 \\ 0 & -2 & 1 & -5 & 3 \\ 0 & 0 & 2 & 2 & -2 \end{vmatrix}$$

$$\xlongequal[\text{展开}]{\text{依第一列}} (-1)^{1+1} \times 1 \times \begin{vmatrix} 0 & -1 & 0 & -2 \\ 2 & 0 & 4 & -1 \\ -2 & 1 & -5 & 3 \\ 0 & 2 & 2 & -2 \end{vmatrix} \xlongequal{r_3 + r_2} \begin{vmatrix} 0 & -1 & 0 & -2 \\ 2 & 0 & 4 & -1 \\ 0 & 1 & -1 & 2 \\ 0 & 2 & 2 & -2 \end{vmatrix}$$

$$\xlongequal[\text{展开}]{\text{依第一列}} (-1)^{2+1} \times 2 \begin{vmatrix} -1 & 0 & -2 \\ 1 & -1 & 2 \\ 2 & 2 & -2 \end{vmatrix}$$

$$\xlongequal[\text{展开}]{\text{依第一行}} -2\left[(-1)^2 \times (-1) \begin{vmatrix} -1 & 2 \\ 2 & -2 \end{vmatrix} + (-1)^4 \times (-2) \begin{vmatrix} 1 & -1 \\ 2 & 2 \end{vmatrix}\right] = 12$$

【例 1.9】 计算行列式

$$D_n = \begin{vmatrix} a & b & b & \cdots & b \\ b & a & b & \cdots & b \\ b & b & a & \cdots & b \\ \cdots & \cdots & \cdots & \cdots & \cdots \\ b & b & b & \cdots & a \end{vmatrix}$$

解 这个行列式的特点是各行元素之和都为 $a+(n-1)b$，因此可把行列式的第2，3，4，…，n 列同时加到第一列，再利用行列式的性质把它化成三角形行列式.

$$D_n \xlongequal[c_1+c_n]{\substack{c_1+c_2\\ c_1+c_3\\ \vdots}} \begin{vmatrix} a+(n-1)b & b & b & \cdots & b \\ a+(n-1)b & a & b & \cdots & b \\ a+(n-1)b & b & a & \cdots & b \\ \cdots & \cdots & \cdots & \cdots & \cdots \\ a+(n-1)b & b & b & \cdots & a \end{vmatrix} = [a+(n-1)b] \begin{vmatrix} 1 & b & b & \cdots & b \\ 1 & a & b & \cdots & b \\ 1 & b & a & \cdots & b \\ \cdots & \cdots & \cdots & \cdots & \cdots \\ 1 & b & b & \cdots & a \end{vmatrix}$$

$$\xlongequal[r_n-r_1]{\substack{r_2-r_1\\ r_3-r_1\\ \vdots}} [a+(n-1)b] \begin{vmatrix} 1 & b & b & \cdots & b \\ 0 & a-b & 0 & \cdots & 0 \\ 0 & 0 & a-b & \cdots & 0 \\ \cdots & \cdots & \cdots & \cdots & \cdots \\ 0 & 0 & 0 & \cdots & a-b \end{vmatrix} = [a+(n-1)b](a-b)^{n-1}$$

【例 1.10】 计算行列式

$$D=\begin{vmatrix} a & b & c & d \\ a & a+b & a+b+c & a+b+c+d \\ a & 2a+b & 3a+2b+c & 4a+3b+2c+d \\ a & 3a+b & 6a+3b+c & 10a+6b+3c+d \end{vmatrix}$$

解

$$D \xlongequal[r_2-r_1]{\substack{r_4-r_3\\ r_3-r_2}} \begin{vmatrix} a & b & c & d \\ 0 & a & a+b & a+b+c \\ 0 & a & 2a+b & 3a+2b+c \\ 0 & a & 3a+b & 6a+3b+c \end{vmatrix} \xlongequal[r_3-r_2]{r_4-r_3} \begin{vmatrix} a & b & c & d \\ 0 & a & a+b & a+b+c \\ 0 & 0 & a & 2a+b \\ 0 & 0 & a & 3a+b \end{vmatrix}$$

$$\xlongequal{r_4-r_3} \begin{vmatrix} a & b & c & d \\ 0 & a & a+b & a+b+c \\ 0 & 0 & a & 2a+b \\ 0 & 0 & 0 & a \end{vmatrix} = a^4$$

【例 1.11】 计算行列式

$$D_n=\begin{vmatrix} 2 & 1 & & & & \\ 1 & 2 & 1 & & & \\ & 1 & 2 & 1 & & \\ & & \ddots & \ddots & \ddots & \\ & & & 1 & 2 & 1 \\ & & & & 1 & 2 \end{vmatrix}$$

这是三对角线行列式，各条对角线上的元素都相同，且 n 阶行列式 D_n 与 $n-1$ 阶行列式 D_{n-1} 有相同形式(未写出的元素为零).

解 按第一行展开

$$D_n=2\times(-1)^{1+1}\begin{vmatrix}2&1&&&\\1&2&1&&\\&\ddots&\ddots&\ddots&\\&&1&2&1\\&&&1&2\end{vmatrix}+1\times(-1)^{1+2}\begin{vmatrix}1&1&&&&\\&2&1&&&\\&1&2&1&&\\&&\ddots&\ddots&\ddots&\\&&&1&2&1\\&&&&1&2\end{vmatrix}$$

等式右边的第二个行列式按第一列展开，得

$$D_n=2D_{n-1}-D_{n-2}$$

即

$$D_n-D_{n-1}=D_{n-1}-D_{n-2}$$

依此递推公式，可得

$$D_n-D_{n-1}=D_{n-1}-D_{n-2}=\cdots=D_2-D_1=\begin{vmatrix}2&1\\1&2\end{vmatrix}-2=1$$

$$D_n=D_{n-1}+1=(D_{n-2}+1)+1=D_{n-2}+2=\cdots=D_1+(n-1)=2+(n-1)=n+1$$

以上方法称为递推公式法．

下面再介绍一种计算行列式的方法——**数学归纳法**．

【例 1.12】 证明 n 阶范德蒙（Vandermonde）行列式

$$D_n=\begin{vmatrix}1&1&\cdots&1\\x_1&x_2&\cdots&x_n\\x_1^2&x_2^2&\cdots&x_n^2\\\vdots&\vdots&\ddots&\vdots\\x_1^{n-1}&x_2^{n-1}&\cdots&x_n^{n-1}\end{vmatrix}=\prod_{n\geqslant i>j\geqslant 1}(x_i-x_j) \tag{1-8}$$

其中记号“$\prod$”表示全体同类因子的乘积．

证明 用数学归纳法证明．当 $n=2$ 时

$$D_2=\begin{vmatrix}1&1\\x_1&x_2\end{vmatrix}=x_2-x_1=\prod_{2\geqslant i>j\geqslant 1}(x_i-x_j)$$

式(1-8)成立，现假设式(1-8)对 $n-1$ 阶成立，即

$$D_{n-1}=\begin{vmatrix}1&1&\cdots&1\\x_2&x_3&\cdots&x_n\\x_2^2&x_3^2&\cdots&x_n^2\\\vdots&\vdots&\ddots&\vdots\\x_2^{n-2}&x_3^{n-2}&\cdots&x_n^{n-2}\end{vmatrix}=\prod_{n\geqslant i>j\geqslant 2}(x_i-x_j)$$

要证明式(1-8)对 n 阶也成立，为此，设法把 D_n 的第一列的第 2，3，…，n 行的 $n-1$ 个元素全化为零，然后按第一列展开．从下至上，后行减去前行的 x_1 倍，得到

$$D_n=\begin{vmatrix}1&1&1&\cdots&1\\0&x_2-x_1&x_3-x_1&\cdots&x_n-x_1\\0&x_2(x_2-x_1)&x_3(x_3-x_1)&\cdots&x_n(x_n-x_1)\\\vdots&\vdots&\vdots&\ddots&\vdots\\0&x_2^{n-2}(x_2-x_1)&x_3^{n-2}(x_3-x_1)&\cdots&x_n^{n-2}(x_n-x_1)\end{vmatrix}$$

按第一列展开，并把每一列的公因子（x_i-x_1）（$i=2, \cdots, n$）提出，得到

$$D_n=(x_2-x_1)(x_3-x_1)\cdots(x_n-x_1)\begin{vmatrix}1&1&\cdots&1\\x_2&x_3&\cdots&x_n\\x_2^2&x_3^2&\cdots&x_n^2\\\vdots&\vdots&\ddots&\vdots\\x_2^{n-2}&x_3^{n-2}&\cdots&x_n^{n-2}\end{vmatrix}$$

上式右端的行列式是 $n-1$ 阶范德蒙行列式，由归纳法假设，它等于所有（x_i-x_j）因子的乘积，其中 $n\geqslant i>j\geqslant 2$，所以

$$\begin{aligned}D_n&=(x_2-x_1)(x_3-x_1)\cdots(x_n-x_1)\prod_{n\geqslant i>j\geqslant 2}(x_i-x_j)\\&=\prod_{n\geqslant i>j\geqslant 1}(x_i-x_j)\end{aligned}$$

【例 1.13】 计算行列式 $D=\begin{vmatrix}a&b&c\\a^2&b^2&c^2\\b+c&c+a&a+b\end{vmatrix}$

解 $D\xlongequal{r_3+r_1}\begin{vmatrix}a&b&c\\a^2&b^2&c^2\\a+b+c&a+b+c&a+b+c\end{vmatrix}=(a+b+c)\begin{vmatrix}a&b&c\\a^2&b^2&c^2\\1&1&1\end{vmatrix}$

第三行分别与第二、第一行互换两次，再由范德蒙行列式(1-8)，得

$$D=(a+b+c)\begin{vmatrix}1&1&1\\a&b&c\\a^2&b^2&c^2\end{vmatrix}=(a+b+c)(b-a)(c-a)(c-b)$$

【例 1.14】 计算行列式 $D_n=\begin{vmatrix}x+a_1&a_2&a_3&\cdots&a_n\\a_1&x+a_2&a_3&\cdots&a_n\\a_1&a_2&x+a_3&\cdots&a_n\\\vdots&\vdots&\vdots&\ddots&\vdots\\a_1&a_2&a_3&\cdots&x+a_n\end{vmatrix}\quad(n\geqslant 2)$

解 当 $x=0$ 时，行列式为零．当 $x\neq 0$ 时，将 D_n 添加一行及一列，构成 $n+1$ 阶行列式，使其值不变．

$$D_n=\begin{vmatrix}1 & a_1 & a_2 & a_3 & \cdots & a_n\\0 & x+a_1 & a_2 & a_3 & \cdots & a_n\\0 & a_1 & x+a_2 & a_3 & \cdots & a_n\\0 & a_1 & a_2 & x+a_3 & \cdots & a_n\\\vdots & \vdots & \vdots & \vdots & \ddots & \vdots\\0 & a_1 & a_2 & a_3 & \cdots & x+a_n\end{vmatrix}$$

$$\xlongequal[i=2,3,\cdots,n+1]{r_i+(-1)r_1}\begin{vmatrix}1 & a_1 & a_2 & a_3 & \cdots & a_n\\-1 & x & 0 & 0 & \cdots & 0\\-1 & 0 & x & 0 & \cdots & 0\\-1 & 0 & 0 & x & \cdots & 0\\\vdots & \vdots & \vdots & \vdots & \ddots & \vdots\\-1 & 0 & 0 & 0 & \cdots & x\end{vmatrix}$$

$$\xlongequal[j=2,3,\cdots,n+1]{c_1+\frac{1}{x}c_j}\begin{vmatrix}1+\sum\limits_{j=1}^{n}\frac{a_j}{x} & a_1 & a_2 & a_3 & \cdots & a_n\\0 & x & 0 & 0 & \cdots & 0\\0 & 0 & x & 0 & \cdots & 0\\0 & 0 & 0 & x & \cdots & 0\\\vdots & \vdots & \vdots & \vdots & \ddots & \vdots\\0 & 0 & 0 & 0 & \cdots & x\end{vmatrix}=x^n\left(1+\sum_{j=1}^{n}\frac{a_j}{x}\right)$$

例 1.14 所用的方法称为升阶法或加边法，其实质是逆用行列式展开定理．

本节给出了行列式的几种常用的计算方法，但在实际计算中应有机地将这些方法综合运用，希望读者仔细体会．当然行列式的计算除了这些方法外，还有其他方法，如分离因子法、利用行列式的乘法公式等，读者可阅读其他参考书．

习题 1-3

1. 计算下列行列式

(1) $\begin{vmatrix}1 & 1 & -1 & 3\\-1 & -1 & 2 & 1\\2 & 5 & 2 & 1\\1 & 2 & 3 & 2\end{vmatrix}$　　(2) $\begin{vmatrix}a & b & a+b\\b & a+b & a\\a+b & a & b\end{vmatrix}$

(3) $\begin{vmatrix}a & 1 & 0 & 0\\-1 & b & 1 & 0\\0 & -1 & c & 1\\0 & 0 & -1 & d\end{vmatrix}$　　(4) $\begin{vmatrix}2 & 3 & 3 & 3\\3 & 2 & 3 & 3\\3 & 3 & 2 & 3\\3 & 3 & 3 & 2\end{vmatrix}$

(5) $\begin{vmatrix}1+x & 1 & 1 & 1\\1 & 1-x & 1 & 1\\1 & 1 & 1+y & 1\\1 & 1 & 1 & 1-y\end{vmatrix}$

(6) $\begin{vmatrix} a_1 & -a_1 & 0 & \cdots & 0 & 0 \\ 0 & a_2 & -a_2 & \cdots & 0 & 0 \\ \vdots & \vdots & \vdots & \ddots & \vdots & \vdots \\ 0 & 0 & 0 & \cdots & a_n & -a_n \\ 1 & 1 & 1 & \cdots & 1 & 1 \end{vmatrix}$

(7) $D_n=\begin{vmatrix} a_1-m & a_2 & a_3 & \cdots & a_n \\ a_1 & a_2-m & a_3 & \cdots & a_n \\ a_1 & a_2 & a_3-m & \cdots & a_n \\ \vdots & \vdots & \vdots & & \vdots \\ a_1 & a_2 & a_3 & \cdots & a_n-m \end{vmatrix}\quad (n\geqslant 2)$

2. 证明

(1) $\begin{vmatrix} b+c & c+a & a+b \\ a+b & b+c & c+a \\ c+a & a+b & b+c \end{vmatrix}=2\begin{vmatrix} a & b & c \\ c & a & b \\ b & c & a \end{vmatrix}$

(2) $\begin{vmatrix} 1 & 2 & 3 & \cdots & n-1 & n \\ 1 & -1 & 0 & \cdots & 0 & 0 \\ 0 & 2 & -2 & \cdots & 0 & 0 \\ \vdots & \vdots & \vdots & \ddots & \vdots & \vdots \\ 0 & 0 & 0 & \cdots & n-1 & 1-n \end{vmatrix}=(-1)^{n-1}\frac{(n+1)!}{2}$

(3) $\begin{vmatrix} 1 & 2 & 2 & \cdots & 2 & 2 \\ 2 & 2 & 2 & \cdots & 2 & 2 \\ 2 & 2 & 3 & \cdots & 2 & 2 \\ \vdots & \vdots & \vdots & \ddots & \vdots & \vdots \\ 2 & 2 & 2 & \cdots & 2 & n \end{vmatrix}=-2(n-2)!$

1.4 行列式的应用

下面讨论用 n 阶行列式解线性方程组的克莱姆（Cramer）法则．

设含有 n 个未知数 x_1，x_2，…，x_n 的 n 个线性方程的方程组

$$\begin{cases} a_{11}x_1+a_{12}x_2+\cdots+a_{1n}x_n=b_1 \\ a_{21}x_1+a_{22}x_2+\cdots+a_{2n}x_n=b_2 \\ \cdots \\ a_{n1}x_1+a_{n2}x_2+\cdots+a_{nn}x_n=b_n \end{cases} \tag{1-9}$$

与二、三元线性方程组相类似，它的解可以用 n 阶行列式表示，这就是著名的**克莱姆法则**．

克莱姆法则　如果线性方程组(1-9)的系数行列式不等于零，即

$$D=\begin{vmatrix} a_{11} & a_{12} & \cdots & a_{1n} \\ a_{21} & a_{22} & \cdots & a_{2n} \\ \vdots & \vdots & \ddots & \vdots \\ a_{n1} & a_{n2} & \cdots & a_{nn} \end{vmatrix}\neq 0$$

那么方程组(1-9)有唯一解

$$x_j=\frac{D_j}{D}\quad (j=1,\ 2,\ \cdots,\ n) \tag{1-10}$$

其中 D_j ($j=1$, 2, …, n) 是把系数行列式 D 中第 j 列的元素用方程组右端的常数项替换后所得到的 n 阶行列式.

$$D_j=\begin{vmatrix} a_{11} & \cdots & a_{1,j-1} & b_1 & a_{1,j+1} & \cdots & a_{1n} \\ a_{21} & \cdots & a_{2,j-1} & b_2 & a_{2,j+1} & \cdots & a_{2n} \\ \vdots & \ddots & \vdots & \vdots & \vdots & \ddots & \vdots \\ a_{n1} & \cdots & a_{n,j-1} & b_n & a_{n,j+1} & \cdots & a_{nn} \end{vmatrix}$$

证明 先证式(1-10) 是方程组(1-9) 的解,即将式(1-10) 代入方程组(1-9) 的左边,使下面的等式成立.

$$a_{i1}\frac{D_1}{D}+a_{i2}\frac{D_2}{D}+\cdots+a_{in}\frac{D_n}{D}=b_i\quad (i=1,\ 2,\ \cdots,\ n)$$

为此考虑两行相同的 $n+1$ 阶行列式

$$\begin{vmatrix} b_i & a_{i1} & a_{i2} & \cdots & a_{in} \\ b_1 & a_{11} & a_{12} & \cdots & a_{1n} \\ \vdots & \vdots & \vdots & \ddots & \vdots \\ b_i & a_{i1} & a_{i2} & \cdots & a_{in} \\ \vdots & \vdots & \vdots & \ddots & \vdots \\ b_n & a_{n1} & a_{n2} & \cdots & a_{nn} \end{vmatrix}$$

这个行列式等于零.将它按第一行展开,注意到第一行第一列元素 b_i 的代数余子式是

$$\widetilde{A}_{11}=(-1)^{1+1}\widetilde{M}_{11}=(-1)^{1+1}D=D$$

第一行第 $j+1$ 列元素 a_{ij} 的代数余子式是

$$\widetilde{A}_{1,j+1}=(-1)^{1+(j+1)}\begin{vmatrix} b_1 & a_{11} & \cdots & a_{1,j-1} & a_{1,j+1} & \cdots & a_{1n} \\ b_2 & a_{21} & \cdots & a_{2,j-1} & a_{2,j+1} & \cdots & a_{2n} \\ \vdots & \vdots & \ddots & \vdots & \vdots & \ddots & \vdots \\ b_n & a_{n1} & \cdots & a_{n,j-1} & a_{n,j+1} & \cdots & a_{nn} \end{vmatrix}$$

$$=(-1)^{j+2}(-1)^{j-1}D_j=-D_j$$

所以有

$$0=b_iD-a_{i1}D_1-\cdots-a_{in}D_n$$

由于 $D\neq 0$,即得

$$a_{i1}\frac{D_1}{D}+a_{i2}\frac{D_2}{D}+\cdots+a_{in}\frac{D_n}{D}=b_i\quad (i=1,\ 2,\ \cdots,\ n)$$

再证线性方程组(1-9)的解就是式(1-10).

用 D 中第 j 列元素的代数余子式 A_{1j}，A_{2j}，…，A_{nj} 分别乘方程组(1-9)的第一个，第二个，…，第 n 个方程，再把它们加起来，得

$$\left(\sum_{k=1}^{n} a_{k1}A_{kj}\right)x_1+\cdots+\left(\sum_{k=1}^{n} a_{kj}A_{kj}\right)x_j+\cdots+\left(\sum_{k=1}^{n} a_{kn}A_{kj}\right)x_n=\sum_{k=1}^{n} b_kA_{kj}$$

根据代数余子式的重要性质［式(1-7)］

$$\sum_{k=1}^{n} a_{ki}A_{kj}=\begin{cases}D, & i=j\\ 0, & i\neq j\end{cases}$$

上式左端中 x_j 的系数等于 D，而其余 x_i（$i\neq j$）的系数均为零；上式右端就是 D_j，于是得

$$Dx_j=D_j \quad (j=1,2,\cdots,n)$$

当 $D\neq 0$ 时，方程组(1-9)有唯一解式(1-10)，即

$$x_j=\frac{D_j}{D} \quad (j=1,2,\cdots,n)$$

【例 1.15】 解线性方程组

$$\begin{cases}2x_1+x_2-5x_3+x_4=8\\ x_1-3x_2-6x_4=9\\ 2x_2-x_3+2x_4=-5\\ x_1+4x_2-7x_3+6x_4=0\end{cases}$$

解 系数行列式

$$\begin{vmatrix}2 & 1 & -5 & 1\\ 1 & -3 & 0 & -6\\ 0 & 2 & -1 & 2\\ 1 & 4 & -7 & 6\end{vmatrix}=27\neq 0$$

方程组有唯一解

$$D_1=\begin{vmatrix}8 & 1 & -5 & 1\\ 9 & -3 & 0 & -6\\ -5 & 2 & -1 & 2\\ 0 & 4 & -7 & 6\end{vmatrix}=81;\ D_2=\begin{vmatrix}2 & 8 & -5 & 1\\ 1 & 9 & 0 & -6\\ 0 & -5 & -1 & 2\\ 1 & 0 & -7 & 6\end{vmatrix}=-108;$$

$$D_3=\begin{vmatrix}2 & 1 & 8 & 1\\ 1 & -3 & 9 & -6\\ 0 & 2 & -5 & 2\\ 1 & 4 & 0 & 6\end{vmatrix}=-27;\ D_4=\begin{vmatrix}2 & 1 & -5 & 8\\ 1 & -3 & 0 & 9\\ 0 & 2 & -1 & -5\\ 1 & 4 & -7 & 0\end{vmatrix}=27$$

解是

$$x_1=\frac{D_1}{D}=3,\ x_2=\frac{D_2}{D}=-4,\ x_3=\frac{D_3}{D}=-1,\ x_4=\frac{D_4}{D}=1.$$

注意：克莱姆法则适用的条件是：①方程组的方程个数与未知数个数必须相等；②方程组的系数行列式不等于零．不满足这两个条件的线性方程组的求解问题将在以后的内容中讨论．

克莱姆法则是线性代数中的一个基本定理．撇开其中的求解公式，即有：

定理 1.2　如果线性方程组(1-9)的系数行列式 $D\neq0$，那么方程组(1-9)一定有解，并且解是唯一的．

这个定理的逆否定理如下：如果线性方程组(1-9)无解，或有两个不同的解，那么它的系数行列式 $D=0$.

当线性方程组(1-9)的常数项 b_1，b_2，…，b_n 不全为零时，线性方程组(1-9)称为**非齐次线性方程组**．当 b_1，b_2，…，b_n 全为零时，方程组(1-9)成为

$$\begin{cases}a_{11}x_1+a_{12}x_2+\cdots+a_{1n}x_n=0\\a_{21}x_1+a_{22}x_2+\cdots+a_{2n}x_n=0\\\cdots\\a_{n1}x_1+a_{n2}x_2+\cdots+a_{nn}x_n=0\end{cases}\tag{1-11}$$

称为**齐次线性方程组**．齐次线性方程组一定有解，$x_1=x_2=\cdots=x_n=0$ 就是它的解，这个解叫做齐次线性方程组(1-11)的**零解**．如果一组不全为零的数是方程组(1-11)的解，则它叫做齐次线性方程组(1-11)的**非零解**．齐次线性方程组(1-11)一定有零解，但不一定有非零解．

由于齐次线性方程组(1-11)是方程组(1-9)的特殊情形，所以由克莱姆法则可推出如下推论．

推论 1.2　如果齐次线性方程组(1-11)的系数行列式 $D\neq0$，则它只有零解．

此推论的逆否命题如下：如果齐次线性方程组(1-11)有非零解，则它的系数行列式 $D=0$.

【例 1.16】　设齐次线性方程组

$$\begin{cases}(1-\lambda)x_1-2x_2+4x_3=0\\2x_1+(3-\lambda)x_2+x_3=0\\x_1+x_2+(1-\lambda)x_3=0\end{cases}$$

有非零解，求 λ 的值．

解　由推论可知，这个齐次线性方程组的系数行列式必为零，这里

$$D=\begin{vmatrix}1-\lambda & -2 & 4\\2 & 3-\lambda & 1\\1 & 1 & 1-\lambda\end{vmatrix}\xlongequal{c_2-c_1}\begin{vmatrix}1-\lambda & -3+\lambda & 4\\2 & 1-\lambda & 1\\1 & 0 & 1-\lambda\end{vmatrix}$$

$$=(1-\lambda)^3+(\lambda-3)-4(1-\lambda)-2(1-\lambda)(\lambda-3)=(1-\lambda)^3+2(1-\lambda)^2+\lambda-3$$

$$=(1-\lambda)^2[(1-\lambda)+2]+(\lambda-3)=\lambda(2-\lambda)(\lambda-3)$$

由 $D=0$，即得

$$\lambda_1=0,\ \lambda_2=2,\ \lambda_3=3$$

习题 1-4

1. 用克莱姆法则解下列线性方程组

(1) $\begin{cases} x+2y+3z=8 \\ 2x-y+4z=7 \\ -y+z=1 \end{cases}$ (2) $\begin{cases} 5x_1+4x_3+2x_4=3 \\ x_1-x_2+2x_3+x_4=1 \\ 4x_1+x_2+2x_3=1 \\ x_1+x_2+x_3+x_4=0 \end{cases}$

2. 设方程组

$$\begin{cases} \lambda x_1+x_2+x_3=0 \\ x_1+\lambda x_2+x_3=0 \\ x_1+x_2+\lambda x_3=0 \end{cases}$$

有非零解，求 λ 的值.

1.5 行列式的 MATLAB 应用

1.5.1 MATLAB 简介

MATLAB 软件是一个功能非常强大的数学软件，它是目前国内外最常用的数学软件之一. 本书主要通过例题的形式向读者介绍 MATLAB 软件在线性代数学科中的应用. 本书直接介绍在 MATLAB 的命令窗口（Command Window）输入命令，例题求解中≫符号后的表达式即表示在 MATLAB 中输入的有关线性代数的相关运算命令，无≫符号的表达式即上一命令行的运算结果（即计算机运行命令后的返回值），%号后的表达式作为注释，主要讲述命令行的作用. 通过本书的学习，使读者在巩固线性代数知识的同时，掌握运用 MATLAB 求解线性代数问题的基本技能和方法.

1.5.2 行列式的 MATLAB 应用实例

【例 1.17】 计算行列式 $A=\begin{vmatrix} 10 & 8 & 6 & 4 & 1 \\ 2 & 5 & 8 & 9 & 4 \\ 6 & 0 & 9 & 9 & 8 \\ 5 & 8 & 7 & 4 & 0 \\ 9 & 4 & 2 & 9 & 1 \end{vmatrix}$ 的值.

解

```
≫A= [10  8  6  4  1; 2  5  8  9  4; 6  0  9  9  8; 5  8  7  4  0; 9  4  2  9  1];
≫ det (A)              %计算行列式 A 的值
ans  =                 %行列式 A 值的返回值
5972
```

【例 1.18】 用化简三角行列式的方法求解行列式 $A=\begin{vmatrix}10&8&6&4&1\\2&5&8&9&4\\6&0&9&9&8\\5&8&7&4&0\\9&4&2&9&1\end{vmatrix}$ 的值.

解

```
>> A=[10 8 6 4 1; 2 5 8 9 4; 6 0 9 9 8; 5 8 7 4 0; 9 4 2 9 1];
>>  [L,U] =lu (A)     %将A分解，满足A=L×U，其中L的行列式值为1，
                       U和A的行列式值相等
L=
1.0000          0          0          0          0
0.2000    -0.7083     1.0000          0          0
0.6000     1.0000          0          0          0
0.5000    -0.8333     0.8000    -0.2953     1.0000
0.9000     0.6667    -0.6588     1.0000          0
U=
10.0000    8.0000     6.0000     4.0000     1.0000
      0   -4.8000     5.4000     6.6000     7.4000
      0         0    10.6250    12.8750     9.0417
      0         0          0     9.4824     1.1235
      0         0          0          0    -1.2349
>>det (L)
ans=
    1
>>du=diag (U)          %取出U的主对角线上的元素
du=
    10.0000
    -4.8000
    10.6250
    9.4824
    -1.2349
>>prod (du)            %求主对角线元素的连乘积
ans=
    5.9720e+003
>>det (U)
ans=
    5.9720e+003
>>det (A)
ans=
    5972
```

【例 1.19】 用克莱姆法则解线性方程组$\begin{cases}2x_1+2x_2-x_3+x_4=4\\4x_1+3x_2-x_3+2x_4=6\\8x_1+3x_2-3x_3+4x_4=12\\3x_1+3x_2-2x_3-2x_4=6\end{cases}$.

解

```
≫ D=[2  2  -1  1; 4  3  -1  2; 8  3  -3  4; 3  3  -2  -2]
                                    %输入系数行列式 D
D=                                  %行列式 D 的返回值
    2     2    -1     1
    4     3    -1     2
    8     3    -3     4
    3     3    -2    -2
≫D1=D;                              %令 D1=D
≫D1(:, 1) = [4, 6, 12, 6]'          %将行列式 D1 的第一列用方程右端的常数项替代
D1=                                 %生成 D1 的返回值
    4     2    -1     1
    6     3    -1     2
   12     3    -3     4
    6     3    -2    -2
≫D2=D;                              %令 D2=D
≫D2(:, 2) = [4; 6; 12; 6]           %将行列式 D2 的第二列用方程右端的常数项替代
D2=                                 %生成 D2 的返回值
    2     4    -1     1
    4     6    -1     2
    8    12    -3     4
    3     6    -2    -2
≫D3=D;                              %令 D3=D
≫D3(:, 3) = [4; 6; 12; 6]           %将行列式 D3 的第三列用方程右端的常数项替代
D3=                                 %生成 D3 的返回值
    2     2     4     1
    4     3     6     2
    8     3    12     4
    3     3     6    -2
≫D4=D;                              %令 D4=D
≫D4(:, 4) = [4; 6; 12; 6]           %将行列式 D4 的第四列用方程右端的常数项替代
```

```
D4=                                    %生成 D4
     2     2     -1     4
     4     3     -1     6
     8     3     -3    12
     3     3     -2     6
>>det (D)
ans=
    -28
```

行列式 $D\neq0$，方程组一定有解，并且解唯一．

```
>>x1=det (D1) /det (D)           %x1，x2，x3，x4 为方程组的解
x1=
    0.6429
>>x2=det (D2) /det (D)
x2=
    0.5000
>>x3=det (D3) /det (D)
x3=
    -1.5000
>>x4=det (D4) /det (D)
x4=
    0.2143
```

【例 1.20】 设齐次线性方程组$\begin{cases}\lambda x_1+x_4=0\\x_1+2x_2-x_4=0\\(\lambda+2)x_1-x_2+4x_4=0\\2x_1+x_2+3x_3+\lambda x_4=0\end{cases}$有非零解，求 λ 的值．

解

```
>>syms lamda;                         %定义符号变量λ
>>D= [lamda  0  0  1;1  2  0  -1;lamda+2  -1  0  4;2  1  3  lamda]
                                      %输入方程组系数行列式 D
D=                                    %系数行列式 D 的返回值
    [     lamda,  0, 0,     1]
    [         1,  2, 0,    -1]
    [ lamda+2, -1, 0,     4]
    [         2,  1, 3, lamda]
>>det (D)                             %计算系数行列式 D 的值
ans=                                  %系数行列式 D 的返回值
15-15*lamda
>>solve ('15-15*lamda=0') %解方程 det(D)=0
```

ans=　　　　　　　　　　%方程 det(D)=0 的结果是 $\lambda=1$

1

系数行列式值 det(D)=0 时，齐次线性方程组才有非零解．

总习题 1

1. 选择题

(1) 行列式 $\begin{vmatrix} a & 0 & 0 & b \\ 0 & a & b & 0 \\ 0 & b & a & 0 \\ b & 0 & 0 & a \end{vmatrix}$ 的值为（　　）．

(A) 0；(B) a^4+b^4；(C) $(a^2+b^2)(a^2-b^2)$；(D) $(a^2-b^2)^2$

(2) n 阶行列式 $\begin{vmatrix} 0 & \cdots & 0 & 1 \\ 0 & \cdots & 2 & 0 \\ \vdots & & \vdots & \vdots \\ n & \cdots & 0 & 0 \end{vmatrix}=$（　　）．

(A) $n!$；(B) $-n!$；(C) $(-1)^{\frac{n(n-1)}{2}}n!$；(D) $(-1)^n n!$

(3) 设 $f(x)=\begin{vmatrix} 2 & x & 1 & 3 \\ 1 & 2 & 3 & 4 \\ -1 & 0 & -2 & -3 \\ -1 & 7 & -2 & -2 \end{vmatrix}$，那么 $f(x)$ 的一次项系数为（　　）．

(A) 1；(B) 2；(C) -1；(D) -2

(4) 当 $a\neq$（　　）时，方程组 $\begin{cases} ax+z=0 \\ 2x+ay+z=0 \\ ax-2y+z=0 \end{cases}$ 只有零解．

(A) -1；(B) 0；(C) -2；(D) 2

2. 填空题

(1) 4 阶行列式 $D_4=\begin{vmatrix} 3 & 0 & 4 & 0 \\ 2 & 2 & 2 & 2 \\ 0 & -7 & 0 & 0 \\ 5 & 3 & 2 & 2 \end{vmatrix}$ 中第 4 行各元素余子式之和等于________．

(2) 设 $\begin{vmatrix} a & 3 & 1 \\ b & 0 & 1 \\ c & 2 & 1 \end{vmatrix}=1$，则 $\begin{vmatrix} a-3 & b-3 & c-3 \\ 1 & 1 & 1 \\ 5 & 2 & 4 \end{vmatrix}=$________．

(3) 代数方程 $\begin{vmatrix} 1+x & x & x \\ x & 2+x & x \\ x & x & 3+x \end{vmatrix}=0$ 的根 $x=$________．

（4）如果行列式 $\begin{vmatrix} a_{11} & a_{12} & a_{13} \\ a_{21} & a_{22} & a_{23} \\ a_{31} & a_{32} & a_{33} \end{vmatrix} = d \neq 0$，则 $\begin{vmatrix} 2a_{11} & 2a_{12} & 2a_{13} \\ 3a_{31} & 3a_{32} & 3a_{33} \\ -a_{21} & -a_{22} & -a_{23} \end{vmatrix} =$ ________.

3. 计算下列行列式

（1）$\begin{vmatrix} 1 & 2 & 0 & 1 \\ 1 & 3 & 5 & 0 \\ 0 & 1 & 5 & 6 \\ 1 & 2 & 3 & 4 \end{vmatrix}$　　（2）$\begin{vmatrix} 1 & 2 & 3 & 4 \\ 2 & 3 & 4 & 1 \\ 3 & 4 & 1 & 2 \\ 4 & 1 & 2 & 3 \end{vmatrix}$

（3）$\begin{vmatrix} x & -1 & 0 & 0 \\ 0 & x & -1 & 0 \\ 0 & 0 & x & -1 \\ a_0 & a_1 & a_2 & a_3 \end{vmatrix}$　　（4）$\begin{vmatrix} a_1 & a_2 & \cdots & a_n \\ a_1^2 & a_2^2 & \cdots & a_n^2 \\ \vdots & \vdots & \ddots & \vdots \\ a_1^n & a_2^n & \cdots & a_n^n \end{vmatrix}$

4. 计算下列行列式

（1）$\begin{vmatrix} 0 & 0 & \cdots & 0 & 1 & 0 \\ 0 & 0 & \cdots & 2 & 0 & 0 \\ \vdots & \vdots & \iddots & \vdots & \vdots & \vdots \\ n-1 & 0 & \cdots & 0 & 0 & 0 \\ 0 & 0 & \cdots & 0 & 0 & n \end{vmatrix}$

（2）$\begin{vmatrix} 1 & a_1 & a_2 & \cdots & a_n \\ 1 & a_1+b_1 & a_2 & \cdots & a_n \\ 1 & a_1 & a_2+b_2 & \cdots & a_n \\ \vdots & \vdots & \vdots & \ddots & \vdots \\ 1 & a_1 & a_2 & \cdots & a_n+b_n \end{vmatrix}$

（3）$\begin{vmatrix} 1 & 2 & 3 & \cdots & n \\ 1 & x+1 & 3 & \cdots & n \\ 1 & 2 & x+1 & \cdots & n \\ \vdots & \vdots & \vdots & \ddots & \vdots \\ 1 & 2 & 3 & \cdots & x+1 \end{vmatrix}$

5. 设 x，y，z 是互异的实数，证明：$\begin{vmatrix} 1 & 1 & 1 \\ x & y & z \\ x^3 & y^3 & z^3 \end{vmatrix} = 0$ 的充要条件是 $x+y+z=0$.

6. 设 4 阶行列式的第 1 行元素依次为 2，m，k，3，第 1 行元素的余子式全为 1，第 3 行元素的代数余子式依次为 3，1，4，2，且行列式的值为 1，求 m，k 的值 .

7. 设 a，b，c 为三角形的三边边长，证明 $D = \begin{vmatrix} 0 & a & b & c \\ a & 0 & c & b \\ b & c & 0 & a \\ c & b & a & 0 \end{vmatrix} < 0$.

8. 设多项式 $f(x)=a_0+a_1x+a_2x^2+\cdots+a_nx^n$，用克莱姆法则证明：如果 $f(x)=0$ 存在$n+1$个互不相等的根，则 $f(x)\equiv 0$.

9. 设 $D=\begin{vmatrix} 1 & -5 & 1 & 3 \\ 1 & 1 & 3 & 4 \\ 1 & 1 & 2 & 3 \\ 2 & 2 & 3 & 4 \end{vmatrix}$，计算 $A_{41}+A_{42}+A_{43}+A_{44}$的值，其中 $A_{4i}(i=1,2,3,4)$是对应元素的代数余子式.

10. λ 取何值时齐次线性方程组$\begin{cases} \lambda x+y+z=0 \\ x+\lambda y-z=0 \\ 2x-y-z=0 \end{cases}$有非零解.

11. (2016 数学一) 行列式$\begin{vmatrix} \lambda & -1 & 0 & 0 \\ 0 & \lambda & -1 & 0 \\ 0 & 0 & \lambda & -1 \\ 4 & 3 & 2 & \lambda+1 \end{vmatrix}=$____________.

12. (2015 数学一) n 阶行列式$\begin{vmatrix} 2 & 0 & 0 & \cdots & 0 & 2 \\ -1 & 2 & 0 & \cdots & 0 & 2 \\ 0 & -1 & 2 & \cdots & 0 & 2 \\ \cdots & \cdots & \cdots & \cdots & \cdots & \cdots \\ 0 & 0 & 0 & \cdots & -1 & 2 \end{vmatrix}=$____________.

13. (2014 数学一、二) 行列式$\begin{vmatrix} 0 & a & b & 0 \\ a & 0 & 0 & b \\ 0 & c & d & 0 \\ c & 0 & 0 & d \end{vmatrix}$的值为（　　）.

(A) $(ad-bc)^2$；(B) $-(ad-bc)^2$；(C) $a^2d^2-b^2c^2$；(D) $b^2c^2-a^2d^2$

第2章　矩阵

矩阵是线性代数的主要研究对象之一，它贯穿于线性代数的各个方面，是求解线性方程组的有力工具，也是自然科学、工程技术和经济研究等领域处理线性模型的重要工具．

本章介绍矩阵的概念、运算、逆矩阵、矩阵的分块．

2.1　矩阵的概念

2.1.1　引例

【例 2.1】 求二元线性方程组的解

$$\begin{cases} x_1 - 3x_2 = 5 \\ 2x_1 + 4x_2 = 0 \end{cases}$$

解　由前面学过的克莱姆法则可求出：

$$x_1 = \frac{\begin{vmatrix} 5 & -3 \\ 0 & 4 \end{vmatrix}}{\begin{vmatrix} 1 & -3 \\ 2 & 4 \end{vmatrix}} = 2,\quad x_2 = \frac{\begin{vmatrix} 1 & 5 \\ 2 & 0 \end{vmatrix}}{\begin{vmatrix} 1 & -3 \\ 2 & 4 \end{vmatrix}} = -1$$

注意：线性方程组的解是由它的未知数前面的系数和常数项完全确定的，而与未知数无关．我们可以把线性方程组的系数组成数表

$$\begin{pmatrix} 1 & -3 \\ 2 & 4 \end{pmatrix}$$

而把系数和常数项合在一起，又可组成数表

$$\begin{pmatrix} 1 & -3 & 5 \\ 2 & 4 & 0 \end{pmatrix}$$

在实际问题中，我们会碰到由 n 个未知数 m 个方程所组成的 n 元线性方程组

$$\begin{cases} a_{11}x_1 + a_{12}x_2 + \cdots + a_{1n}x_n = b_1 \\ a_{21}x_1 + a_{22}x_2 + \cdots + a_{2n}x_n = b_2 \\ \cdots\cdots\cdots\cdots\cdots\cdots\cdots\cdots \\ a_{m1}x_1 + a_{m2}x_2 + \cdots + a_{mn}x_n = b_m \end{cases} \tag{2-1}$$

这个方程组的系数组成一个 m 行 n 列的数表

$$\begin{pmatrix} a_{11} & a_{12} & \cdots & a_{1n} \\ a_{21} & a_{22} & \cdots & a_{2n} \\ \vdots & \vdots & \ddots & \vdots \\ a_{m1} & a_{m2} & \cdots & a_{mn} \end{pmatrix}$$

而未知数的系数和常数项合在一起，又可组成一个 m 行 $n+1$ 列的数表

$$\begin{pmatrix} a_{11} & a_{12} & \cdots & a_{1n} & b_1 \\ a_{21} & a_{22} & \cdots & a_{2n} & b_2 \\ \vdots & \vdots & \ddots & \vdots & \vdots \\ a_{m1} & a_{m2} & \cdots & a_{mn} & b_m \end{pmatrix}$$

利用这些数表可以方便地研究线性方程组．

注意：上述数表的每一行都与线性方程组中确定的方程对应，而每一列都与线性方程组中确定的未知数的系数（或常数项）对应．也就是说，上述数表中的每一个数都有确定的位置，而确定的位置表示了确定的含义，如数 a_{ij} 位于数表第 i 行第 j 列，它是第 i 个方程中第 j 个未知数 x_j 前面的系数．

不同的问题可以用不同的数表来表示，去掉数表中数据的具体含义，用矩阵这个概念来描述．

2.1.2　矩阵的定义

定义 2.1　$m\times n$ 个数 a_{ij}（$i=1, 2, \cdots, m$；$j=1, 2, \cdots, n$）排成 m 行 n 列的数表

$$\boldsymbol{A}=\begin{pmatrix} a_{11} & a_{12} & \cdots & a_{1n} \\ a_{21} & a_{22} & \cdots & a_{2n} \\ \vdots & \vdots & \ddots & \vdots \\ a_{m1} & a_{m2} & \cdots & a_{mn} \end{pmatrix}$$

称为 $m\times n$ 矩阵，记作 $\boldsymbol{A}=(a_{ij})$，或 $(a_{ij})_{m\times n}$，$\boldsymbol{A}_{m\times n}$，数 a_{ij} 为矩阵 $\boldsymbol{A}$ 的第 i 行第 j 列的元素，其中 i 称为**行标**，j 称为**列标**．

线性方程组(2-1)的系数组成 $m\times n$ 矩阵，称为线性方程组(2-1)的**系数矩阵**；系数和常数项合在一起组成 $m\times(n+1)$ 矩阵，称为线性方程组(2-1)的**增广矩阵**（常记作 $\boldsymbol{B}$ 或 $\overline{\boldsymbol{A}}$）．

注意：矩阵与行列式是两个完全不同的概念．矩阵只是一个数表，而行列式是数表按一定运算法则所确定的数．行列式的行数与列数必须相等，而矩阵排成的行数与列数可以不等．

元素是实数的矩阵称为**实矩阵**，元素为复数的矩阵称为**复矩阵**，本书除特别指明外，只讨论实矩阵．

例如，$\begin{pmatrix} 1 & 0 & 3 & 5 \\ -9 & 6 & 4 & 3 \end{pmatrix}$是一个 2×4 实矩阵，$\begin{pmatrix} 13 & 6 & 2i \\ 2 & 2 & 2 \\ 2 & 2 & 2 \end{pmatrix}$是一个 3×3 复矩阵．

$\begin{pmatrix} 1 \\ 2 \\ 4 \end{pmatrix}$是一个 3×1 矩阵，$(2\quad 3\quad 5\quad 9)$ 是一个 1×4 矩阵，(4) 是一个 1×1 矩阵．

元素全为零的矩阵称为**零矩阵**，记作 $\boldsymbol{0}$ 或 $\boldsymbol{0}_{m\times n}$．

只有一行的矩阵

$$(a_1, a_2, \cdots, a_n)$$

称为**行矩阵**；只有一列的矩阵

$$\begin{pmatrix} a_1 \\ a_2 \\ \vdots \\ a_m \end{pmatrix}$$

称为**列矩阵**．当矩阵的行数与列数相等时，即 $m=n$ 时，称为 ***n* 阶方阵**或 ***n* 阶矩阵**，记作 $\boldsymbol{A}$ 或 $\boldsymbol{A}_n$. 特别的，一阶方阵就是一个数 $\boldsymbol{A}=(a)=a$. 在 n 阶方阵中沿 a_{11} 到 a_{nn} 的元素称为方阵 $\boldsymbol{A}$ 的**主对角线上的元素**．主对角线外的元素全为零的 n 阶矩阵

$$\begin{pmatrix} \lambda_1 & & & \\ & \lambda_2 & & \\ & & \ddots & \\ & & & \lambda_n \end{pmatrix}$$

称为 ***n* 阶对角矩阵**，记作 $\boldsymbol{\Lambda}$；主对角线上的元素全为 1 的对角矩阵

$$\begin{pmatrix} 1 & & & \\ & 1 & & \\ & & \ddots & \\ & & & 1 \end{pmatrix}$$

称为**单位矩阵**，记作 $\boldsymbol{E}$.

在 n 阶方阵中，如果主对角线下方的元素全为零，即 $i>j$ 时，$a_{ij}=0$（$j=1$，2，…，$n-1$），

$$\boldsymbol{A}=\begin{pmatrix} a_{11} & a_{12} & \cdots & a_{1n} \\ & a_{22} & \cdots & a_{2n} \\ & & \ddots & \vdots \\ & & & a_{nn} \end{pmatrix}$$

称为**上三角矩阵**；如果主对角线上方的元素全为零，即 $i<j$ 时，$a_{ij}=0$（$j=2$，3，…，n），

$$\boldsymbol{A}=\begin{pmatrix} a_{11} & & & \\ a_{21} & a_{22} & & \\ \vdots & \vdots & \ddots & \\ a_{n1} & a_{n2} & \cdots & a_{nn} \end{pmatrix}$$

称为**下三角矩阵**．

如果矩阵 $\boldsymbol{A}$ 与矩阵 $\boldsymbol{B}$ 的行数、列数相等，就称矩阵 $\boldsymbol{A}$ 与 $\boldsymbol{B}$ 是**同型矩阵**．

设矩阵 $\boldsymbol{A}$ 与 $\boldsymbol{B}$ 是 $m\times n$ 矩阵，如果它们的对应位置上的元素相等，称矩阵 $\boldsymbol{A}$ 与 $\boldsymbol{B}$ 相等，记作 $\boldsymbol{A}=\boldsymbol{B}$.

注意：只有两个同型矩阵才有可能相等．

习题 2-1

1. 写出下列线性方程组的系数矩阵和增广矩阵

$$\begin{cases}2x_1+3x_2-5x_3=1\\ \quad\quad\ \ x_2+x_3=0\\ 2x_1-4x_2\quad\quad\ =0\end{cases}$$

2. 试写出 4×5 矩阵 $\boldsymbol{A}=(a_{ij})$ $(i=1,2,3,4;\ j=1,2,3,4,5)$，其中 $a_{ij}=2i-j$.

3. 试写出 4×4 矩阵 $\boldsymbol{A}=(a_{ij})$，其中 $a_{ij}=j^i$ $(i,j=1,2,3,4)$.

2.2 矩阵的运算

2.2.1 矩阵的加法

定义 2.2 设矩阵 $\boldsymbol{A}=(a_{ij})$，$\boldsymbol{B}=(b_{ij})$ 都是 $m\times n$ 矩阵，$\boldsymbol{A}$ 与 $\boldsymbol{B}$ 的和记作 $\boldsymbol{A}+\boldsymbol{B}$，规定为

$$\boldsymbol{A}+\boldsymbol{B}=\begin{pmatrix}a_{11}+b_{11} & a_{12}+b_{12} & \cdots & a_{1n}+b_{1n}\\ a_{21}+b_{21} & a_{22}+b_{22} & \cdots & a_{2n}+b_{2n}\\ \vdots & \vdots & \ddots & \vdots\\ a_{m1}+b_{m1} & a_{m2}+b_{m2} & \cdots & a_{mn}+b_{mn}\end{pmatrix}$$

注意：只有两个同型矩阵才能相加，两个同型矩阵相加就是把它们的对应元素相加，它们的和矩阵仍是同型矩阵.

【例 2.2】 设矩阵

$$\boldsymbol{A}=\begin{pmatrix}12 & 3 & -5\\ 1 & -9 & 0\\ 3 & 6 & 8\end{pmatrix},\boldsymbol{B}=\begin{pmatrix}1 & 8 & 9\\ 6 & 5 & 4\\ 3 & 2 & 1\end{pmatrix}$$

求 $\boldsymbol{A}+\boldsymbol{B}$.

解

$$\boldsymbol{A}+\boldsymbol{B}=\begin{pmatrix}12+1 & 3+8 & -5+9\\ 1+6 & -9+5 & 0+4\\ 3+3 & 6+2 & 8+1\end{pmatrix}=\begin{pmatrix}13 & 11 & 4\\ 7 & -4 & 4\\ 6 & 8 & 9\end{pmatrix}$$

矩阵加法的运算满足下面规律（设 $\boldsymbol{A}$，$\boldsymbol{B}$，$\boldsymbol{C}$ 都是 $m\times n$ 矩阵）

(1)交换律

$$\boldsymbol{A}+\boldsymbol{B}=\boldsymbol{B}+\boldsymbol{A}$$

(2) 结合律

$$(\boldsymbol{A}+\boldsymbol{B})+\boldsymbol{C}=\boldsymbol{A}+(\boldsymbol{B}+\boldsymbol{C})$$

矩阵 $\boldsymbol{A}=(a_{ij})_{m\times n}$ 的全部元素都变号后得到的一个新矩阵 $(-a_{ij})_{m\times n}$，称为 $\boldsymbol{A}$ 的**负矩阵**，记作 $-\boldsymbol{A}$，显然有

$$\boldsymbol{A}+(-\boldsymbol{A})=\boldsymbol{0},\ \boldsymbol{A}+\boldsymbol{0}=\boldsymbol{A}$$

由此定义矩阵的减法：矩阵 $\boldsymbol{A}$ 减去矩阵 $\boldsymbol{B}$ 等于加上这个矩阵的负矩阵，即

$$\boldsymbol{A}-\boldsymbol{B}=\boldsymbol{A}+(-\boldsymbol{B})$$

也就是说，两个同型矩阵相减是两矩阵的对应元素相减.

2.2.2 数与矩阵乘法

定义 2.3 数 λ 与矩阵 $\boldsymbol{A}=(a_{ij})_{m\times n}$ 的乘积，记作 $\lambda\boldsymbol{A}$ 或 $\boldsymbol{A}\lambda$，规定

$$\lambda \boldsymbol{A}=\boldsymbol{A}\lambda=\begin{pmatrix}\lambda a_{11} & \lambda a_{12} & \cdots & \lambda a_{1n}\\ \lambda a_{21} & \lambda a_{22} & \cdots & \lambda a_{2n}\\ \vdots & \vdots & \ddots & \vdots\\ \lambda a_{m1} & \lambda a_{m2} & \cdots & \lambda a_{mn}\end{pmatrix}=(\lambda a_{ij})_{m\times n}$$

注意： 数 λ 乘矩阵 $\boldsymbol{A}$ 就是矩阵 $\boldsymbol{A}$ 中的每一个元素都乘以数 λ，这与数 λ 乘行列式的运算是不同的．

当 $\lambda=-1$ 时，$(-1)\boldsymbol{A}=-\boldsymbol{A}$ 是 $\boldsymbol{A}$ 的负矩阵．

数与矩阵的乘法满足下列运算规律（设 $\boldsymbol{A}$，$\boldsymbol{B}$ 都是 $m\times n$ 矩阵，λ，μ 是数）

(1) $\lambda(\boldsymbol{A}+\boldsymbol{B})=\lambda\boldsymbol{A}+\lambda\boldsymbol{B}$

(2) $(\lambda+\mu)\boldsymbol{A}=\lambda\boldsymbol{A}+\mu\boldsymbol{A}$

(3) $(\lambda\mu)\boldsymbol{A}=\lambda(\mu\boldsymbol{A})=\mu(\lambda\boldsymbol{A})$

【例 2.3】 设矩阵

$$\boldsymbol{A}=\begin{pmatrix}2 & 0 & 1\\ -3 & 4 & 1\end{pmatrix},\boldsymbol{B}=\begin{pmatrix}3 & -2 & 5\\ 0 & 0 & 1\end{pmatrix}$$

求 $2\boldsymbol{A}-3\boldsymbol{B}$.

解

$$\begin{aligned}2\boldsymbol{A}-3\boldsymbol{B}&=2\begin{pmatrix}2 & 0 & 1\\ -3 & 4 & 1\end{pmatrix}-3\begin{pmatrix}3 & -2 & 5\\ 0 & 0 & 1\end{pmatrix}\\ &=\begin{pmatrix}4 & 0 & 2\\ -6 & 8 & 2\end{pmatrix}-\begin{pmatrix}9 & -6 & 15\\ 0 & 0 & 3\end{pmatrix}=\begin{pmatrix}-5 & 6 & -13\\ -6 & 8 & -1\end{pmatrix}\end{aligned}$$

【例 2.4】 设矩阵

$$\boldsymbol{A}=\begin{pmatrix}1 & 0\\ -2 & 3\\ 0 & 4\end{pmatrix},\boldsymbol{B}=\begin{pmatrix}0 & 2\\ 3 & 4\\ 1 & -1\end{pmatrix}$$

求矩阵 $\boldsymbol{X}$，使 $3\boldsymbol{A}-2\boldsymbol{X}=\boldsymbol{B}$.

解 由 $3\boldsymbol{A}-2\boldsymbol{X}=\boldsymbol{B}$，可得 $\boldsymbol{X}=\frac{1}{2}(3\boldsymbol{A}-\boldsymbol{B})$，而

$$3\boldsymbol{A}-\boldsymbol{B}=3\begin{pmatrix}1 & 0\\ -2 & 3\\ 0 & 4\end{pmatrix}-\begin{pmatrix}0 & 2\\ 3 & 4\\ 1 & -1\end{pmatrix}=\begin{pmatrix}3 & -2\\ -9 & 5\\ -1 & 13\end{pmatrix}$$

于是

$$\boldsymbol{X}=\begin{pmatrix}\frac{3}{2} & -1\\ -\frac{9}{2} & \frac{5}{2}\\ -\frac{1}{2} & \frac{13}{2}\end{pmatrix}$$

2.2.3 矩阵与矩阵的乘法

定义 2.4 设矩阵 $\boldsymbol{A}=(a_{ij})$ 是一个 $m\times s$ 矩阵，$\boldsymbol{B}=(b_{ij})$ 是一个 $s\times n$ 矩阵，规定

矩阵 $\boldsymbol{A}$ 与 $\boldsymbol{B}$ 的乘积是一个 $m\times n$ 矩阵 $\boldsymbol{C}=(c_{ij})_{m\times n}$，其中

$$c_{ij}=a_{i1}b_{1j}+a_{i2}b_{2j}+\cdots+a_{is}b_{js}=\sum_{k=1}^{s}a_{ik}b_{kj}\quad(i=1,2,\cdots,m;\ j=1,2,\cdots,n)$$

称矩阵 $\boldsymbol{C}$ 为矩阵 $\boldsymbol{A}$ 与 $\boldsymbol{B}$ 的乘积，记作 $\boldsymbol{C}=\boldsymbol{AB}$.

注意：①只有当前一矩阵 $\boldsymbol{A}$ 的列数与后一矩阵 $\boldsymbol{B}$ 的行数相同时，两个矩阵才能相乘．否则两矩阵不能相乘．②乘积矩阵的行数等于前一矩阵 $\boldsymbol{A}$ 的行数，其列数等于后一矩阵 $\boldsymbol{B}$ 的列数．③乘积矩阵 $\boldsymbol{AB}$ 的第 i 行第 j 列的元素 c_{ij} 等于前一矩阵 $\boldsymbol{A}$ 的第 i 行的元素与后一矩阵 $\boldsymbol{B}$ 的第 j 列对应元素相乘，然后作和．

【例 2.5】 设矩阵

$$\boldsymbol{A}=\begin{pmatrix}-2&4\\1&-2\end{pmatrix},\boldsymbol{B}=\begin{pmatrix}2&4\\-3&-6\end{pmatrix},\boldsymbol{C}=\boldsymbol{AB}$$

求 $\boldsymbol{C}$.

解

$$\begin{aligned}\boldsymbol{C}&=\begin{pmatrix}-2&4\\1&-2\end{pmatrix}\begin{pmatrix}2&4\\-3&-6\end{pmatrix}\\&=\begin{pmatrix}-2\times2+4\times(-3)&-2\times4+4\times(-6)\\1\times2+(-2)\times(-3)&1\times4+(-2)\times(-6)\end{pmatrix}\\&=\begin{pmatrix}-16&-32\\8&16\end{pmatrix}\end{aligned}$$

【例 2.6】 设矩阵

$$\boldsymbol{A}=\begin{pmatrix}1&0&-1&2\\-1&1&3&0\\0&5&-1&4\end{pmatrix},\boldsymbol{B}=\begin{pmatrix}0&3&4\\1&2&1\\3&1&-1\\-1&2&1\end{pmatrix},\boldsymbol{C}=\boldsymbol{AB}$$

求 $\boldsymbol{C}$.

解 因为 $\boldsymbol{A}=(a_{ij})_{3\times4}$，$\boldsymbol{B}=(b_{ij})_{4\times3}$，所以 $\boldsymbol{C}=(c_{ij})_{3\times3}$.
故

$$\boldsymbol{C}=\boldsymbol{AB}=\begin{pmatrix}1&0&-1&2\\-1&1&3&0\\0&5&-1&4\end{pmatrix}\begin{pmatrix}0&3&4\\1&2&1\\3&1&-1\\-1&2&1\end{pmatrix}=\begin{pmatrix}-5&6&7\\10&2&-6\\-2&17&10\end{pmatrix}$$

【例 2.7】 设矩阵

$$\boldsymbol{A}=\begin{pmatrix}1&-1\\-1&1\end{pmatrix},\ \boldsymbol{B}=\begin{pmatrix}1&1\\-1&-1\end{pmatrix},\ \boldsymbol{C}=\begin{pmatrix}2&0\\0&-2\end{pmatrix}$$

求 $\boldsymbol{AB}$，$\boldsymbol{BA}$，$\boldsymbol{AC}$.

解

$$\boldsymbol{AB}=\begin{pmatrix}1&-1\\-1&1\end{pmatrix}\begin{pmatrix}1&1\\-1&-1\end{pmatrix}=\begin{pmatrix}2&2\\-2&-2\end{pmatrix}$$

$$\boldsymbol{BA}=\begin{pmatrix}1 & 1\\ -1 & -1\end{pmatrix}\begin{pmatrix}1 & -1\\ -1 & 1\end{pmatrix}=\begin{pmatrix}0 & 0\\ 0 & 0\end{pmatrix}$$

$$\boldsymbol{AC}=\begin{pmatrix}1 & -1\\ -1 & 1\end{pmatrix}\begin{pmatrix}2 & 0\\ 0 & -2\end{pmatrix}=\begin{pmatrix}2 & 2\\ -2 & -2\end{pmatrix}$$

由上面三个例子可知，矩阵乘法与大家熟悉的数的乘法有根本差别．

① 两个矩阵相乘一般不能随便交换顺序，即 $\boldsymbol{AB}\neq\boldsymbol{BA}$. $\boldsymbol{AB}$ 称为 $\boldsymbol{A}$ 左乘 $\boldsymbol{B}$，$\boldsymbol{BA}$ 称为 $\boldsymbol{A}$ 右乘 $\boldsymbol{B}$.

② 矩阵乘法一般不能随便消去一个非零矩阵，即 $\boldsymbol{A}\neq\boldsymbol{0}$，且 $\boldsymbol{AB}=\boldsymbol{AC}$，但不能得出 $\boldsymbol{B}=\boldsymbol{C}$.

③ 两个非零矩阵的乘积可以是零矩阵，即虽然 $\boldsymbol{AB}=\boldsymbol{0}$，但不能得出 $\boldsymbol{A}=\boldsymbol{0}$ 或 $\boldsymbol{B}=\boldsymbol{0}$.

如果矩阵 $\boldsymbol{A}$，$\boldsymbol{B}$ 满足 $\boldsymbol{AB}=\boldsymbol{BA}$，则称 $\boldsymbol{A}$ 与 $\boldsymbol{B}$ 是**可交换矩阵**．

矩阵乘法满足下面运算规律（设 $\boldsymbol{A}$，$\boldsymbol{B}$，$\boldsymbol{C}$ 对所涉及的运算可行）．

(1)结合律

$$(\boldsymbol{AB})\boldsymbol{C}=\boldsymbol{A}(\boldsymbol{BC})$$

$$(\lambda\boldsymbol{A})\boldsymbol{B}=\boldsymbol{A}(\lambda\boldsymbol{B})=\lambda(\boldsymbol{AB})\qquad(\lambda\text{ 为数})$$

(2) 左乘分配律

$$\boldsymbol{A}(\boldsymbol{B}+\boldsymbol{C})=\boldsymbol{AB}+\boldsymbol{AC}$$

右乘分配律

$$(\boldsymbol{B}+\boldsymbol{C})\boldsymbol{A}=\boldsymbol{BA}+\boldsymbol{CA}$$

对于单位矩阵 $\boldsymbol{E}$，易验证

$$\boldsymbol{E}_m\boldsymbol{A}_{m\times n}=\boldsymbol{A}_{m\times n},\ \boldsymbol{A}_{m\times n}\boldsymbol{E}_n=\boldsymbol{A}_{m\times n}$$

或简写成

$$\boldsymbol{EA}=\boldsymbol{A},\ \boldsymbol{AE}=\boldsymbol{A}$$

对于方阵 $\boldsymbol{A}$，由于 $\boldsymbol{A}$ 的列数与行数相等，因此可以归纳出方阵的幂运算

$$\boldsymbol{A}^1=\boldsymbol{A},\ \boldsymbol{A}^2=\boldsymbol{A}^1\cdot\boldsymbol{A}^1,\ \boldsymbol{A}^{k+1}=\boldsymbol{A}^k\cdot\boldsymbol{A}^1$$

其中 k 为正整数．就是说 $\boldsymbol{A}^k$ 就是 k 个 $\boldsymbol{A}$ 连乘．方阵的幂运算满足下列运算规律（对于正整数 k，l）

$$\boldsymbol{A}^k\cdot\boldsymbol{A}^l=\boldsymbol{A}^{k+l},\ (\boldsymbol{A}^k)^l=\boldsymbol{A}^{kl}$$

对于两个 n 阶方阵，又由于 $\boldsymbol{AB}\neq\boldsymbol{BA}$，一般说 $(\boldsymbol{AB})^k\neq\boldsymbol{A}^k\boldsymbol{B}^k$.

设有 n 个变量 x_1，x_2，…，x_n 到 m 个变量 y_1，y_2，…，y_m 的线性变换，

$$\begin{cases}y_1=a_{11}x_1+a_{12}x_2+\cdots+a_{1n}x_n\\ y_2=a_{21}x_1+a_{22}x_2+\cdots+a_{2n}x_n\\ \cdots\\ y_m=a_{m1}x_1+a_{m2}x_2+\cdots+a_{mn}x_n\end{cases}$$

利用矩阵乘法可记作

$$\boldsymbol{Y}=\boldsymbol{AX}$$

其中

$$A=\begin{pmatrix} a_{11} & a_{12} & \cdots & a_{1n} \\ a_{21} & a_{22} & \cdots & a_{2n} \\ \vdots & \vdots & \ddots & \vdots \\ a_{m1} & a_{m2} & \cdots & a_{mn} \end{pmatrix},\ X=\begin{pmatrix} x_1 \\ x_2 \\ \vdots \\ x_n \end{pmatrix},\ Y=\begin{pmatrix} y_1 \\ y_2 \\ \vdots \\ y_m \end{pmatrix}.$$

这里 $A=(a_{ij})_{m\times n}$，称为变量 x_1，x_2，…，x_n 到变量 y_1，y_2，…，y_m 的**线性变换矩阵**.

设有 n 个变量 x_1，x_2，…，x_n 到 n 个变量 y_1，y_2，…，y_n 的线性变换，

$$\begin{cases} y_1=x_1 \\ y_2=x_2 \\ \quad\vdots \\ y_n=x_n \end{cases}$$

称为**恒等变换**，其变换矩阵是 n 阶单位矩阵 E，记作 $Y=EX$.

设有两个线性变换 $Y=AX$ 和 $Z=BY$，矩阵 A 为 $X\to Y$ 的线性变换矩阵，B 是 $Y\to Z$ 的线性变换矩阵，可得 $Z=B(AX)=(BA)X$，从而矩阵 BA 为 $X\to Z$ 的线性变换矩阵.

利用矩阵乘法，线性方程组(2-1) 可写成矩阵形式，设线性方程组(2-1) 的系数矩阵

$$A=\begin{pmatrix} a_{11} & a_{12} & \cdots & a_{1n} \\ a_{21} & a_{22} & \cdots & a_{2n} \\ \vdots & \vdots & \ddots & \vdots \\ a_{m1} & a_{m2} & \cdots & a_{mn} \end{pmatrix}$$

未知数和常数项分别组成 $n\times 1$ 与 $m\times 1$ 列矩阵

$$X=\begin{pmatrix} x_1 \\ x_2 \\ \vdots \\ x_n \end{pmatrix},\ b=\begin{pmatrix} b_1 \\ b_2 \\ \vdots \\ b_m \end{pmatrix}$$

从而方程组(2-1)的矩阵形式为

$$AX=b \tag{2-2}$$

称 X 为**未知数列矩阵**，b 为**常数项列矩阵**.

2.2.4 矩阵的转置

定义 2.5 把 $m\times n$ 矩阵 A 的行换成同序号的列，得到一个 $n\times m$ 矩阵，称为 A 的**转置矩阵**，记作 A^{T}.

例如，$A=\begin{pmatrix} 1 & 2 & 3 \\ 4 & 5 & 6 \end{pmatrix}$的转置 $A^{\mathrm{T}}=\begin{pmatrix} 1 & 4 \\ 2 & 5 \\ 3 & 6 \end{pmatrix}$.

如果记 $A=(a_{ij})_{m\times n}$，$A^{\mathrm{T}}=(d_{ij})_{n\times m}$，则 $a_{ij}=d_{ji}$ $(i=1,2,\cdots,m;\ j=1,2,\cdots,n)$.

矩阵的转置运算满足下列运算规律（设矩阵 $\boldsymbol{A}$，$\boldsymbol{B}$ 对所涉及的运算都可行）

① $(\boldsymbol{A}^{\mathrm{T}})^{\mathrm{T}}=\boldsymbol{A}$；

② $(\boldsymbol{A}+\boldsymbol{B})^{\mathrm{T}}=\boldsymbol{A}^{\mathrm{T}}+\boldsymbol{B}^{\mathrm{T}}$；

③ $(\lambda\boldsymbol{A})^{\mathrm{T}}=\lambda\boldsymbol{A}^{\mathrm{T}}$（$\lambda$ 为数）；

④ $(\boldsymbol{AB})^{\mathrm{T}}=\boldsymbol{B}^{\mathrm{T}}\boldsymbol{A}^{\mathrm{T}}$.

这里仅证明④.

证明 设 $\boldsymbol{A}=(a_{ij})_{m\times s}$，$\boldsymbol{B}=(b_{ij})_{s\times n}$，记 $\boldsymbol{AB}=\boldsymbol{C}=(c_{ij})_{m\times n}$，$\boldsymbol{D}=\boldsymbol{B}^{\mathrm{T}}\boldsymbol{A}^{\mathrm{T}}=(d_{ij})_{n\times m}$，由矩阵与矩阵相乘的定义，得

$$c_{ji}=\sum_{k=1}^{s}a_{jk}b_{ki}$$

而 $\boldsymbol{B}^{\mathrm{T}}$的第 i 行为$(b_{1i},\ b_{2i},\ \cdots,\ b_{si})$，$\boldsymbol{A}^{\mathrm{T}}$的第 j 列为$\begin{pmatrix}a_{j1}\\a_{j2}\\\vdots\\a_{js}\end{pmatrix}$，因此 $\boldsymbol{D}$ 的 d_{ij} 为

$$d_{ij}=\sum_{k=1}^{s}b_{ki}a_{jk}=\sum_{k=1}^{s}a_{jk}b_{ki}=c_{ji}\qquad(i=1,\ 2,\ \cdots,\ n;\ j=1,\ 2,\ \cdots,\ m)$$

由转置运算的定义知 $(\boldsymbol{AB})^{\mathrm{T}}=\boldsymbol{C}^{\mathrm{T}}=\boldsymbol{D}=\boldsymbol{B}^{\mathrm{T}}\boldsymbol{A}^{\mathrm{T}}$.

【例 2.8】 设矩阵

$$\boldsymbol{A}=\begin{pmatrix}2&0&-1\\1&3&2\end{pmatrix},\boldsymbol{B}=\begin{pmatrix}1&7&-1\\4&2&3\\2&0&1\end{pmatrix}$$

求 $(\boldsymbol{AB})^{\mathrm{T}}$.

解

$$\boldsymbol{AB}=\begin{pmatrix}2&0&-1\\1&3&2\end{pmatrix}\begin{pmatrix}1&7&-1\\4&2&3\\2&0&1\end{pmatrix}=\begin{pmatrix}0&14&-3\\17&13&10\end{pmatrix}$$

$$(\boldsymbol{AB})^{\mathrm{T}}=\begin{pmatrix}0&14&-3\\17&13&10\end{pmatrix}^{\mathrm{T}}=\begin{pmatrix}0&17\\14&13\\-3&10\end{pmatrix}$$

或用运算规律④得

$$(\boldsymbol{AB})^{\mathrm{T}}=\boldsymbol{B}^{\mathrm{T}}\boldsymbol{A}^{\mathrm{T}}=\begin{pmatrix}1&4&2\\7&2&0\\-1&3&1\end{pmatrix}\begin{pmatrix}2&1\\0&3\\-1&2\end{pmatrix}=\begin{pmatrix}0&17\\14&13\\-3&10\end{pmatrix}$$

如果 n 阶方阵 $\boldsymbol{A}=(a_{ij})$ 满足

$$\boldsymbol{A}^{\mathrm{T}}=\boldsymbol{A}$$

则称 $\boldsymbol{A}$ 为**对称矩阵**. 如果 n 阶方阵 $\boldsymbol{A}=(a_{ij})$ 满足

$$\boldsymbol{A}^{\mathrm{T}}=-\boldsymbol{A}$$

则称 $\boldsymbol{A}$ 为**反对称矩阵**.

【例 2.9】 设 $\boldsymbol{A}$ 是 $m\times n$ 矩阵，证明 $\boldsymbol{A}^{\mathrm{T}}\boldsymbol{A}$，$\boldsymbol{AA}^{\mathrm{T}}$都是对称阵.

证明 由转置运算规律得

$$(A^TA)^T=A^T(A^T)^T=A^TA$$
$$(AA^T)^T=(A^T)^TA^T=AA^T$$

所以 A^TA 与 AA^T 都是对称矩阵.

【例 2.10】 设 A 和 B 是同阶对称矩阵，证明 AB 是对称矩阵的充分必要条件为 A 和 B 是可交换矩阵.

证明 因为 $A^T=A$，$B^T=B$，且

$$(AB)^T=B^TA^T=BA$$

所以 $(AB)^T=B^TA^T=BA=AB$ 的充分必要条件是 $AB=BA$，即 A 和 B 是可交换矩阵.

2.2.5 方阵的行列式

定义 2.6 设 A 为 n 阶方阵，由方阵 A 的元素按原来位置构成的行列式

$$|A|=\begin{vmatrix} a_{11} & a_{12} & \cdots & a_{1n} \\ a_{21} & a_{22} & \cdots & a_{2n} \\ \vdots & \vdots & \ddots & \vdots \\ a_{n1} & a_{n2} & \cdots & a_{nn} \end{vmatrix}$$

称为方阵 A **的行列式**，记作 $|A|$ 或 det$A$.

例如，若 $A=\begin{pmatrix} 2 & 3 \\ 6 & 8 \end{pmatrix}$，则 $|A|=\begin{vmatrix} 2 & 3 \\ 6 & 8 \end{vmatrix}=-2$.

方阵的行列式满足下列运算规律（设 A，B 为 n 阶方阵，λ 是数）.

① $|A^T|=|A|$（行列式性质 1.1）；

② $|\lambda A|=\lambda^n|A|$；

③ $|AB|=|A|\cdot|B|$.

运算规律②指的是数乘方阵的行列式等于这个数的 n 次方乘此方阵行列式，注意它与行列式性质 1.4 的区别. 运算规律③不加证明，注意：两个方阵相乘一般不能交换，但若 A，B 均为方阵，则有

$$|AB|=|A|\cdot|B|=|B|\cdot|A|=|BA|$$

习题 2-2

1. 设矩阵 $A=\begin{pmatrix} 2 & 4 & 1 \\ 0 & 3 & 2 \end{pmatrix}$，$B=\begin{pmatrix} 1 & -1 & 0 \\ 3 & 5 & 0 \end{pmatrix}$，$C=\begin{pmatrix} 0 & 2 & 0 \\ 0 & -1 & 1 \end{pmatrix}$，求 $A+B$，$B-C$，$2A-3C$.

2. 计算下列矩阵的乘积

(1) $\begin{pmatrix} 3 & 2 \\ -1 & 4 \\ 5 & 1 \end{pmatrix}\begin{pmatrix} 1 & 8 & -1 \\ 2 & 0 & 3 \end{pmatrix}$　　(2) $\begin{pmatrix} 2 & -1 & 2 \\ -1 & 3 & 5 \\ 2 & 5 & 4 \end{pmatrix}\begin{pmatrix} 1 \\ -1 \\ 1 \end{pmatrix}$

(3) $\begin{pmatrix} 1 \\ -1 \\ 2 \\ 3 \end{pmatrix}(3 \quad 2 \quad -1 \quad 0)$　　(4) $(3 \quad 2 \quad 1)\begin{pmatrix} 1 \\ 4 \\ 7 \end{pmatrix}$

(5) $(x_1 \quad x_2 \quad x_3)\begin{pmatrix} a_{11} & a_{12} & a_{13} \\ a_{21} & a_{22} & a_{23} \\ a_{31} & a_{32} & a_{33} \end{pmatrix}\begin{pmatrix} x_1 \\ x_2 \\ x_3 \end{pmatrix}$，其中 $a_{ij}=a_{ji}$ （i，$j=1$，2，3）

3. 计算

(1) $\begin{pmatrix} 1 & 0 \\ 1 & 1 \end{pmatrix}^n$ (2) $\begin{pmatrix} \lambda & 1 & 0 \\ 0 & \lambda & 1 \\ 0 & 0 & \lambda \end{pmatrix}^n$

4. 如果 $\boldsymbol{A}=\frac{1}{2}(\boldsymbol{B}+\boldsymbol{E})$，证明 $\boldsymbol{A}^2=\boldsymbol{A}$ 的充分必要条件是 $\boldsymbol{B}^2=\boldsymbol{E}$.

5. 设 $\boldsymbol{A}$，$\boldsymbol{B}$ 是 n 阶方阵，$\boldsymbol{A}$ 是对称矩阵，证明 $\boldsymbol{B}^{\mathrm{T}}\boldsymbol{A}\boldsymbol{B}$ 也是对称矩阵 .

2.3 逆矩阵

由矩阵运算可知，零矩阵与任意同型矩阵相加的结果是原矩阵；单位矩阵与任一矩阵相乘（只要乘法可行）的结果还是原矩阵 . 所以可以说，零矩阵有类似数零的作用，单位矩阵有类似数 1 的作用 .

在上一节中，我们讨论了矩阵的加、减、乘等运算，在数的运算中还有除法运算作为乘法的逆运算，即设 a 是任意一个非零数，即 a 可逆，a 的唯一的逆就是数 $\frac{1}{a}=b$，且满足

$$a\times b=b\times a=1$$

在矩阵运算中，满足什么条件的矩阵 $\boldsymbol{A}$ 可逆？如果 $\boldsymbol{A}$ 可逆，$\boldsymbol{A}$ 的逆是否唯一？如何求它的逆矩阵？这些都是这一节要讨论的问题 .

2.3.1 逆矩阵的定义

定义 2.7 设 $\boldsymbol{A}$ 是 n 阶方阵，如果存在 n 阶方阵 $\boldsymbol{B}$，使

$$\boldsymbol{AB}=\boldsymbol{BA}=\boldsymbol{E}$$

则称方阵 $\boldsymbol{A}$ 是**可逆矩阵**（或称 $\boldsymbol{A}$ 可逆），称方阵 $\boldsymbol{B}$ 是 $\boldsymbol{A}$ 的**逆矩阵**，记作 $\boldsymbol{A}^{-1}$，即$\boldsymbol{B}=\boldsymbol{A}^{-1}$.

如果方阵 $\boldsymbol{A}$ 是可逆的，则 $\boldsymbol{A}$ 的逆矩阵是唯一的 . 因为假设 $\boldsymbol{B}$ 和 $\boldsymbol{C}$ 都是 $\boldsymbol{A}$ 的逆矩阵，则有

$$\boldsymbol{AB}=\boldsymbol{BA}=\boldsymbol{E}，\boldsymbol{AC}=\boldsymbol{CA}=\boldsymbol{E}$$

于是

$$\boldsymbol{B}=\boldsymbol{BE}=\boldsymbol{B}(\boldsymbol{AC})=(\boldsymbol{BA})\boldsymbol{C}=\boldsymbol{EC}=\boldsymbol{C}$$

注意： 在定义中方阵 $\boldsymbol{A}$ 与 $\boldsymbol{B}$ 的地位是相同的，而且如果 $\boldsymbol{A}$ 可逆，且 $\boldsymbol{B}$ 是 $\boldsymbol{A}$ 的逆矩阵，则 $\boldsymbol{B}$ 也可逆，且 $\boldsymbol{A}$ 是 $\boldsymbol{B}$ 的逆矩阵 .

2.3.2 方阵可逆的充分必要条件

先介绍 n 阶方阵的伴随矩阵的概念 .

定义 2.8 设 $\boldsymbol{A}$ 是 n 阶方阵，$\boldsymbol{A}_{ij}$ 是行列式 $|\boldsymbol{A}|$ 中元素 a_{ij} 的代数余子式，以 $\boldsymbol{A}_{ij}$ 为元素组成如下 n 阶方阵

$$\boldsymbol{A}^*=\begin{pmatrix} \boldsymbol{A}_{11} & \boldsymbol{A}_{21} & \cdots & \boldsymbol{A}_{n1} \\ \boldsymbol{A}_{12} & \boldsymbol{A}_{22} & \cdots & \boldsymbol{A}_{n2} \\ \vdots & \vdots & \ddots & \vdots \\ \boldsymbol{A}_{1n} & \boldsymbol{A}_{2n} & \cdots & \boldsymbol{A}_{nn} \end{pmatrix}$$

称其为方阵 $\boldsymbol{A}$ 的**伴随矩阵**，记作 $\boldsymbol{A}^*$（特别要注意 $\boldsymbol{A}^*$ 中元素 $\boldsymbol{A}_{ij}$ 的排列顺序）.

定理 2.1 设 $\boldsymbol{A}$ 是 n 阶方阵，$\boldsymbol{A}^*$ 是 $\boldsymbol{A}$ 的伴随矩阵，则有

$$\boldsymbol{AA}^*=\boldsymbol{A}^*\boldsymbol{A}=|\boldsymbol{A}|\boldsymbol{E}$$

证明

$$\boldsymbol{AA}^*=\begin{pmatrix} a_{11} & a_{12} & \cdots & a_{1n} \\ a_{21} & a_{22} & \cdots & a_{2n} \\ \vdots & \vdots & \ddots & \vdots \\ a_{n1} & a_{n2} & \cdots & a_{nn} \end{pmatrix}\begin{pmatrix} \boldsymbol{A}_{11} & \boldsymbol{A}_{21} & \cdots & \boldsymbol{A}_{n1} \\ \boldsymbol{A}_{12} & \boldsymbol{A}_{22} & \cdots & \boldsymbol{A}_{n2} \\ \vdots & \vdots & \ddots & \vdots \\ \boldsymbol{A}_{1n} & \boldsymbol{A}_{2n} & \cdots & \boldsymbol{A}_{nn} \end{pmatrix}$$

$$=\left(\sum_{k=1}^{n} a_{ik}\boldsymbol{A}_{jk}\right)\quad (i=1,\ 2,\ \cdots,\ n;\ j=1,\ 2,\ \cdots,\ n)$$

由代数余子式的重要性质式(1-6)

$$\sum_{k=1}^{n} a_{ik}\boldsymbol{A}_{jk}=\begin{cases} |\boldsymbol{A}|, & i=j \\ 0, & i\neq j \end{cases}$$

可得

$$\boldsymbol{AA}^*=\begin{pmatrix} |\boldsymbol{A}| & & & \\ & |\boldsymbol{A}| & & \\ & & \ddots & \\ & & & |\boldsymbol{A}| \end{pmatrix}=|\boldsymbol{A}|\boldsymbol{E}$$

类似可以证得 $\boldsymbol{A}^*\boldsymbol{A}=|\boldsymbol{A}|\boldsymbol{E}$.

定理 2.2 设 $\boldsymbol{A}$ 是 n 阶方阵，$\boldsymbol{A}$ 可逆的充分必要条件是 $|\boldsymbol{A}|\neq 0$，且 $\boldsymbol{A}^{-1}=\dfrac{\boldsymbol{A}^*}{|\boldsymbol{A}|}$.

证明 必要性：因为 $\boldsymbol{A}$ 可逆，由逆矩阵定义 2.7，存在 $\boldsymbol{A}^{-1}$ 使 $\boldsymbol{AA}^{-1}=\boldsymbol{A}^{-1}\boldsymbol{A}=\boldsymbol{E}$. 由方阵行列式的运算规律③，可得 $|\boldsymbol{AA}^{-1}|=|\boldsymbol{A}||\boldsymbol{A}^{-1}|=|\boldsymbol{E}|=1\neq 0$，从而 $|\boldsymbol{A}|\neq 0$.

充分性：因 $|\boldsymbol{A}|\neq 0$，作方阵 $\boldsymbol{B}=\dfrac{\boldsymbol{A}^*}{|\boldsymbol{A}|}$，由定理 2.1，可得 $\boldsymbol{A}\cdot\dfrac{\boldsymbol{A}^*}{|\boldsymbol{A}|}=\dfrac{\boldsymbol{A}^*}{|\boldsymbol{A}|}\cdot\boldsymbol{A}=\dfrac{1}{|\boldsymbol{A}|}(\boldsymbol{A}^*\boldsymbol{A})=\boldsymbol{E}$，由逆矩阵定义 2.7 知 $\boldsymbol{A}$ 可逆，且 $\boldsymbol{A}^{-1}=\dfrac{\boldsymbol{A}^*}{|\boldsymbol{A}|}$.

推论 2.1 设 $\boldsymbol{A}$，$\boldsymbol{B}$ 是 n 阶方阵，且 $\boldsymbol{AB}=\boldsymbol{E}$，那么 $\boldsymbol{BA}=\boldsymbol{E}$，即 $\boldsymbol{A}$，$\boldsymbol{B}$ 都可逆，且 $\boldsymbol{A}^{-1}=\boldsymbol{B}$，$\boldsymbol{B}^{-1}=\boldsymbol{A}$.

证明 由条件 $\boldsymbol{A}$，$\boldsymbol{B}$ 都为 n 阶方阵，且 $\boldsymbol{AB}=\boldsymbol{E}$，得 $|\boldsymbol{AB}|=|\boldsymbol{A}||\boldsymbol{B}|=|\boldsymbol{E}|=1\neq 0$，$|\boldsymbol{A}|\neq 0$ 且 $|\boldsymbol{B}|\neq 0$，由定理 2.2 知 $\boldsymbol{A}$，$\boldsymbol{B}$ 都可逆. 又 $\boldsymbol{BA}=\boldsymbol{A}^{-1}\boldsymbol{ABA}=\boldsymbol{A}^{-1}(\boldsymbol{AB})\boldsymbol{A}=\boldsymbol{A}^{-1}\boldsymbol{EA}=\boldsymbol{A}^{-1}\boldsymbol{A}=\boldsymbol{E}$，由定义 2.7 知，$\boldsymbol{A}^{-1}=\boldsymbol{B}$，$\boldsymbol{B}^{-1}=\boldsymbol{A}$.

当 $|\boldsymbol{A}|\neq 0$ 时，称 $\boldsymbol{A}$ 为**非奇异矩阵**；当 $|\boldsymbol{A}|=0$ 时，称 $\boldsymbol{A}$ 为**奇异矩阵**.

定理 2.2 给出了方阵 $\boldsymbol{A}$ 为非奇异矩阵的充分必要条件是 $|\boldsymbol{A}|\neq 0$；推论表明，判别 $\boldsymbol{B}$ 是否是 $\boldsymbol{A}$ 的逆矩阵，只要验证 $\boldsymbol{AB}=\boldsymbol{E}$（或 $\boldsymbol{BA}=\boldsymbol{E}$）是否成立.

【例 2.11】 设

$$\boldsymbol{A}=\begin{pmatrix}1&2&3\\2&2&1\\3&4&3\end{pmatrix}$$

判别 $\boldsymbol{A}$ 是否可逆，若可逆，求出 $\boldsymbol{A}^{-1}$.

解 因为

$$|\boldsymbol{A}|=\begin{vmatrix}1&2&3\\2&2&1\\3&4&3\end{vmatrix}=2\neq 0$$

所以 $\boldsymbol{A}$ 可逆，再求 $\boldsymbol{A}^*$，而 $\boldsymbol{A}$ 的每一个元素的代数余子式如下

$$\boldsymbol{A}_{11}=2,\ \boldsymbol{A}_{12}=-3,\ \boldsymbol{A}_{13}=2,\ \boldsymbol{A}_{21}=6,\ \boldsymbol{A}_{22}=-6$$
$$\boldsymbol{A}_{23}=2,\ \boldsymbol{A}_{31}=-4,\ \boldsymbol{A}_{32}=5,\ \boldsymbol{A}_{33}=-2$$

得

$$\boldsymbol{A}^*=\begin{pmatrix}2&6&-4\\-3&-6&5\\2&2&-2\end{pmatrix}$$

于是得

$$\boldsymbol{A}^{-1}=\frac{\boldsymbol{A}^*}{|\boldsymbol{A}|}=\begin{pmatrix}1&3&-2\\-\frac{3}{2}&-3&\frac{5}{2}\\1&1&-1\end{pmatrix}$$

【例 2.12】 设

$$\boldsymbol{A}=\begin{pmatrix}1&2&3\\2&2&1\\3&4&3\end{pmatrix},\ \boldsymbol{B}=\begin{pmatrix}1&1&3\\2&-1&-2\end{pmatrix}$$

求矩阵 $\boldsymbol{X}$，使 $\boldsymbol{XA}=\boldsymbol{B}$.

解 由例 2.11 知 $|\boldsymbol{A}|=2\neq 0$，$\boldsymbol{A}$ 可逆，等式 $\boldsymbol{XA}=\boldsymbol{B}$ 两边同时右乘 $\boldsymbol{A}^{-1}$，得 $\boldsymbol{XAA}^{-1}=\boldsymbol{BA}^{-1}$，即 $\boldsymbol{X}=\boldsymbol{BA}^{-1}$，而 $\boldsymbol{A}^{-1}$ 上例已求出，则

$$\boldsymbol{X}=\boldsymbol{BA}^{-1}=\begin{pmatrix}1&1&3\\2&-1&-2\end{pmatrix}\begin{pmatrix}1&3&-2\\-\frac{3}{2}&-3&\frac{5}{2}\\1&1&-1\end{pmatrix}=\begin{pmatrix}\frac{5}{2}&3&-\frac{5}{2}\\\frac{3}{2}&7&-\frac{9}{2}\end{pmatrix}$$

【例 2.13】 设

$$\boldsymbol{A}=\begin{pmatrix}1&2&3\\2&2&1\\3&4&3\end{pmatrix},\ \boldsymbol{B}=\begin{pmatrix}2&1\\5&3\end{pmatrix},\ \boldsymbol{C}=\begin{pmatrix}1&3\\2&0\\3&1\end{pmatrix}$$

求矩阵 $\boldsymbol{X}$，使 $\boldsymbol{AXB}=\boldsymbol{C}$.

解 由上例知 $|\boldsymbol{A}|\neq 0$，又 $|\boldsymbol{B}|=1\neq 0$，知 $\boldsymbol{A}$，$\boldsymbol{B}$ 都可逆，

$$\boldsymbol{A}^{-1}=\begin{pmatrix}1 & 3 & -2\\ -\frac{3}{2} & -3 & \frac{5}{2}\\ 1 & 1 & -1\end{pmatrix},\ \boldsymbol{B}^{-1}=\begin{pmatrix}3 & -1\\ -5 & 2\end{pmatrix}$$

用 $\boldsymbol{A}^{-1}$，$\boldsymbol{B}^{-1}$分别左乘、右乘方程 $\boldsymbol{AXB}=\boldsymbol{C}$ 的两边，有

$$\boldsymbol{A}^{-1}\boldsymbol{AXBB}^{-1}=\boldsymbol{A}^{-1}\boldsymbol{CB}^{-1}$$

得

$$\boldsymbol{X}=\boldsymbol{A}^{-1}\boldsymbol{CB}^{-1}=\begin{pmatrix}1 & 3 & -2\\ -\frac{3}{2} & -3 & \frac{5}{2}\\ 1 & 1 & -1\end{pmatrix}\begin{pmatrix}1 & 3\\ 2 & 0\\ 3 & 1\end{pmatrix}\begin{pmatrix}3 & -1\\ -5 & 2\end{pmatrix}=\begin{pmatrix}-2 & 1\\ 10 & -4\\ -10 & 4\end{pmatrix}$$

【例 2.14】 设矩阵 $\boldsymbol{A}$ 满足方程 $\boldsymbol{A}^2-\boldsymbol{A}-2\boldsymbol{E}=\boldsymbol{O}$，证明：$\boldsymbol{A}$，$\boldsymbol{A}+2\boldsymbol{E}$ 都可逆，并求它们的逆矩阵.

证明 由 $\boldsymbol{A}^2-\boldsymbol{A}-2\boldsymbol{E}=\boldsymbol{O}$，得

$$\boldsymbol{A}(\boldsymbol{A}-\boldsymbol{E})=2\boldsymbol{E}$$

$$\boldsymbol{A}\left[\frac{1}{2}(\boldsymbol{A}-\boldsymbol{E})\right]=\boldsymbol{E}$$

由推论 2.1 知 $\boldsymbol{A}$ 可逆，且

$$\boldsymbol{A}^{-1}=\frac{1}{2}(\boldsymbol{A}-\boldsymbol{E})$$

又由 $\boldsymbol{A}^2-\boldsymbol{A}-2\boldsymbol{E}=\boldsymbol{O}$，得

$$(\boldsymbol{A}+2\boldsymbol{E})(\boldsymbol{A}-3\boldsymbol{E})+4\boldsymbol{E}=\boldsymbol{O}$$

$$(\boldsymbol{A}+2\boldsymbol{E})\left[-\frac{1}{4}(\boldsymbol{A}-3\boldsymbol{E})\right]=\boldsymbol{E}$$

由推论 2.1 知 $\boldsymbol{A}+2\boldsymbol{E}$ 可逆，且

$$(\boldsymbol{A}+2\boldsymbol{E})^{-1}=-\frac{1}{4}(\boldsymbol{A}-3\boldsymbol{E})$$

2.3.3 可逆矩阵的运算规律

方阵的逆矩阵有下列运算规律：

① 如果 $\boldsymbol{A}$ 可逆，则 $\boldsymbol{A}^{-1}$也可逆，且 $(\boldsymbol{A}^{-1})^{-1}=\boldsymbol{A}$；

② 如果 $\boldsymbol{A}$ 可逆，数 $\lambda\neq 0$，则 $\lambda\boldsymbol{A}$ 可逆，且 $(\lambda\boldsymbol{A})^{-1}=\frac{1}{\lambda}\boldsymbol{A}^{-1}$；

③ 如果 $\boldsymbol{A}$ 可逆，则 $\boldsymbol{A}^{\mathrm{T}}$也可逆，且 $(\boldsymbol{A}^{\mathrm{T}})^{-1}=(\boldsymbol{A}^{-1})^{\mathrm{T}}$；

④ 如果 $\boldsymbol{A}$，$\boldsymbol{B}$ 都可逆，则 $\boldsymbol{AB}$ 也可逆，且 $(\boldsymbol{AB})^{-1}=\boldsymbol{B}^{-1}\boldsymbol{A}^{-1}$.

只证③、④.

证明 ③因为 $\boldsymbol{A}^{\mathrm{T}}(\boldsymbol{A}^{-1})^{\mathrm{T}}=(\boldsymbol{A}^{-1}\boldsymbol{A})^{\mathrm{T}}=\boldsymbol{E}^{\mathrm{T}}=\boldsymbol{E}$，所以

$$(\boldsymbol{A}^{\mathrm{T}})^{-1}=(\boldsymbol{A}^{-1})^{\mathrm{T}}$$

④因为 $(\boldsymbol{AB})(\boldsymbol{B}^{-1}\boldsymbol{A}^{-1})=\boldsymbol{A}(\boldsymbol{BB}^{-1})\boldsymbol{A}^{-1}=\boldsymbol{AA}^{-1}=\boldsymbol{E}$，所以

$$(\boldsymbol{AB})^{-1}=\boldsymbol{B}^{-1}\boldsymbol{A}^{-1}$$

当 $\boldsymbol{A}$ 可逆时，还规定 $\boldsymbol{A}^0=\boldsymbol{E}$，$\boldsymbol{A}^{-k}=(\boldsymbol{A}^{-1})^k$，

$$\boldsymbol{A}^k\boldsymbol{A}^l=\boldsymbol{A}^{k+l},\ (\boldsymbol{A}^k)^l=\boldsymbol{A}^{kl}$$

其中 k，l 为整数（k，l 也可为负）.

习题 2-3

1. 求下列矩阵的逆矩阵

(1) $\begin{pmatrix} a & b \\ c & d \end{pmatrix}$，其中 $ad-bc\neq 0$　　(2) $\begin{pmatrix} 1 & 0 & 1 \\ 2 & 1 & 0 \\ -3 & 2 & -5 \end{pmatrix}$

(3) $\begin{pmatrix} 1 & 0 & 2 \\ 2 & -1 & 3 \\ 4 & 1 & 8 \end{pmatrix}$

2. 解下列矩阵方程

(1) $\begin{pmatrix} 1 & 3 & 1 \\ 2 & 2 & 1 \\ 3 & 4 & 2 \end{pmatrix}\boldsymbol{X}=\begin{pmatrix} 2 & 7 \\ 3 & 5 \\ 5 & 10 \end{pmatrix}$　　(2) $\begin{pmatrix} 1 & 1 \\ 1 & 2 \end{pmatrix}\boldsymbol{X}\begin{pmatrix} 1 & 0 & 3 \\ 0 & 1 & 0 \\ 0 & 0 & 1 \end{pmatrix}=\begin{pmatrix} 1 & 0 & 2 \\ -2 & 1 & 0 \end{pmatrix}$

3. 利用逆矩阵解下列线性方程组

(1) $\begin{cases} x_1+2x_2+3x_3=1 \\ 2x_1+2x_2+5x_3=2 \\ 3x_1+5x_2+x_3=3 \end{cases}$　　(2) $\begin{cases} x_1-x_2-x_3=2 \\ 2x_1-x_2-3x_3=1 \\ 3x_1+2x_2-5x_3=0 \end{cases}$

4. 设矩阵 $\boldsymbol{A}$，$\boldsymbol{B}$ 满足 $\boldsymbol{AB}=\boldsymbol{A}+2\boldsymbol{B}$，其中 $\boldsymbol{A}=\begin{pmatrix} 3 & 0 & 1 \\ 1 & 1 & 0 \\ 0 & 1 & 4 \end{pmatrix}$，试求矩阵 $\boldsymbol{B}$.

5. 设矩阵 $\boldsymbol{A}$ 与 $\boldsymbol{B}$ 满足 $\boldsymbol{A}-\boldsymbol{B}=\boldsymbol{AB}$，证明 $\boldsymbol{A}+\boldsymbol{E}$ 可逆，且求出它的逆矩阵.

6. 已知 $\boldsymbol{A}$ 为 3 阶方阵，且 $|\boldsymbol{A}|=2$，求行列式 $|3\boldsymbol{A}^*-4\boldsymbol{A}^{-1}|$ 的值.

2.4 矩阵的分块

在矩阵运算中，对于行数列数较多的矩阵，往往采用矩阵分块的方法，将矩阵分成若干小块，并把每个小块看做新矩阵的一个元素，这样化大矩阵的运算为小矩阵的运算.

2.4.1 分块矩阵

设 $\boldsymbol{A}$ 是 $m\times n$ 矩阵，用若干条横线和竖线把矩阵 $\boldsymbol{A}$ 分成若干小块，每一个小块作为一个小矩阵，称为 $\boldsymbol{A}$ 的**子块**（或称为 $\boldsymbol{A}$ 的**子矩阵**），在进行矩阵运算时，可以把 $\boldsymbol{A}$ 的每一个子块作为一个元素，这种以子块为元素的矩阵称为**分块矩阵**.

例如 3×4 矩阵

$$\boldsymbol{A}=\begin{pmatrix} a_{11} & a_{12} & a_{13} & a_{14} \\ a_{21} & a_{22} & a_{23} & a_{24} \\ a_{31} & a_{32} & a_{33} & a_{34} \end{pmatrix}$$

分成子块的分法很多，下面举出三种分块形式：

$$①\left(\begin{array}{cc:cc} a_{11} & a_{12} & a_{13} & a_{14} \\ a_{21} & a_{22} & a_{23} & a_{24} \\ \hdashline a_{31} & a_{32} & a_{33} & a_{34} \end{array}\right) \quad ②\left(\begin{array}{c:c:c:c} a_{11} & a_{12} & a_{13} & a_{14} \\ a_{21} & a_{22} & a_{23} & a_{24} \\ \hdashline a_{31} & a_{32} & a_{33} & a_{34} \end{array}\right) \quad ③\left(\begin{array}{c:c:c:c} a_{11} & a_{12} & a_{13} & a_{14} \\ a_{21} & a_{22} & a_{23} & a_{24} \\ \hdashline a_{31} & a_{32} & a_{33} & a_{34} \end{array}\right)$$

分法①可记为

$$\boldsymbol{A}=\begin{pmatrix} \boldsymbol{A}_{11} & \boldsymbol{A}_{12} \\ \boldsymbol{A}_{21} & \boldsymbol{A}_{22} \end{pmatrix}$$

其中

$$\boldsymbol{A}_{11}=\begin{pmatrix} a_{11} & a_{12} \\ a_{21} & a_{22} \end{pmatrix}，\boldsymbol{A}_{12}=\begin{pmatrix} a_{13} & a_{14} \\ a_{23} & a_{24} \end{pmatrix}，\boldsymbol{A}_{21}=(a_{31} \quad a_{32})，\boldsymbol{A}_{22}=(a_{33} \quad a_{34})$$

即 $\boldsymbol{A}_{11}$，$\boldsymbol{A}_{12}$，$\boldsymbol{A}_{21}$，$\boldsymbol{A}_{22}$ 是 $\boldsymbol{A}$ 的子块，而 $\boldsymbol{A}$ 形式上成为以这些子块为元素的分块矩阵．请读者自己写出分法②、③的分块矩阵．

设 $m\times n$ 矩阵

$$\boldsymbol{A}=\begin{pmatrix} a_{11} & a_{12} & \cdots & a_{1n} \\ a_{21} & a_{22} & \cdots & a_{2n} \\ \vdots & \vdots & \ddots & \vdots \\ a_{m1} & a_{m2} & \cdots & a_{mn} \end{pmatrix}$$

如果按行分块，即每一行为一小块，那么 $\boldsymbol{A}$ 可以写作

$$\boldsymbol{A}=\begin{pmatrix} \boldsymbol{\alpha}_1^{\mathrm{T}} \\ \boldsymbol{\alpha}_2^{\mathrm{T}} \\ \vdots \\ \boldsymbol{\alpha}_m^{\mathrm{T}} \end{pmatrix}$$

称为**行分块矩阵**，其中

$$\boldsymbol{\alpha}_i^{\mathrm{T}}=(a_{i1} \quad a_{i2} \quad \cdots \quad a_{in}) \quad (i=1,\ 2,\ \cdots,\ m)$$

如果按列分块，即每一列为一小块，那么 $\boldsymbol{A}$ 可以写作

$$\boldsymbol{A}=(\boldsymbol{\alpha}_1,\ \boldsymbol{\alpha}_2,\ \cdots,\ \boldsymbol{\alpha}_n)$$

称为**列分块矩阵**，其中

$$\boldsymbol{\alpha}_j=\begin{pmatrix} a_{1j} \\ a_{2j} \\ \vdots \\ a_{mj} \end{pmatrix} \quad (j=1,\ 2,\ \cdots,\ n)$$

设 $\boldsymbol{A}$ 是 n 阶方阵，如果 $\boldsymbol{A}$ 的分块矩阵只有主对角线上有非零子块，其余子块都是零矩阵，且非零子块都是方阵，即

$$\boldsymbol{A}=\begin{pmatrix} \boldsymbol{A}_1 & & & \\ & \boldsymbol{A}_2 & & \\ & & \ddots & \\ & & & \boldsymbol{A}_s \end{pmatrix}$$

其中 $\boldsymbol{A}_i$ $(i=1,\ 2,\ \cdots,\ s)$ 都是方阵，则称 $\boldsymbol{A}$ 为**分块对角矩阵**（未写出的子块都是零矩阵，下同）．

分块对角矩阵具有下面性质：

① $|\boldsymbol{A}|=|\boldsymbol{A}_1||\boldsymbol{A}_2|\cdots|\boldsymbol{A}_s|$；

② 若 $|\boldsymbol{A}_i|\neq 0$ $(i=1,2,\cdots,s)$，则 $|\boldsymbol{A}|\neq 0$，且 $\boldsymbol{A}^{-1}=\begin{pmatrix}\boldsymbol{A}_1^{-1} & & & \\ & \boldsymbol{A}_2^{-1} & & \\ & & \ddots & \\ & & & \boldsymbol{A}_s^{-1}\end{pmatrix}$；

③ $\boldsymbol{A}^n=\begin{pmatrix}\boldsymbol{A}_1^n & & & \\ & \boldsymbol{A}_2^n & & \\ & & \ddots & \\ & & & \boldsymbol{A}_s^n\end{pmatrix}$.

例如

$$\boldsymbol{A}=\begin{pmatrix}2 & 0 & 0 & 0 & 0 & 0\\ 0 & 2 & 0 & 0 & 0 & 0\\ 0 & 0 & 3 & 1 & 0 & 0\\ 0 & 0 & 0 & 3 & 1 & 0\\ 0 & 0 & 0 & 0 & 3 & 0\\ 0 & 0 & 0 & 0 & 0 & 4\end{pmatrix}$$

将其表示成分块对角矩阵为

$$\boldsymbol{A}=\begin{pmatrix}2\boldsymbol{E} & 0 & 0\\ 0 & \boldsymbol{A}_2 & 0\\ 0 & 0 & \boldsymbol{A}_3\end{pmatrix}$$

其中

$$\boldsymbol{E}=\begin{pmatrix}1 & 0\\ 0 & 1\end{pmatrix},\ \boldsymbol{A}_2=\begin{pmatrix}3 & 1 & 0\\ 0 & 3 & 1\\ 0 & 0 & 3\end{pmatrix},\ \boldsymbol{A}_3=(4)$$

2.4.2 分块矩阵的运算

(1) 分块矩阵的加法

设 $\boldsymbol{A}$ 与 $\boldsymbol{B}$ 都是 $m\times n$ 矩阵，并且以相同的方式分块，即

$$\boldsymbol{A}=\begin{pmatrix}\boldsymbol{A}_{11} & \boldsymbol{A}_{12} & \cdots & \boldsymbol{A}_{1s}\\ \boldsymbol{A}_{21} & \boldsymbol{A}_{22} & \cdots & \boldsymbol{A}_{2s}\\ \vdots & \vdots & \ddots & \vdots\\ \boldsymbol{A}_{r1} & \boldsymbol{A}_{r2} & \cdots & \boldsymbol{A}_{rs}\end{pmatrix},\ \boldsymbol{B}=\begin{pmatrix}\boldsymbol{B}_{11} & \boldsymbol{B}_{12} & \cdots & \boldsymbol{B}_{1s}\\ \boldsymbol{B}_{21} & \boldsymbol{B}_{22} & \cdots & \boldsymbol{B}_{2s}\\ \vdots & \vdots & \ddots & \vdots\\ \boldsymbol{B}_{r1} & \boldsymbol{B}_{r2} & \cdots & \boldsymbol{B}_{rs}\end{pmatrix}$$

其中 $\boldsymbol{A}_{ij}$ 与 $\boldsymbol{B}_{ij}$ $(i=1,2,\cdots,r;\ j=1,2,\cdots,s)$ 都是同型矩阵，则

$$\boldsymbol{A}\pm\boldsymbol{B}=\begin{pmatrix}\boldsymbol{A}_{11}\pm\boldsymbol{B}_{11} & \boldsymbol{A}_{12}\pm\boldsymbol{B}_{12} & \cdots & \boldsymbol{A}_{1s}\pm\boldsymbol{B}_{1s}\\ \boldsymbol{A}_{21}\pm\boldsymbol{B}_{21} & \boldsymbol{A}_{22}\pm\boldsymbol{B}_{22} & \cdots & \boldsymbol{A}_{2s}\pm\boldsymbol{B}_{2s}\\ \vdots & \vdots & \ddots & \vdots\\ \boldsymbol{A}_{r1}\pm\boldsymbol{B}_{r1} & \boldsymbol{A}_{r2}\pm\boldsymbol{B}_{r2} & \cdots & \boldsymbol{A}_{rs}\pm\boldsymbol{B}_{rs}\end{pmatrix}$$

【例 2.15】 设矩阵

$$\boldsymbol{A}=\begin{pmatrix}-1 & 0 & 0 & 0\\ 0 & -1 & 0 & 0\\ 1 & 2 & 1 & 0\\ 3 & -1 & 0 & 1\end{pmatrix},\ \boldsymbol{B}=\begin{pmatrix}1 & 0 & 1 & 0\\ 0 & 1 & 0 & 1\\ 0 & 0 & 1 & 2\\ 0 & 0 & 2 & 1\end{pmatrix}$$

求 $\boldsymbol{A}+\boldsymbol{B}$，$\boldsymbol{A}-\boldsymbol{B}$.

解 首先将 $\boldsymbol{A}$，$\boldsymbol{B}$ 分块成

$$\boldsymbol{A}=\left(\begin{array}{cc:cc}-1 & 0 & 0 & 0\\ 0 & -1 & 0 & 0\\ \hdashline 1 & 2 & 1 & 0\\ 3 & -1 & 0 & 1\end{array}\right)=\begin{pmatrix}-\boldsymbol{E} & \boldsymbol{O}\\ \boldsymbol{A}_{21} & \boldsymbol{E}\end{pmatrix}$$

$$\boldsymbol{B}=\left(\begin{array}{cc:cc}1 & 0 & 1 & 0\\ 0 & 1 & 0 & 1\\ \hdashline 0 & 0 & 1 & 2\\ 0 & 0 & 2 & 1\end{array}\right)=\begin{pmatrix}\boldsymbol{E} & \boldsymbol{E}\\ \boldsymbol{O} & \boldsymbol{B}_{22}\end{pmatrix}$$

其中

$$\boldsymbol{A}_{21}=\begin{pmatrix}1 & 2\\ 3 & -1\end{pmatrix},\ \boldsymbol{B}_{22}=\begin{pmatrix}1 & 2\\ 2 & 1\end{pmatrix}$$

于是

$$\boldsymbol{A}+\boldsymbol{B}=\begin{pmatrix}-\boldsymbol{E}+\boldsymbol{E} & \boldsymbol{O}+\boldsymbol{E}\\ \boldsymbol{A}_{21}+\boldsymbol{O} & \boldsymbol{E}+\boldsymbol{B}_{22}\end{pmatrix}=\begin{pmatrix}\boldsymbol{O} & \boldsymbol{E}\\ \boldsymbol{A}_{21} & \boldsymbol{E}+\boldsymbol{B}_{22}\end{pmatrix}$$

$$\boldsymbol{E}+\boldsymbol{B}_{22}=\begin{pmatrix}1 & 0\\ 0 & 1\end{pmatrix}+\begin{pmatrix}1 & 2\\ 2 & 1\end{pmatrix}=\begin{pmatrix}2 & 2\\ 2 & 2\end{pmatrix}$$

所以

$$\boldsymbol{A}+\boldsymbol{B}=\begin{pmatrix}0 & 0 & 1 & 0\\ 0 & 0 & 0 & 1\\ 1 & 2 & 2 & 2\\ 3 & -1 & 2 & 2\end{pmatrix}$$

$$\boldsymbol{A}-\boldsymbol{B}=\begin{pmatrix}-\boldsymbol{E}-\boldsymbol{E} & 0-\boldsymbol{E}\\ \boldsymbol{A}_{21}-0 & \boldsymbol{E}-\boldsymbol{B}_{22}\end{pmatrix}=\begin{pmatrix}-2\boldsymbol{E} & -\boldsymbol{E}\\ \boldsymbol{A}_{21} & \boldsymbol{E}-\boldsymbol{B}_{22}\end{pmatrix}$$

$$=\begin{pmatrix}-2 & 0 & -1 & 0\\ 0 & -2 & 0 & -1\\ 1 & 2 & 0 & -2\\ 3 & -1 & -2 & 0\end{pmatrix}$$

(2) 数与分块矩阵的乘法

用数 λ 乘分块矩阵 $\boldsymbol{A}$ 时，等于用数 λ 乘以矩阵 $\boldsymbol{A}$ 的每一个子块，即设

$$A=\begin{pmatrix}A_{11} & A_{12} & \cdots & A_{1s}\\ A_{21} & A_{22} & \cdots & A_{2s}\\ \vdots & \vdots & \ddots & \vdots\\ A_{r1} & A_{r2} & \cdots & A_{rs}\end{pmatrix}$$

λ 是数，则

$$\lambda A=\begin{pmatrix}\lambda A_{11} & \lambda A_{12} & \cdots & \lambda A_{1s}\\ \lambda A_{21} & \lambda A_{22} & \cdots & \lambda A_{2s}\\ \vdots & \vdots & \ddots & \vdots\\ \lambda A_{r1} & \lambda A_{r2} & \cdots & \lambda A_{rs}\end{pmatrix}$$

【例 2.16】 设

$$\lambda=2, A=\begin{pmatrix}1 & 2 & 3\\ 3 & 2 & 1\\ 4 & 5 & 6\end{pmatrix}$$

求 λA.

解 把 A 分块成

$$A=\left(\begin{array}{c:c:c}1 & 2 & 3\\ 3 & 2 & 1\\ 4 & 5 & 6\end{array}\right)=(A_1 \quad A_2 \quad A_3)$$

$$\lambda A=2A=(2A_1 \quad 2A_2 \quad 2A_3)=\left(\begin{array}{c:c:c}2\times1 & 2\times2 & 2\times3\\ 2\times3 & 2\times2 & 2\times1\\ 2\times4 & 2\times5 & 2\times6\end{array}\right)=\begin{pmatrix}2 & 4 & 6\\ 6 & 4 & 2\\ 8 & 10 & 12\end{pmatrix}$$

(3) 分块矩阵的乘法

设 A 为 $m\times l$ 矩阵，B 为 $l\times n$ 矩阵，若它们的分块矩阵分别为

$$A=\begin{pmatrix}A_{11} & A_{12} & \cdots & A_{1t}\\ A_{21} & A_{22} & \cdots & A_{2t}\\ \vdots & \vdots & \ddots & \vdots\\ A_{s1} & A_{s2} & \cdots & A_{st}\end{pmatrix}, \quad B=\begin{pmatrix}B_{11} & B_{12} & \cdots & B_{1r}\\ B_{21} & B_{22} & \cdots & B_{2r}\\ \vdots & \vdots & \ddots & \vdots\\ B_{t1} & B_{t2} & \cdots & B_{tr}\end{pmatrix}$$

其中子块 A_{i1}，A_{i2}，…，A_{it}（$i=1,2,\cdots,s$）的列数分别等于子块 B_{1j}，B_{2j}，…，B_{tj}（$j=1,2,\cdots,r$）的行数，即 A 的列的分法与 B 的行的分法一致，则

$$AB=\begin{pmatrix}C_{11} & C_{12} & \cdots & C_{1r}\\ C_{21} & C_{22} & \cdots & C_{2r}\\ \vdots & \vdots & \ddots & \vdots\\ C_{s1} & C_{s2} & \cdots & C_{sr}\end{pmatrix}$$

其中

$$C_{ij}=A_{i1}B_{1j}+A_{i2}B_{2j}+\cdots+A_{it}B_{tj}=\sum_{k=1}^{t}A_{ik}B_{kj} \qquad (i=1,2,\cdots,s;\ j=1,2,\cdots,r)$$

注意：用分块矩阵的乘法计算矩阵的乘积 AB 时，先把各子块当作通常矩阵的元素，按矩阵的乘法规则进行运算，所以要求矩阵 A 的分块矩阵的列数等于矩阵 B 的分块矩阵的行

数；而在元素作为子块（子矩阵）进行运算时，要使 $\boldsymbol{A}_{ik}$ 与 $\boldsymbol{B}_{kj}$ 能够相乘，又要求 $\boldsymbol{A}_{ik}$ 的列数等于 $\boldsymbol{B}_{kj}$ 的行数 .

【例 2.17】 设

$$\boldsymbol{A}=\begin{pmatrix}1&0&0&0\\0&1&0&0\\-1&2&1&0\\1&1&0&1\end{pmatrix},\ \boldsymbol{B}=\begin{pmatrix}1&0&1&0\\-1&2&0&1\\1&0&4&1\\-1&-1&2&0\end{pmatrix}$$

求 $\boldsymbol{AB}$.

解 把 $\boldsymbol{A}$，$\boldsymbol{B}$ 分块成

$$\boldsymbol{A}=\left(\begin{array}{cc:cc}1&0&0&0\\0&1&0&0\\\hdashline -1&2&1&0\\1&1&0&1\end{array}\right)=\begin{pmatrix}\boldsymbol{E}&\boldsymbol{O}\\\boldsymbol{A}_1&\boldsymbol{E}\end{pmatrix}$$

$$\boldsymbol{B}=\left(\begin{array}{cc:cc}1&0&1&0\\-1&2&0&1\\\hdashline 1&0&4&1\\-1&-1&2&0\end{array}\right)=\begin{pmatrix}\boldsymbol{B}_{11}&\boldsymbol{E}\\\boldsymbol{B}_{21}&\boldsymbol{B}_{22}\end{pmatrix}$$

则

$$\boldsymbol{AB}=\begin{pmatrix}\boldsymbol{E}&\boldsymbol{O}\\\boldsymbol{A}_1&\boldsymbol{E}\end{pmatrix}\begin{pmatrix}\boldsymbol{B}_{11}&\boldsymbol{E}\\\boldsymbol{B}_{21}&\boldsymbol{B}_{22}\end{pmatrix}=\begin{pmatrix}\boldsymbol{B}_{11}&\boldsymbol{E}\\\boldsymbol{A}_1\boldsymbol{B}_{11}+\boldsymbol{B}_{21}&\boldsymbol{A}_1+\boldsymbol{B}_{22}\end{pmatrix}$$

而

$$\boldsymbol{A}_1\boldsymbol{B}_{11}+\boldsymbol{B}_{21}=\begin{pmatrix}-1&2\\1&1\end{pmatrix}\begin{pmatrix}1&0\\-1&2\end{pmatrix}+\begin{pmatrix}1&0\\-1&-1\end{pmatrix}=\begin{pmatrix}-2&4\\-1&1\end{pmatrix}$$

$$\boldsymbol{A}_1+\boldsymbol{B}_{22}=\begin{pmatrix}-1&2\\1&1\end{pmatrix}+\begin{pmatrix}4&1\\2&0\end{pmatrix}=\begin{pmatrix}3&3\\3&1\end{pmatrix}$$

于是

$$\boldsymbol{AB}=\begin{pmatrix}1&0&1&0\\-1&2&0&1\\-2&4&3&3\\-1&1&3&1\end{pmatrix}$$

（4）分块矩阵的转置

设矩阵 $\boldsymbol{A}$ 可写成分块矩阵

$$\boldsymbol{A}=\begin{pmatrix}\boldsymbol{A}_{11}&\boldsymbol{A}_{12}&\cdots&\boldsymbol{A}_{1r}\\\boldsymbol{A}_{21}&\boldsymbol{A}_{22}&\cdots&\boldsymbol{A}_{2r}\\\vdots&\vdots&\ddots&\vdots\\\boldsymbol{A}_{s1}&\boldsymbol{A}_{s2}&\cdots&\boldsymbol{A}_{sr}\end{pmatrix}$$

则它的转置矩阵为

$$A^{\mathrm{T}}=\begin{pmatrix} A_{11}^{\mathrm{T}} & A_{21}^{\mathrm{T}} & \cdots & A_{s1}^{\mathrm{T}} \\ A_{12}^{\mathrm{T}} & A_{22}^{\mathrm{T}} & \cdots & A_{s2}^{\mathrm{T}} \\ \vdots & \vdots & \ddots & \vdots \\ A_{1r}^{\mathrm{T}} & A_{2r}^{\mathrm{T}} & \cdots & A_{sr}^{\mathrm{T}} \end{pmatrix}$$

$m\times n$ 矩阵 $\boldsymbol{A}$ 和 n 阶单位矩阵 $\boldsymbol{E}_n$ 按列分块分别为

$$\boldsymbol{A}=(\boldsymbol{\alpha}_1, \boldsymbol{\alpha}_2, \cdots, \boldsymbol{\alpha}_n)$$
$$\boldsymbol{E}_n=(\boldsymbol{\varepsilon}_1, \boldsymbol{\varepsilon}_2, \cdots, \boldsymbol{\varepsilon}_n)$$

其中

$$\boldsymbol{\alpha}_j=\begin{pmatrix} a_{1j} \\ a_{2j} \\ \vdots \\ a_{mj} \end{pmatrix},\ \boldsymbol{\varepsilon}_j=\begin{pmatrix} 0 \\ 0 \\ \vdots \\ 1 \\ \vdots \\ 0 \end{pmatrix}\leftarrow \text{第 } j \text{ 行} \quad (j=1, 2, \cdots, n)$$

分别为 $\boldsymbol{A}_{m\times n}$ 和 $\boldsymbol{E}_n$ 的第 j 列，根据分块矩阵的运算规则，可得

$$\boldsymbol{A}\boldsymbol{E}_n=\boldsymbol{A}(\boldsymbol{\varepsilon}_1, \boldsymbol{\varepsilon}_2, \cdots, \boldsymbol{\varepsilon}_n)=(\boldsymbol{A}\boldsymbol{\varepsilon}_1, \boldsymbol{A}\boldsymbol{\varepsilon}_2, \cdots, \boldsymbol{A}\boldsymbol{\varepsilon}_n)$$

而

$$\boldsymbol{A}\boldsymbol{\varepsilon}_j=(\boldsymbol{\alpha}_1, \boldsymbol{\alpha}_2, \cdots, \boldsymbol{\alpha}_n)\begin{pmatrix} 0 \\ 0 \\ \vdots \\ 1 \\ \vdots \\ 0 \end{pmatrix}=\boldsymbol{\alpha}_j \quad (j=1, 2, \cdots, n)$$

类似地，$m\times n$ 矩阵 $\boldsymbol{A}$ 和 m 阶单位矩阵 $\boldsymbol{E}_m$ 按行分块分别为

$$\boldsymbol{A}=\begin{pmatrix} \boldsymbol{\alpha}_1^{\mathrm{T}} \\ \boldsymbol{\alpha}_2^{\mathrm{T}} \\ \vdots \\ \boldsymbol{\alpha}_m^{\mathrm{T}} \end{pmatrix},\ \boldsymbol{E}_m=\begin{pmatrix} \boldsymbol{\varepsilon}_1^{\mathrm{T}} \\ \boldsymbol{\varepsilon}_2^{\mathrm{T}} \\ \vdots \\ \boldsymbol{\varepsilon}_m^{\mathrm{T}} \end{pmatrix}$$

其中

$$\boldsymbol{\alpha}_i^{\mathrm{T}}=(a_{i1}, a_{i2}, \cdots, a_{in}),\ \boldsymbol{\varepsilon}_i^{\mathrm{T}}=(0, \cdots, \underset{\text{第}i\text{列}}{1}, \cdots, 0) \quad (i=1, 2, \cdots, m)$$

分别是 $\boldsymbol{A}_{m\times n}$ 及 $\boldsymbol{E}_m$ 的第 i 行，则有

$$\boldsymbol{E}_m\boldsymbol{A}=\begin{pmatrix} \boldsymbol{\varepsilon}_1^{\mathrm{T}} \\ \boldsymbol{\varepsilon}_2^{\mathrm{T}} \\ \vdots \\ \boldsymbol{\varepsilon}_m^{\mathrm{T}} \end{pmatrix}\boldsymbol{A}=\begin{pmatrix} \boldsymbol{\varepsilon}_1^{\mathrm{T}}\boldsymbol{A} \\ \boldsymbol{\varepsilon}_2^{\mathrm{T}}\boldsymbol{A} \\ \vdots \\ \boldsymbol{\varepsilon}_m^{\mathrm{T}}\boldsymbol{A} \end{pmatrix}$$

而

$$\boldsymbol{\varepsilon}_i^{\mathrm{T}}\boldsymbol{A}=(0,\cdots,1,\cdots,0)\begin{pmatrix}\boldsymbol{\alpha}_1^{\mathrm{T}}\\\boldsymbol{\alpha}_2^{\mathrm{T}}\\\vdots\\\boldsymbol{\alpha}_m^{\mathrm{T}}\end{pmatrix}=\boldsymbol{\alpha}_i^{\mathrm{T}}\quad(i=1,2,\cdots,m)$$

线性方程组(2-1)用矩阵乘法写成

$$\begin{pmatrix}a_{11}&a_{12}&\cdots&a_{1n}\\a_{21}&a_{22}&\cdots&a_{2n}\\\vdots&\vdots&\ddots&\vdots\\a_{m1}&a_{m2}&\cdots&a_{mn}\end{pmatrix}\begin{pmatrix}x_1\\x_2\\\vdots\\x_n\end{pmatrix}=\begin{pmatrix}b_1\\b_2\\\vdots\\b_m\end{pmatrix}$$

即

$$\boldsymbol{AX}=\boldsymbol{b}$$

如果把 $\boldsymbol{A}$ 按列分块，则有

$$(\boldsymbol{\alpha}_1,\boldsymbol{\alpha}_2,\cdots,\boldsymbol{\alpha}_n)\begin{pmatrix}x_1\\x_2\\\vdots\\x_n\end{pmatrix}=\boldsymbol{b}$$

即得线性方程组(2-1)的列矩阵表示式

$$x_1\boldsymbol{\alpha}_1+x_2\boldsymbol{\alpha}_2+\cdots+x_n\boldsymbol{\alpha}_n=\boldsymbol{b}\tag{2-3}$$

如果把 $\boldsymbol{A}$ 按行分块，则有

$$\begin{pmatrix}\boldsymbol{\alpha}_1^{\mathrm{T}}\\\boldsymbol{\alpha}_2^{\mathrm{T}}\\\vdots\\\boldsymbol{\alpha}_m^{\mathrm{T}}\end{pmatrix}\boldsymbol{X}=\begin{pmatrix}b_1\\b_2\\\vdots\\b_m\end{pmatrix}$$

即得

$$\boldsymbol{\alpha}_i^{\mathrm{T}}\boldsymbol{X}=b_i\tag{2-4}$$

相当于方程 $a_{i1}x_1+a_{i2}x_2+\cdots+a_{in}x_n=b_i\ (i=1,2,\cdots,m)$．式(2-2)～式(2-4)是线性方程组(2-1)的三种不同的表示形式，在涉及有关问题讨论时，将用到不同的形式．

习题 2-4

1. 设

$$\boldsymbol{A}=\begin{pmatrix}4&-5&7&0&0\\-1&2&6&0&0\\-3&1&8&0&0\\1&0&0&5&0\\0&1&0&0&5\end{pmatrix},\quad\boldsymbol{B}=\begin{pmatrix}3&0&0&0&0\\0&3&0&0&0\\0&0&3&0&0\\0&0&0&-1&3\\0&0&0&9&3\end{pmatrix}$$

用分块矩阵求 $\boldsymbol{AB}$．

2. 设 n 阶矩阵 $\boldsymbol{A}$ 及 s 阶矩阵 $\boldsymbol{B}$ 都可逆，求 $\begin{pmatrix} \boldsymbol{O} & \boldsymbol{A} \\ \boldsymbol{B} & \boldsymbol{O} \end{pmatrix}$ 的逆．

3. 求矩阵 $\begin{pmatrix} 5 & 2 & 0 & 0 \\ 2 & 1 & 0 & 0 \\ 0 & 0 & 8 & 3 \\ 0 & 0 & 5 & 2 \end{pmatrix}$ 的逆．

4. 设 3 阶矩阵 $\boldsymbol{A}=\begin{pmatrix} 2\boldsymbol{\alpha}_1 \\ \boldsymbol{\alpha}_2 \\ \boldsymbol{\xi} \end{pmatrix}$，$\boldsymbol{B}=\begin{pmatrix} 3\boldsymbol{\alpha}_1 \\ 2\boldsymbol{\alpha}_2 \\ \boldsymbol{\eta} \end{pmatrix}$，其中 $\boldsymbol{\alpha}_1$，$\boldsymbol{\alpha}_2$，$\boldsymbol{\xi}$，$\boldsymbol{\eta}$ 都是 3 维行矩阵，且 $|\boldsymbol{A}|=3$，$|\boldsymbol{B}|=3$，求 $|\boldsymbol{A}-2\boldsymbol{B}|$．

2.5　初等变换与初等矩阵

2.5.1　矩阵的初等变换

定义 2.9　下面三种变换称为矩阵的初等行（列）变换：

① 互换矩阵的第 i，j 行（列），记作 $r_i \leftrightarrow r_j$（$c_i \leftrightarrow c_j$）；

② 用 k（$k \neq 0$）乘矩阵的第 i 行（列），记作 $r_i \times k(c_i \times k)$；

③ 将矩阵的第 j 行（列）各元素的 k 倍加到第 i 行（列）的对应元素上去，记作 $r_i + kr_j$（$c_i + kc_j$）．

矩阵的初等行变换和初等列变换，统称为矩阵的**初等变换**．

矩阵的每一种初等变换都是可逆变换，且其逆变换是同一类型的初等变换．初等行变换 $r_i \leftrightarrow r_j$，$r_i \times k$，$r_i + kr_j$ 的逆变换分别为 $r_i \leftrightarrow r_j$，$r_i \times \frac{1}{k}$（或记作 $r_i \div k$），$r_i + (-k)r_j$（或记作 $r_i - kr_j$）．初等列变换 $c_i \leftrightarrow c_j$，$c_i \times k$，$c_i + kc_j$ 的逆变换分别为 $c_i \leftrightarrow c_j$，$c_i \times \frac{1}{k}$（或记作$c_i \div k$），$c_i + (-k)c_j$（或记作 $c_i - kc_j$）．

如果矩阵 $\boldsymbol{A}$ 经有限次初等行变换变为矩阵 $\boldsymbol{B}$，则称 $\boldsymbol{A}$ 与 $\boldsymbol{B}$ 行等价，记作 $\boldsymbol{A} \overset{r}{\sim} \boldsymbol{B}$；如果矩阵 $\boldsymbol{A}$ 经有限次初等列变换变为矩阵 $\boldsymbol{B}$，则称 $\boldsymbol{A}$ 与 $\boldsymbol{B}$ 列等价，记作 $\boldsymbol{A} \overset{c}{\sim} \boldsymbol{B}$；如果矩阵 $\boldsymbol{A}$ 经有限次初等变换变为矩阵 $\boldsymbol{B}$，则称 $\boldsymbol{A}$ 与 $\boldsymbol{B}$ 等价，记作 $\boldsymbol{A} \sim \boldsymbol{B}$.

矩阵之间的等价关系具有下列性质．

① 反身性：$\boldsymbol{A} \sim \boldsymbol{A}$；

② 对称性：如果 $\boldsymbol{A} \sim \boldsymbol{B}$，则 $\boldsymbol{B} \sim \boldsymbol{A}$；

③ 传递性：如果 $\boldsymbol{A} \sim \boldsymbol{B}$，$\boldsymbol{B} \sim \boldsymbol{C}$，则 $\boldsymbol{A} \sim \boldsymbol{C}$.

2.5.2　矩阵的标准形

定义 2.10　具有下述特点的矩阵称为**行阶梯形矩阵**，其特点为：

① 元素全为 0 的行（称为**零行**）在下方（如果有零行的话）；

② 元素不全为 0 的行（称为**非零行**），从左边数起第一个不为 0 的元素称为**主元**．各个非零行的主元的列标随着行标的递增而严格增大．

例如

$$\begin{pmatrix} 3 & 1 & 7 \\ 0 & 2 & 2 \\ 0 & 0 & 0 \end{pmatrix},\quad \begin{pmatrix} 1 & 2 & 9 & 7 \\ 0 & 5 & 10 & 9 \\ 0 & 0 & 0 & 4 \end{pmatrix}$$

都是行阶梯形矩阵．其特点是：可以画一条一行为一阶的阶梯线，线的下方全为零，台阶数就是非零行的行数．

定义 2.11 具有下述特点的矩阵称为**行最简形矩阵**，其特点为：

① 它是行阶梯形矩阵；

② 每个非零行的主元都是 1；

③ 每个主元所在列的其余元素都是 0.

例如

$$\begin{pmatrix} 1 & 0 & 2 \\ 0 & 1 & 1 \\ 0 & 0 & 0 \end{pmatrix},\quad \begin{pmatrix} 1 & 0 & 5 & 0 \\ 0 & 1 & 2 & 0 \\ 0 & 0 & 0 & 1 \end{pmatrix}$$

都是行最简形矩阵．

定义 2.12 具有下述特点的矩阵称为**标准形**，其特点为：

① 左上角是一个单位矩阵；

② 其他元素（如果存在的话）全为 0.

例如

$$\begin{pmatrix} 1 & 0 & 0 \\ 0 & 1 & 0 \\ 0 & 0 & 0 \end{pmatrix},\quad \begin{pmatrix} 1 & 0 & 0 & 0 \\ 0 & 1 & 0 & 0 \\ 0 & 0 & 1 & 0 \end{pmatrix}$$

都是标准形．

用数学归纳法不难证明，任一 $m \times n$ 矩阵$\boldsymbol{A}$ 总可经过有限次初等行变换把它变为行阶梯形矩阵和行最简形矩阵，总可经过有限次初等变换把它变为标准形．

【例 2.18】 设

$$\boldsymbol{A}=\begin{pmatrix} 1 & -2 & -1 & -2 \\ 4 & 1 & 2 & 1 \\ 2 & 5 & 4 & -1 \\ 1 & 1 & 1 & 1 \end{pmatrix}$$

通过初等行变换将 $\boldsymbol{A}$ 化为行阶梯形矩阵、行最简形矩阵，再通过初等列变换把 $\boldsymbol{A}$ 化为标准形．

解

$$\boldsymbol{A} \underset{r_4-r_1}{\overset{\substack{r_2-4r_1 \\ r_3-2r_1}}{\sim}} \begin{pmatrix} 1 & -2 & -1 & -2 \\ 0 & 9 & 6 & 9 \\ 0 & 9 & 6 & 3 \\ 0 & 3 & 2 & 3 \end{pmatrix} \underset{r_4-\frac{1}{3}r_2}{\overset{r_3-r_2}{\sim}} \begin{pmatrix} 1 & -2 & -1 & -2 \\ 0 & 9 & 6 & 9 \\ 0 & 0 & 0 & -6 \\ 0 & 0 & 0 & 0 \end{pmatrix}=\boldsymbol{B}$$

$$B \overset{r_3\times(-\frac{1}{6})}{\underset{\substack{r_2-9r_3\\ r_1+2r_3}}{\sim}} \begin{pmatrix}1 & -2 & -1 & 0\\ 0 & 9 & 6 & 0\\ 0 & 0 & 0 & 1\\ 0 & 0 & 0 & 0\end{pmatrix} \overset{r_2\times\frac{1}{9}}{\underset{r_1+2r_2}{\sim}} \begin{pmatrix}1 & 0 & \frac{1}{3} & 0\\ 0 & 1 & \frac{2}{3} & 0\\ 0 & 0 & 0 & 1\\ 0 & 0 & 0 & 0\end{pmatrix}=C$$

$$C \overset{c_3\leftrightarrow c_4}{\sim} \begin{pmatrix}1 & 0 & 0 & \frac{1}{3}\\ 0 & 1 & 0 & \frac{2}{3}\\ 0 & 0 & 1 & 0\\ 0 & 0 & 0 & 0\end{pmatrix} \overset{c_4-\frac{1}{3}c_1}{\underset{c_4-\frac{2}{3}c_2}{\sim}} \begin{pmatrix}1 & 0 & 0 & 0\\ 0 & 1 & 0 & 0\\ 0 & 0 & 1 & 0\\ 0 & 0 & 0 & 0\end{pmatrix}=D$$

其中，$\boldsymbol{B}$ 为行阶梯形矩阵；$\boldsymbol{C}$ 为行最简形矩阵；$\boldsymbol{D}$ 为标准形。

2.5.3 初等矩阵

（1）初等矩阵的定义

定义 2.13 由单位矩阵 $\boldsymbol{E}$ 经过一次初等变换得到的矩阵称为**初等矩阵**.

三种初等变换对应三种初等矩阵：

① 互换 $\boldsymbol{E}$ 的第 i 行和第 j 行（或第 i 列和第 j 列）后得到的初等矩阵，记作 $\boldsymbol{E}(i,j)$.

$$\boldsymbol{E}(i,j)=\begin{pmatrix}1 &&&&&&&&&\\ &\ddots&&&&&&&&\\ &&1&&&&&&&\\ &&&0&&&1&&&\\ &&&&1&&&&&\\ &&&&&\ddots&&&&\\ &&&&&&1&&&\\ &&&1&&&&0&&\\ &&&&&&&&1&\\ &&&&&&&&&\ddots\\ &&&&&&&&&&1\end{pmatrix}\begin{matrix}\\ \\ \\ \leftarrow 第\,i\,行\\ \\ \\ \\ \leftarrow 第\,j\,行\\ \\ \\ \\ \end{matrix}$$

② 用 k（$k\neq 0$）乘 $\boldsymbol{E}$ 的第 i 行（列）后得到的初等矩阵，记作 $\boldsymbol{E}(i(k))$.

$$\boldsymbol{E}(i(k))=\begin{pmatrix}1&&&&&\\ &\ddots&&&&\\ &&1&&&\\ &&&k&&\\ &&&&1&\\ &&&&&\ddots&\\ &&&&&&1\end{pmatrix}\begin{matrix}\\ \\ \\ \leftarrow 第\,i\,行\\ \\ \\ \\ \end{matrix}$$

③ 将 $\boldsymbol{E}$ 的第 j 行各元素的 k 倍加到第 i 行的对应元素上去（或将矩阵的第 i 列各元素的 k 倍加到第 j 列的对应元素上去）后得到的初等矩阵，记作 $\boldsymbol{E}(i, j(k))$.

$$\boldsymbol{E}(i, j(k))=\begin{pmatrix}1 & & & & & & \\ & \ddots & & & & & \\ & & 1 & & k & & \\ & & & \ddots & & & \\ & & & & 1 & & \\ & & & & & \ddots & \\ & & & & & & 1\end{pmatrix}\begin{matrix} \\ \\ \leftarrow 第\ i\ 行 \\ \\ \leftarrow 第\ j\ 行 \\ \\ \\ \end{matrix}$$

定理 2.3 设 $\boldsymbol{A}$ 是 $m\times n$ 矩阵，用 m 阶初等矩阵左乘 $\boldsymbol{A}$，相当于对 $\boldsymbol{A}$ 作一次相应的初等行变换；用 n 阶初等矩阵右乘 $\boldsymbol{A}$，相当于对 $\boldsymbol{A}$ 作一次相应的初等列变换．

证明 只验证用 $\boldsymbol{E}(i, j(k))$ 左乘 $\boldsymbol{A}$，相当于对 $\boldsymbol{A}$ 作了一次相应的初等行变换（将 $\boldsymbol{A}$ 的第 j 行各元素的 k 倍加到第 i 行的对应元素上去）．

$$\boldsymbol{E}(i, j(k))\boldsymbol{A}=\begin{pmatrix}1 & & & & & & \\ & \ddots & & & & & \\ & & 1 & & k & & \\ & & & \ddots & & & \\ & & & & 1 & & \\ & & & & & \ddots & \\ & & & & & & 1\end{pmatrix}\begin{pmatrix}a_{11} & a_{12} & \cdots & a_{1n} \\ a_{21} & a_{22} & \cdots & a_{2n} \\ \vdots & \vdots & & \vdots \\ a_{m1} & a_{m2} & \cdots & a_{mn}\end{pmatrix}$$

$$=\begin{pmatrix}a_{11} & a_{12} & \cdots & a_{1n} \\ \vdots & \vdots & & \vdots \\ a_{i1}+ka_{j1} & a_{i2}+ka_{j2} & \cdots & a_{in}+ka_{jn} \\ \vdots & \vdots & & \vdots \\ a_{m1} & a_{m2} & \cdots & a_{mn}\end{pmatrix}$$

（2）初等矩阵的性质

初等矩阵具有以下性质：

① 初等矩阵的行列式不为零，即

$$|\boldsymbol{E}(i, j)|=-1,\ |\boldsymbol{E}(i(k))|=k\neq 0,\ |\boldsymbol{E}(i, j(k))|=1$$

② 初等矩阵都可逆，其逆矩阵是同类型的初等矩阵，即

$$\boldsymbol{E}(i, j)^{-1}=\boldsymbol{E}(i, j),\ \boldsymbol{E}(i(k))^{-1}=\boldsymbol{E}\left(i\left(\frac{1}{k}\right)\right),\ \boldsymbol{E}(i, j(k))^{-1}=\boldsymbol{E}(i, j(-k))$$

③ 有限个初等矩阵的乘积是可逆的．这是因为初等矩阵是可逆的，可逆矩阵的乘积仍可逆．

定理 2.4 n 阶方阵 $\boldsymbol{A}$ 可逆的充分必要条件是 $\boldsymbol{A}$ 可表示成有限个初等矩阵的乘积

$$\boldsymbol{A}=\boldsymbol{P}_1\boldsymbol{P}_2\cdots\boldsymbol{P}_l$$

其中 $\boldsymbol{P}_1$，$\boldsymbol{P}_2$，…，$\boldsymbol{P}_l$ 是初等矩阵．

证明 充分性：由有限个初等矩阵的乘积是可逆的，即得．

必要性：已知 $\boldsymbol{A}$ 可逆，设 $\boldsymbol{A}\sim\boldsymbol{F}$，$\boldsymbol{F}$ 是标准形．由等价关系的对称性，有 $\boldsymbol{F}\sim\boldsymbol{A}$，即 $\boldsymbol{F}$ 经有限次初等变换可化为 $\boldsymbol{A}$．于是，存在初等矩阵 $\boldsymbol{P}_1$，$\boldsymbol{P}_2$，…，$\boldsymbol{P}_l$，使

$$\boldsymbol{A}=\boldsymbol{P}_1\cdots\boldsymbol{P}_s\boldsymbol{F}\boldsymbol{P}_{s+1}\cdots\boldsymbol{P}_l$$

因为$\boldsymbol{A}$，$\boldsymbol{P}_1$，$\boldsymbol{P}_2$，…，$\boldsymbol{P}_l$都可逆，故$\boldsymbol{F}$可逆．假设

$$\boldsymbol{F}=\begin{pmatrix}\boldsymbol{E}_r & \boldsymbol{O}\\ \boldsymbol{O} & \boldsymbol{O}\end{pmatrix}_{n\times n}$$

中的$r<n$，则$|\boldsymbol{F}|=0$，与$\boldsymbol{F}$可逆矛盾，因此必有$r=n$，即$\boldsymbol{F}=\boldsymbol{E}$，即证．

推论 2.2 n阶方阵$\boldsymbol{A}$可逆的充分必要条件是$\boldsymbol{A}\overset{r}{\sim}\boldsymbol{E}$.

证明 由定理2.4，$\boldsymbol{A}$可逆的充分必要条件是$\boldsymbol{A}$为有限个初等矩阵的乘积，有

$$\boldsymbol{A}=\boldsymbol{P}_1\boldsymbol{P}_2\cdots\boldsymbol{P}_l=\boldsymbol{P}_1\boldsymbol{P}_2\cdots\boldsymbol{P}_l\boldsymbol{E}$$

由定理2.3知，$\boldsymbol{E}$经有限次初等行变换可变为$\boldsymbol{A}$，即$\boldsymbol{A}\overset{r}{\sim}\boldsymbol{E}$.

推论 2.3 设$\boldsymbol{A}$，$\boldsymbol{B}$都是$m\times n$矩阵，$\boldsymbol{A}$与$\boldsymbol{B}$等价的充分必要条件是存在m阶可逆矩阵$\boldsymbol{P}$和n阶可逆矩阵$\boldsymbol{Q}$，使

$$\boldsymbol{PAQ}=\boldsymbol{B}$$

证明 必要性：由定理2.3知，存在有限个m阶可逆矩阵$\boldsymbol{P}_1$，$\boldsymbol{P}_2$，…，$\boldsymbol{P}_l$和n阶可逆矩阵$\boldsymbol{Q}_1$，$\boldsymbol{Q}_2$，…，$\boldsymbol{Q}_t$，使

$$\boldsymbol{P}_1\boldsymbol{P}_2\cdots\boldsymbol{P}_l\boldsymbol{A}\boldsymbol{Q}_1\boldsymbol{Q}_2\cdots\boldsymbol{Q}_t=\boldsymbol{B}$$

记$\boldsymbol{P}=\boldsymbol{P}_1\boldsymbol{P}_2\cdots\boldsymbol{P}_l$，$\boldsymbol{Q}=\boldsymbol{Q}_1\boldsymbol{Q}_2\cdots\boldsymbol{Q}_t$，显然$\boldsymbol{P}$是$m$阶可逆矩阵，$\boldsymbol{Q}$是$n$阶可逆矩阵，有$\boldsymbol{PAQ}=\boldsymbol{B}$.

充分性：由定理2.4知，$\boldsymbol{P}$和$\boldsymbol{Q}$都可以表示成有限个初等矩阵的乘积，再分别左乘、右乘$\boldsymbol{A}$，故有$\boldsymbol{A}$与$\boldsymbol{B}$等价．

由此可知，$m\times n$矩阵$\boldsymbol{A}$与$\boldsymbol{B}$行等价的充分必要条件是存在m阶可逆矩阵$\boldsymbol{P}$，使$\boldsymbol{PA}=\boldsymbol{B}$；$m\times n$矩阵$\boldsymbol{A}$与$\boldsymbol{B}$列等价的充分必要条件是存在$n$阶可逆矩阵$\boldsymbol{Q}$，使$\boldsymbol{AQ}=\boldsymbol{B}$.

(3) 用初等行变换求可逆矩阵的逆矩阵

当$\boldsymbol{A}$可逆时，矩阵方程$\boldsymbol{AX}=\boldsymbol{B}$的解为$\boldsymbol{X}=\boldsymbol{A}^{-1}\boldsymbol{B}$. 因$\boldsymbol{A}$可逆，故$\boldsymbol{A}^{-1}$也可逆，由定理2.4知，$\boldsymbol{A}^{-1}$可以表示成有限个初等矩阵的乘积，即存在初等矩阵$\boldsymbol{P}_1$，$\boldsymbol{P}_2$，…，$\boldsymbol{P}_l$，有$\boldsymbol{A}^{-1}=\boldsymbol{P}_1\boldsymbol{P}_2\cdots\boldsymbol{P}_l$.

又因为

$$\boldsymbol{E}=\boldsymbol{A}^{-1}\boldsymbol{A}=\boldsymbol{P}_1\boldsymbol{P}_2\cdots\boldsymbol{P}_l\boldsymbol{A}$$

所以

$$\boldsymbol{A}^{-1}\boldsymbol{B}=\boldsymbol{P}_1\boldsymbol{P}_2\cdots\boldsymbol{P}_l\boldsymbol{B}$$

上述两式说明，$\boldsymbol{A}$与$\boldsymbol{B}$经过有限次相同类型的初等行变换，可分别化为单位矩阵$\boldsymbol{E}$和$\boldsymbol{A}^{-1}\boldsymbol{B}$. 根据分块矩阵运算，把上述两式合并为

$$\boldsymbol{P}_1\boldsymbol{P}_2\cdots\boldsymbol{P}_l(\boldsymbol{A},\ \boldsymbol{B})=(\boldsymbol{E},\ \boldsymbol{A}^{-1}\boldsymbol{B})$$

则得

$$(\boldsymbol{A},\ \boldsymbol{B})\overset{r}{\sim}(\boldsymbol{E},\ \boldsymbol{A}^{-1}\boldsymbol{B})$$

即对矩阵$(\boldsymbol{A},\ \boldsymbol{B})$施以初等行变换，把$\boldsymbol{A}$化成$\boldsymbol{E}$的同时，就把$\boldsymbol{B}$化成了$\boldsymbol{A}^{-1}\boldsymbol{B}$. 这给出了求解矩阵方程$\boldsymbol{AX}=\boldsymbol{B}$（当$\boldsymbol{A}$可逆时）的一种方法．

在矩阵方程$\boldsymbol{AX}=\boldsymbol{B}$（当$\boldsymbol{A}$可逆时）中，令$\boldsymbol{B}=\boldsymbol{E}$，得到求矩阵$\boldsymbol{A}$的逆矩阵的方法：

$$(\boldsymbol{A},\ \boldsymbol{E})\overset{r}{\sim}(\boldsymbol{E},\ \boldsymbol{A}^{-1})$$

当$\boldsymbol{A}$可逆时，矩阵方程$\boldsymbol{XA}=\boldsymbol{B}$的解为$\boldsymbol{X}=\boldsymbol{BA}^{-1}$，不能直接使用上述方法求解．可以先将$\boldsymbol{XA}=\boldsymbol{B}$左右两端同时转置，得$\boldsymbol{A}^{\mathrm{T}}\boldsymbol{X}^{\mathrm{T}}=\boldsymbol{B}^{\mathrm{T}}$，这样就能使用上述方法，作

$$(\boldsymbol{A}^{\mathrm{T}},\ \boldsymbol{B}^{\mathrm{T}}) \overset{r}{\sim} (\boldsymbol{E},\ (\boldsymbol{A}^{\mathrm{T}})^{-1}\boldsymbol{B}^{\mathrm{T}})$$

所以

$$\boldsymbol{X}^{\mathrm{T}} = (\boldsymbol{A}^{\mathrm{T}})^{-1}\boldsymbol{B}^{\mathrm{T}}$$

再将上式左右两端同时转置，即可求得 $\boldsymbol{X}=\boldsymbol{B}\boldsymbol{A}^{-1}$，或者直接作

$$\begin{pmatrix}\boldsymbol{A}\\ \boldsymbol{B}\end{pmatrix} \overset{c}{\sim} \begin{pmatrix}\boldsymbol{E}\\ \boldsymbol{B}\boldsymbol{A}^{-1}\end{pmatrix}$$

【例 2.19】 设

$$\boldsymbol{A}=\begin{pmatrix}1 & 2 & 3\\ 2 & 2 & 1\\ 3 & 4 & 3\end{pmatrix}$$

求 $\boldsymbol{A}^{-1}$.

解

$$(\boldsymbol{A},\boldsymbol{E})=\begin{pmatrix}1 & 2 & 3 & 1 & 0 & 0\\ 2 & 2 & 1 & 0 & 1 & 0\\ 3 & 4 & 3 & 0 & 0 & 1\end{pmatrix} \overset{\substack{r_2-2r_1\\ r_3-3r_1}}{\sim} \begin{pmatrix}1 & 2 & 3 & 1 & 0 & 0\\ 0 & -2 & -5 & -2 & 1 & 0\\ 0 & -2 & -6 & -3 & 0 & 1\end{pmatrix}$$

$$\overset{\substack{r_1+r_2\\ r_3-r_2}}{\sim} \begin{pmatrix}1 & 0 & -2 & -1 & 1 & 0\\ 0 & -2 & -5 & -2 & 1 & 0\\ 0 & 0 & -1 & -1 & -1 & 1\end{pmatrix} \overset{\substack{r_1-2r_3\\ r_2-5r_3}}{\sim} \begin{pmatrix}1 & 0 & 0 & 1 & 3 & -2\\ 0 & -2 & 0 & 3 & 6 & -5\\ 0 & 0 & -1 & -1 & -1 & 1\end{pmatrix}$$

$$\overset{\substack{r_2\times(-\frac{1}{2})\\ r_3\times(-1)}}{\sim} \begin{pmatrix}1 & 0 & 0 & 1 & 3 & -2\\ 0 & 1 & 0 & -\dfrac{3}{2} & -3 & \dfrac{5}{2}\\ 0 & 0 & 1 & 1 & 1 & -1\end{pmatrix} = (\boldsymbol{E},\boldsymbol{A}^{-1})$$

所以

$$\boldsymbol{A}^{-1}=\begin{pmatrix}1 & 3 & -2\\ -\dfrac{3}{2} & -3 & \dfrac{5}{2}\\ 1 & 1 & -1\end{pmatrix}$$

【例 2.20】 设

$$\boldsymbol{A}=\begin{pmatrix}1 & 2 & 3\\ 2 & 2 & 1\\ 3 & 4 & 3\end{pmatrix},\boldsymbol{B}=\begin{pmatrix}2 & 5\\ 3 & 1\\ 4 & 3\end{pmatrix}$$

求矩阵 $\boldsymbol{X}$，使 $\boldsymbol{A}\boldsymbol{X}=\boldsymbol{B}$.

解 由上例知，$\boldsymbol{A}$ 可逆，

$$(\boldsymbol{A},\boldsymbol{B})=\begin{pmatrix}1 & 2 & 3 & 2 & 5\\ 2 & 2 & 1 & 3 & 1\\ 3 & 4 & 3 & 4 & 3\end{pmatrix} \overset{\substack{r_2-2r_1\\ r_3-3r_1}}{\sim} \begin{pmatrix}1 & 2 & 3 & 2 & 5\\ 0 & -2 & -5 & -1 & -9\\ 0 & -2 & -6 & -2 & -12\end{pmatrix}$$

$$\overset{\substack{r_1+r_2\\ r_3-r_2}}{\sim} \begin{pmatrix}1 & 0 & -2 & 1 & 4\\ 0 & -2 & -5 & -1 & -9\\ 0 & 0 & -1 & -1 & -3\end{pmatrix} \overset{\substack{r_1-2r_3\\ r_2-5r_3}}{\sim} \begin{pmatrix}1 & 0 & 0 & 3 & 2\\ 0 & -2 & 0 & 4 & 6\\ 0 & 0 & -1 & -1 & -3\end{pmatrix}$$

$$\xrightarrow[r_3\times(-1)]{r_2\times(-\frac{1}{2})}\begin{pmatrix}1&0&0&3&2\\0&1&0&-2&-3\\0&0&1&1&3\end{pmatrix}=(\boldsymbol{E},\boldsymbol{A}^{-1},\boldsymbol{B})$$

所以

$$\boldsymbol{X}=\boldsymbol{A}^{-1}\boldsymbol{B}=\begin{pmatrix}3&2\\-2&-3\\1&3\end{pmatrix}$$

习题 2-5

1. 用初等行变换将下列矩阵化为行阶梯形矩阵和行最简形矩阵．

(1) $\begin{pmatrix}3&1&-1&-2&2\\1&-5&2&1&-1\\2&6&-3&-3&3\end{pmatrix}$ (2) $\begin{pmatrix}1&-1&2\\2&3&-1\\0&-5&5\end{pmatrix}$

(3) $\begin{pmatrix}1&0&1\\0&-1&2\\2&-2&6\\3&0&3\\2&-1&4\end{pmatrix}$ (4) $\begin{pmatrix}3&2&5&3\\4&-5&0&3\\-2&0&-1&-3\end{pmatrix}$

2. 求 $\begin{pmatrix}0&0&1\\0&1&0\\1&0&0\end{pmatrix}^{50}\begin{pmatrix}a_1&a_2&a_3\\b_1&b_2&b_3\\c_1&c_2&c_3\end{pmatrix}\begin{pmatrix}0&0&1\\0&1&0\\1&0&0\end{pmatrix}^{61}$

3. 用初等行变换求下列矩阵的逆矩阵．

(1) $\begin{pmatrix}3&7&-3\\-2&-5&2\\-4&-10&3\end{pmatrix}$ (2) $\begin{pmatrix}0&1&2\\1&1&4\\2&-1&0\end{pmatrix}$ (3) $\begin{pmatrix}1&1&1&1\\0&1&1&1\\0&0&1&1\\0&0&0&1\end{pmatrix}$

4. 求解下列矩阵方程．

(1) $\begin{pmatrix}2&1&-3\\1&2&-2\\-1&3&2\end{pmatrix}\boldsymbol{X}=\begin{pmatrix}-1\\0\\5\end{pmatrix}$ (2) $\begin{pmatrix}0&1&2\\1&1&4\\2&-1&0\end{pmatrix}\boldsymbol{X}=\begin{pmatrix}1&1\\0&1\\-1&0\end{pmatrix}$

(3) $\boldsymbol{X}\begin{pmatrix}1&2&3\\2&3&4\\1&5&7\end{pmatrix}=(2,\ 7,\ 10)$

(4) $\begin{pmatrix}0&1&0\\-1&0&0\\0&0&1\end{pmatrix}\boldsymbol{X}\begin{pmatrix}1&0&0\\0&0&1\\0&-1&0\end{pmatrix}=\begin{pmatrix}1&-4&3\\2&0&-1\\1&-2&0\end{pmatrix}$

2.6 矩阵的 MATLAB 应用

2.6.1 矩阵的输入

【例 2.21】 生成矩阵 $\boldsymbol{A}=\begin{pmatrix}1 & 1 & 1\\ -1 & 1 & 1\\ -1 & -1 & 1\end{pmatrix}$.

解

≫A=[1 1 1；−1 1 1；−1 −1 1]　　%利用 MATLAB 生成矩阵，矩阵的值放在方括号中，同行中各元素之间以逗号或空格分开，不同行则以分号或回车符隔开

```
A=                                %生成矩阵 A 的返回值
     1    1    1
    -1    1    1
    -1   -1    1
```

2.6.2 一些特殊矩阵的产生

（1）单位矩阵

```
≫eye（4，5）                      %产生 4 行 5 列的单位矩阵
ans=
     1    0    0    0    0
     0    1    0    0    0
     0    0    1    0    0
     0    0    0    1    0
```

（2）对角矩阵

```
≫v= [1  2  3  4  5]；             %生成主对角线矩阵
≫A=diag（v）                      %产生以矩阵 v 为主对角线的对角矩阵
A=
    1    0    0    0    0
    0    2    0    0    0
    0    0    3    0    0
    0    0    0    4    0
    0    0    0    0    5
```

（3）零矩阵

```
≫zeros（4，5）                    %产生 4 行 5 列的零矩阵
ans=
     0    0    0    0    0
     0    0    0    0    0
     0    0    0    0    0
```

```
     0    0    0    0    0
```

(4) 全 1 矩阵

```
≫ones(5, 4)                       %产生 5 行 4 列的全 1 矩阵
ans=
     1    1    1    1
     1    1    1    1
     1    1    1    1
     1    1    1    1
     1    1    1    1
```

(5) 魔方矩阵（矩阵的每行、列、两对角线上的元素之和都相等）

```
≫magic(4)                          %产生 4 行 4 列的魔方矩阵
ans=
    16     2     3    13
     5    11    10     8
     9     7     6    12
     4    14    15     1
```

2.6.3 矩阵中元素的操作及运算

(1) 提取矩阵 **A** 的第 r 行：A(r,:).

(2) 提取矩阵 **A** 的第 r 列：A(:, r).

(3) 依次提取矩阵 **A** 的每一列，将 **A** 拉伸为一个列矩阵：A(:).

(4) 提取矩阵 **A** 的第 $i1\sim i2$ 行，第 $j1\sim j2$ 列构成新矩阵：A(i1: i2, j1: j2).

(5) 以逆序提取矩阵 **A** 的第 $i1\sim i2$ 行，构成新的矩阵：A(i2: -1: i1,:).

(6) 以逆序提取矩阵 **A** 的第 $j1\sim j2$ 列，构成新的矩阵：A(:, j2: -1: j1).

(7) 删除矩阵 **A** 的第 $i1\sim i2$ 行，构成新的矩阵：A(i1: i2,:) = [].

(8) 删除矩阵 **A** 的第 $j1\sim j2$ 列，构成新的矩阵：A(:, j1: j2) = [].

(9) 将矩阵 **A** 和 **B** 拼接成新矩阵：[A B] 表示两矩阵横向连接；[A; B] 表示两矩阵纵向连接.

【例 2.22】 已知 $\boldsymbol{A}=\begin{pmatrix}1&2&4&5\\2&4&6&8\\6&5&7&9\\1&2&3&4\end{pmatrix}$ $\boldsymbol{B}=\begin{pmatrix}1&0&2&6\\2&3&4&5\\6&1&5&0\\4&3&2&1\end{pmatrix}$，计算下列各表达式.

(1) $\boldsymbol{A}+\boldsymbol{B}$

```
≫A=[1  2  4  5; 2  4  6  8; 6  5  7  9; 1  2  3  4];
≫B=[1  0  2  6; 2  3  4  5; 6  1  5  0; 4  3  2  1];
≫A+B       %矩阵的加法
ans=
     2    2     6    11
     4    7    10    13
```

```
    12     6    12     9
     5     5     5     5
```

(2) $\boldsymbol{A}-\boldsymbol{B}$

```
>>A-B          %矩阵的减法
ans=
     0     2     2    -1
     0     1     2     3
     0     4     2     9
    -3    -1     1     3
```

(3) $\boldsymbol{A}\times\boldsymbol{B}$

```
>>A * B        %矩阵的乘法
ans=
    49    25    40    21
    78    42    66    40
    94    49    85    70
    39    21    33    20
```

(4) $5\times\boldsymbol{A}$

```
>>5 * A        %矩阵的数乘
ans=
     5    10    20    25
    10    20    30    40
    30    25    35    45
     5    10    15    20
```

(5) $\boldsymbol{A}^2$

```
>>A^2          %矩阵的幂，表示 A×A
ans=
    34    40    59    77
    54    66    98   128
    67    85   130   169
    27    33    49    64
```

区别：

```
>>A.^2         %矩阵中的每一个元素分别取平方
ans=
     1     4    16    25
     4    16    36    64
    36    25    49    81
     1     4     9    16
```

(6) $\boldsymbol{A}^{\mathrm{T}}$

```
>>A'           %矩阵的转置
```

```
ans=
        1     2     6     1
        2     4     5     2
        4     6     7     3
        5     8     9     4
```

(7) 求 $\boldsymbol{B}$ 的伴随矩阵 $\boldsymbol{B}^*$ 由矩阵的除法：$\boldsymbol{A}\backslash\boldsymbol{B}$ 表示矩阵方程 $\boldsymbol{AX}=\boldsymbol{B}$ 的解；$\boldsymbol{B}/\boldsymbol{A}$ 表示矩阵方程 $\boldsymbol{XA}=\boldsymbol{B}$ 的解．而 $\boldsymbol{BB}^*=\boldsymbol{B}^*\boldsymbol{B}=|\boldsymbol{B}|\boldsymbol{E}$，所以 $\boldsymbol{B}^*=\boldsymbol{B}\backslash(|\boldsymbol{B}|\boldsymbol{E})$.

```
≫B\(eye(4)*det(B))          %求B的伴随矩阵
ans=
     -54.0000     80.0000    -12.0000    -76.0000
      54.0000    -55.0000     42.0000    -49.0000
      54.0000    -85.0000    -48.0000    101.0000
     -54.0000     15.0000     18.0000    -21.0000
```

(8) $\boldsymbol{A}^{-1}$，$\boldsymbol{B}^{-1}$

```
≫det(A)        %矩阵A的行列式的值
ans=
    0
```

因为 $|A|=0$，所以 $\boldsymbol{A}$ 的逆矩阵不存在．

```
≫inv(A)        %求矩阵A的逆矩阵
Warning: Matrix is singular to working precision.
ans=   %
       Inf     Inf     Inf     Inf
       Inf     Inf     Inf     Inf
       Inf     Inf     Inf     Inf
       Inf     Inf     Inf     Inf
≫det(B)
ans=
    -270
```

因为 $|B|\neq0$，所以 $\boldsymbol{B}$ 的逆矩阵存在．

```
≫inv(B)        %求矩阵B的逆矩阵
ans=
       0.2000   -0.2963    0.0444     0.2815
      -0.2000    0.2037   -0.1556     0.1815
      -0.2000    0.3148    0.1778    -0.3741
       0.2000   -0.0556   -0.0667     0.0778
≫B*inv(B) %验证B×B^-1=E
ans=
     1.0000   -0.0000    0.0000          0
    -0.0000    1.0000         0    -0.0000
```

```
        0      0.0000     1.0000          0
  -0.0000      0.0000          0     1.0000
```

B×B^{-1}返回值为单位矩阵．

2.6.4 初等变换的 MATLAB 应用实例

【例 2.23】 利用初等变换法求逆，设 $\boldsymbol{A}=\begin{pmatrix}1 & 2 & 3\\2 & 2 & 1\\3 & 4 & 3\end{pmatrix}$，求 $\boldsymbol{A}^{-1}$.

解 解法 1

```
≫B=[1  0  0; 0  1  0; 0  0  1];          %输入矩阵 B
≫A=[1  2  3; 2  2  1; 3  4  3];          %输入矩阵 A
≫C=[A, B]                                %将矩阵 A 和 B 连接生成新的矩阵 C
C=                                       %矩阵 C 的返回值
     1    2    3    1    0    0
     2    2    1    0    1    0
     3    4    3    0    0    1
```

对矩阵 $\boldsymbol{C}$ 进行初等变换．

```
≫D=C;                                    %令 D=C
D(2,:)=C(2,:)-2*C(1,:);                  %对矩阵 D 进行初等变换，r2-2r1
D(3,:)=C(3,:)-3*C(1,:)                   %对矩阵 D 进行初等变换，r3-3r1
D=                                       %得到变换后矩阵 D 的返回值
     1    2    3    1    0    0
     0   -2   -5   -2    1    0
     0   -2   -6   -3    0    1
≫E=D;                                    %令 E=D
E(1,:)=D(1,:)+D(2,:);                    %对矩阵 E 进行初等变换，r1+r2
E(3,:)=D(3,:)-D(2,:)                     %对矩阵 E 进行初等变换，r3-r2
E=                                       %得到变换后矩阵 E 的返回值
     1    0   -2   -1    1    0
     0   -2   -5   -2    1    0
     0    0   -1   -1   -1    1
≫H=E;                                    %令 H=E
H(1,:)=E(1,:)-2*E(3,:);                  %对矩阵 H 进行初等变换，r1-2r2
H(2,:)=E(2,:)-5*E(3,:)                   %对矩阵 H 进行初等变换，r2-5r3
H=                                       %得到变换后矩阵 H 的返回值
     1    0    0    1    3   -2
     0   -2    0    3    6   -5
     0    0   -1   -1   -1    1
≫F=H;                                    %令 F=E
```

```
≫F(2,:)=H(2,:)/(-2);                  %对矩阵F进行初等变换，r2÷(-2)
≫F(3,:)=H(3,:)/(-1)                   %对矩阵F进行初等变换，r3÷(-1)
F=                                     %得到变换后矩阵F的返回值
    1.0000         0         0    1.0000    3.0000   -2.0000
         0    1.0000         0   -1.5000   -3.0000    2.5000
         0         0    1.0000    1.0000    1.0000   -1.0000
```

由此可见 $\boldsymbol{A}^{-1}=\begin{pmatrix}1 & 3 & -2\\ -1.5 & -3 & 2.5\\ 1 & 1 & -1\end{pmatrix}$.

解法 2

```
≫inv(A)                                %直接求矩阵A的逆矩阵
ans=
    1.0000    3.0000   -2.0000
   -1.5000   -3.0000    2.5000
    1.0000    1.0000   -1.0000
```

【例 2.24】 已知 $\boldsymbol{A}=\begin{pmatrix}1 & 2 & 3\\ 2 & 2 & 1\\ 3 & 4 & 3\end{pmatrix}$, $\boldsymbol{B}=\begin{pmatrix}2 & 5\\ 3 & 1\\ 4 & 3\end{pmatrix}$, $\boldsymbol{AX}=\boldsymbol{B}$，求 $\boldsymbol{X}$.

解

```
≫A=[1  2  3; 2  2  1; 3  4  3];
≫B=[2  5; 3  1; 4  3];
```

由除法定义 $\boldsymbol{X}=\boldsymbol{A}\setminus\boldsymbol{B}$ 表示矩阵方程 $\boldsymbol{AX}=\boldsymbol{B}$ 的解.

```
≫A\B                                   %求X
ans=
    3.0000    2.0000
   -2.0000   -3.0000
    1.0000    3.0000
```

总习题 2

1. 选择题

(1)若 $\boldsymbol{A}$，$\boldsymbol{B}$ 为同阶方阵，且满足 $\boldsymbol{AB}=\boldsymbol{O}$，则有（　　）.

(A) $\boldsymbol{A}=\boldsymbol{O}$ 或 $\boldsymbol{B}=\boldsymbol{O}$；(B) $|\boldsymbol{A}|=\boldsymbol{O}$ 或 $|\boldsymbol{B}|=\boldsymbol{O}$；(C) $(\boldsymbol{A}+\boldsymbol{B})^2=\boldsymbol{A}^2+\boldsymbol{B}^2$；(D) $\boldsymbol{A}$ 与 $\boldsymbol{B}$ 均可逆

(2) 若对任意方阵 $\boldsymbol{B}$，$\boldsymbol{C}$，由 $\boldsymbol{AB}=\boldsymbol{AC}$（$\boldsymbol{A}$，$\boldsymbol{B}$，$\boldsymbol{C}$ 为同阶方阵）能推出 $\boldsymbol{B}=\boldsymbol{C}$，则 $\boldsymbol{A}$ 满足（　　）.

(A) $\boldsymbol{A}\neq\boldsymbol{O}$；(B) $\boldsymbol{A}=\boldsymbol{O}$；(C) $|\boldsymbol{A}|\neq 0$；(D) $|\boldsymbol{AB}|\neq 0$

(3) 若同阶方阵 $\boldsymbol{A}$，$\boldsymbol{B}$，$\boldsymbol{C}$，$\boldsymbol{E}$ 满足关系式 $\boldsymbol{ABC}=\boldsymbol{E}$，则必有（　　）.

(A) $\boldsymbol{ACB}=\boldsymbol{E}$；(B) $\boldsymbol{CBA}=\boldsymbol{E}$；(C) $\boldsymbol{BAC}=\boldsymbol{E}$；(D) $\boldsymbol{BCA}=\boldsymbol{E}$

(4) 已知 2 阶矩阵 $\boldsymbol{A}=\begin{pmatrix} a & b \\ c & d \end{pmatrix}$ 的行列式 $|\boldsymbol{A}|=-1$，则 $(\boldsymbol{A}^*)^{-1}=$（　　）.

(A) $\begin{pmatrix} -a & -b \\ -c & -d \end{pmatrix}$；(B) $\begin{pmatrix} d & -b \\ -c & a \end{pmatrix}$；(C) $\begin{pmatrix} -d & b \\ c & -a \end{pmatrix}$；(D) $\begin{pmatrix} a & b \\ c & d \end{pmatrix}$

(5) 设 $\boldsymbol{A}$ 是 3 阶矩阵，若 $|3\boldsymbol{A}|=3$，则 $|2\boldsymbol{A}|=$（　　）.

(A) 1；(B) 2；(C) $\frac{2}{3}$；(D) $\frac{8}{9}$

(6) 设 $\boldsymbol{A}=\begin{pmatrix} 4 & 2 & 3 \\ 3 & -1 & -2 \\ 5 & 3 & 2 \end{pmatrix}$，$\boldsymbol{B}=\begin{pmatrix} 3 & 2 & 3 \\ 3 & -2 & -2 \\ 5 & 3 & 1 \end{pmatrix}$，则 $\boldsymbol{A}^2+\boldsymbol{B}^2-\boldsymbol{AB}-\boldsymbol{BA}=$（　　）.

(A) $\boldsymbol{A}$；(B) $\boldsymbol{B}$；(C) $\boldsymbol{E}$；(D) 0

(7)（2009 数学一、二）设 $\boldsymbol{A}$，$\boldsymbol{B}$ 均为 2 阶矩阵，$\boldsymbol{A}^*$，$\boldsymbol{B}^*$ 分别为 $\boldsymbol{A}$，$\boldsymbol{B}$ 的伴随矩阵，若 $|\boldsymbol{A}|=2$，$|\boldsymbol{B}|=3$，则分块矩阵 $\begin{pmatrix} \boldsymbol{O} & \boldsymbol{A} \\ \boldsymbol{B} & \boldsymbol{O} \end{pmatrix}$ 的伴随矩阵为：

(A) $\begin{pmatrix} \boldsymbol{O} & 3\boldsymbol{B}^* \\ 2\boldsymbol{A}^* & \boldsymbol{O} \end{pmatrix}$；(B) $\begin{pmatrix} \boldsymbol{O} & 2\boldsymbol{B}^* \\ 3\boldsymbol{A}^* & \boldsymbol{O} \end{pmatrix}$；(C) $\begin{pmatrix} \boldsymbol{O} & 3\boldsymbol{A}^* \\ 2\boldsymbol{B}^* & \boldsymbol{O} \end{pmatrix}$；(D) $\begin{pmatrix} \boldsymbol{O} & 2\boldsymbol{A}^* \\ 3\boldsymbol{B}^* & \boldsymbol{O} \end{pmatrix}$

(8)（2008 数学一、二、三）设 $\boldsymbol{A}$ 为 n 阶非 0 矩阵，$\boldsymbol{E}$ 为 n 阶单位矩阵，若 $\boldsymbol{A}^3=\boldsymbol{O}$，则

(A) $\boldsymbol{E}-\boldsymbol{A}$ 不可逆，$\boldsymbol{E}+\boldsymbol{A}$ 不可逆；(B) $\boldsymbol{E}-\boldsymbol{A}$ 不可逆，$\boldsymbol{E}+\boldsymbol{A}$ 可逆；

(C) $\boldsymbol{E}-\boldsymbol{A}$ 可逆，$\boldsymbol{E}+\boldsymbol{A}$ 可逆；　　(D) $\boldsymbol{E}-\boldsymbol{A}$ 可逆，$\boldsymbol{E}+\boldsymbol{A}$ 不可逆

2. 填空题

(1)（2016 数学三）设矩阵 $\begin{pmatrix} a & -1 & -1 \\ -1 & a & -1 \\ -1 & -1 & a \end{pmatrix}$ 与 $\begin{pmatrix} 1 & 1 & 0 \\ 0 & -1 & 1 \\ 1 & 0 & 1 \end{pmatrix}$ 等价，则 $a=$__________.

(2)（2013 数学一、二、三）设 $\boldsymbol{A}=(a_{ij})$ 是三阶非零矩阵，$|\boldsymbol{A}|$ 为 $\boldsymbol{A}$ 的行列式，A_{ij} 为 a_{ij} 的代数余子式，若 $a_{ij}+A_{ij}=0(i,j=1,2,3)$，则 $|\boldsymbol{A}|=$__________.

(3)（2012 数学三）设 $\boldsymbol{A}$ 为 3 阶矩阵，$|\boldsymbol{A}|=3$，$\boldsymbol{A}^*$ 为 $\boldsymbol{A}$ 的伴随矩阵，若交换 $\boldsymbol{A}$ 的第一行与第二行得到矩阵 $\boldsymbol{B}$，则 $|\boldsymbol{BA}^*|=$__________.

(4)（2010 数学二、三）设 $\boldsymbol{A}$，$\boldsymbol{B}$ 为 3 阶矩阵，且 $|\boldsymbol{A}|=3$，$|\boldsymbol{B}|=2$，$|\boldsymbol{A}^{-1}+\boldsymbol{B}|=2$，则 $|\boldsymbol{A}+\boldsymbol{B}^{-1}|=$__________.

3. 设 $\boldsymbol{A}=\begin{pmatrix} 1 & 2 \\ 1 & -1 \end{pmatrix}$，$\boldsymbol{B}=\begin{pmatrix} a & b \\ 3 & 2 \end{pmatrix}$，若 $\boldsymbol{A}$ 与 $\boldsymbol{B}$ 可交换，求 a，b 的值.

4. 设矩阵

$$\boldsymbol{A}=\begin{pmatrix} 1 \\ 2 \\ 3 \end{pmatrix},\ \boldsymbol{B}=\begin{pmatrix} 1 \\ \frac{1}{2} \\ \frac{1}{3} \end{pmatrix}$$

且 $\boldsymbol{C}=\boldsymbol{AB}^{\mathrm{T}}$，求 $\boldsymbol{C}^n$.

5. 设 $\boldsymbol{P}^{-1}\boldsymbol{AP}=\boldsymbol{\Lambda}$，其中 $\boldsymbol{P}=\begin{pmatrix}-1 & -4\\ 1 & 1\end{pmatrix}$，$\boldsymbol{\Lambda}=\begin{pmatrix}-1 & 0\\ 0 & 2\end{pmatrix}$，求 $\boldsymbol{A}^{11}$.

6. 设 $\boldsymbol{A}=\begin{pmatrix}2 & 0 & 0\\ 0 & 3 & 5\\ 0 & 1 & 4\end{pmatrix}$，且 $\boldsymbol{AB}=\boldsymbol{A}+\boldsymbol{B}$，求 $\boldsymbol{A}+\boldsymbol{B}$.

7. 设 4 阶方阵 $\boldsymbol{A}=(\boldsymbol{A}_1\quad \boldsymbol{A}_2\quad \boldsymbol{A}_3\quad \boldsymbol{A}_4)$，$\boldsymbol{B}=(\boldsymbol{A}_1\quad \boldsymbol{A}_2\quad \boldsymbol{A}_3\quad \boldsymbol{B}_4)$，其中 $\boldsymbol{A}_1$，$\boldsymbol{A}_2$，$\boldsymbol{A}_3$，$\boldsymbol{A}_4$，$\boldsymbol{B}_4$ 都是列矩阵，已知 $|\boldsymbol{A}|=-1$，$|\boldsymbol{B}|=2$，求行列式 $|\boldsymbol{A}+2\boldsymbol{B}|$.

8. 设 $\boldsymbol{A}$ 为三阶方阵，$\boldsymbol{A}^*$ 是 $\boldsymbol{A}$ 的伴随矩阵，且 $|\boldsymbol{A}|=a\neq 0$，求下列行列式：

(1) $\left|\frac{1}{3}\boldsymbol{A}^*\right|$；(2) $|(2\boldsymbol{A})^{-1}|$；(3) $\left|(2\boldsymbol{A})^{-1}-\frac{1}{3}\boldsymbol{A}^*\right|$

9. 用初等行变换求下列矩阵的逆矩阵

(1) $\begin{pmatrix}4 & 1 & 2\\ 3 & 2 & 1\\ 5 & -3 & 2\end{pmatrix}$　　(2) $\begin{pmatrix}1 & 0 & -2\\ -3 & 4 & -1\\ 2 & 1 & 3\end{pmatrix}$

10. 求解下列矩阵方程

(1) $\begin{pmatrix}1 & -2 & 0\\ 4 & -2 & -1\\ -3 & 1 & 2\end{pmatrix}\boldsymbol{X}=\begin{pmatrix}-1 & 4\\ 2 & 5\\ 1 & -3\end{pmatrix}$

(2) $\boldsymbol{X}\begin{pmatrix}3 & -1 & 2\\ 1 & 0 & -1\\ -2 & 1 & 4\end{pmatrix}=\begin{pmatrix}3 & 0 & -2\\ -1 & 4 & 1\end{pmatrix}$

第 3 章　矩阵的秩与线性方程组

线性代数讨论的核心问题之一是求解线性方程组，第 1 章的克莱姆法则已经给出了 n 元线性方程组的一种解法。本章将研究方程的个数与未知量的个数不相同时，如何求解线性方程组。

3.1　矩阵的秩

3.1.1　矩阵的秩的定义

定义 3.1　在 $m\times n$ 矩阵 $\boldsymbol{A}$ 中，任取 k 行 k 列（$1\leqslant k\leqslant \min\{m, n\}$），位于 k 行 k 列交叉位置上的 k^2 个元素，不改变它们在 $\boldsymbol{A}$ 中所处的位置次序而得到的 k 阶行列式，称为矩阵 $\boldsymbol{A}$ 的 **k 阶子式**.

$m\times n$ 矩阵 $\boldsymbol{A}$ 的 k 阶子式共有 $C_m^k\cdot C_n^k$ 个，其中不等于 0 的子式称为 $\boldsymbol{A}$ 的**非零子式**.

例如，矩阵 $\boldsymbol{A}=\begin{pmatrix}1&-1&1&1\\1&-1&-1&3\\2&-2&-1&5\end{pmatrix}$，$\boldsymbol{A}$ 的三阶子式共有四个，分别为

$$\begin{vmatrix}1&-1&1\\1&-1&-1\\2&-2&-1\end{vmatrix},\quad\begin{vmatrix}1&-1&1\\1&-1&3\\2&-2&5\end{vmatrix},\quad\begin{vmatrix}1&1&1\\1&-1&3\\2&-1&5\end{vmatrix},\quad\begin{vmatrix}-1&1&1\\-1&-1&3\\-2&-1&5\end{vmatrix}$$

定义 3.2　如果在 $m\times n$ 矩阵 $\boldsymbol{A}$ 中有一个 r 阶非零子式 D，且所有的 $r+1$ 阶子式（如果存在的话）全等于 0，那么 D 称为矩阵 $\boldsymbol{A}$ 的**最高阶非零子式**，数 r 称为矩阵 $\boldsymbol{A}$ 的**秩**，记作 $R(\boldsymbol{A})$，即 $R(\boldsymbol{A})=r$. 规定零矩阵的秩为 0.

在矩阵 $\boldsymbol{A}$ 中，当所有的 $r+1$ 阶子式全等于 0 时，根据行列式的性质可知，所有高于 $r+1$ 阶的子式（如果存在的话）也全等于 0，因此 $\boldsymbol{A}$ 的秩 $R(\boldsymbol{A})$ 就是 $\boldsymbol{A}$ 中不等于 0 的子式的最高阶数.

从定义及上述讨论过程中可以看出：

① 若 $\boldsymbol{A}$ 有一个 k 阶非零子式，则 $R(\boldsymbol{A})\geqslant k$；若 $\boldsymbol{A}$ 的所有 $k+1$ 阶子式全等于 0，则 $R(\boldsymbol{A})\leqslant k$；

② 对任意 $m\times n$ 矩阵 $\boldsymbol{A}$，必有 $R(\boldsymbol{A})=R(\boldsymbol{A}^{\mathrm{T}})$；

③ 若 $\boldsymbol{A}$ 为 $m\times n$ 矩阵，则 $0\leqslant R(\boldsymbol{A})\leqslant\min\{m, n\}$.

特别地，若 $\boldsymbol{A}$ 为 n 阶方阵，由于 $\boldsymbol{A}$ 的 n 阶子式只有 $|\boldsymbol{A}|$，故当 $|\boldsymbol{A}|\neq 0$ 时，$R(\boldsymbol{A})=n$；当 $|\boldsymbol{A}|=0$ 时，$R(\boldsymbol{A})<n$. 可见，可逆矩阵的秩等于它的阶数. 因此，可逆矩阵（非奇异矩阵）称为**满秩矩阵**，不可逆矩阵（奇异矩阵）称为**降秩矩阵**.

【例 3.1】　求下列矩阵的秩：

(1) $\boldsymbol{A}=\begin{pmatrix}1&2&3\\2&3&-5\\4&7&1\end{pmatrix}$；(2) $\boldsymbol{B}=\begin{pmatrix}3&5&4&8&-1\\0&0&-2&0&5\\0&0&0&1&4\\0&0&0&0&0\end{pmatrix}$

解 (1)$\boldsymbol{A}$ 的子式的最高阶数是 3，且为它的唯一一个，

$$\begin{vmatrix} 1 & 2 & 3 \\ 2 & 3 & -5 \\ 4 & 7 & 1 \end{vmatrix}$$

容易算出，它等于 0. 而 $\boldsymbol{A}$ 中有一个二阶子式

$$\begin{vmatrix} 1 & 2 \\ 2 & 3 \end{vmatrix} = -1 \neq 0,$$

所以 $R(\boldsymbol{A})=2$.

(2) $\boldsymbol{B}$ 是一个行阶梯形矩阵，其非零行有三行，因此 $\boldsymbol{B}$ 的所有四阶子式全等于 0，而以三个非零行的主元为主对角线的三阶子式

$$\begin{vmatrix} 3 & 4 & 8 \\ 0 & -2 & 0 \\ 0 & 0 & 1 \end{vmatrix} = -6 \neq 0,$$

所以 $R(\boldsymbol{B})=3$.

3.1.2 矩阵的秩的计算

从例 3.1(1)可知，若按定义来求 $m\times n$ 矩阵 $\boldsymbol{A}$ 的秩，当 m，n 较大时，需要计算大量的行列式，会很不方便．而从例 3.1(2)可知，行阶梯形矩阵的秩等于其非零行的行数，计算起来很简单．前面一章提到过，任一 $m\times n$ 矩阵 $\boldsymbol{A}$ 总可经过有限次初等行变换把它变为行阶梯形矩阵．行阶梯形矩阵的秩一目了然，它的秩是否与 $\boldsymbol{A}$ 的秩相等呢？回答是肯定的，即有如下定理．

定理 3.1 初等变换不改变矩阵的秩．即若 $\boldsymbol{A}\sim\boldsymbol{B}$，则 $R(\boldsymbol{A})=R(\boldsymbol{B})$.

证明 先证明若 $\boldsymbol{A}$ 经一次初等行变换变为 $\boldsymbol{B}$，则 $R(\boldsymbol{A})\leqslant R(\boldsymbol{B})$.

设 $R(\boldsymbol{A})=r$，且 $\boldsymbol{A}$ 的某个 r 阶子式 $D\neq 0$.

当 $\boldsymbol{A}\overset{r_i\leftrightarrow r_j}{\sim}\boldsymbol{B}$ 或 $\boldsymbol{A}\overset{r_i\times k}{\sim}\boldsymbol{B}$ 时，在 $\boldsymbol{B}$ 中总能找到与 D 相对应的 r 阶子式 D_1，由于 $D_1=D$，$D_1=-D$ 或 $D_1=kD$，因此 $D_1\neq 0$，从而 $R(\boldsymbol{B})\geqslant r$.

当 $\boldsymbol{A}\overset{r_i+kr_j}{\sim}\boldsymbol{B}$ 时，则可分如下三种情况讨论：

① D 中不含第 i 行；

② D 中同时含第 i 行和第 j 行；

③ D 中含第 i 行和但不含第 j 行．

在前两种情况下，很容易在 $\boldsymbol{B}$ 中找到与 D 相对应的子式 D_1. 此时，$D_1=D\neq 0$，故 $R(\boldsymbol{B})\geqslant r$. 在最后一种情况下，也可以在 $\boldsymbol{B}$ 中找到与 D 相对应的子式 D_1，根据行列式的性质，有

$$D_1=\begin{vmatrix} \vdots \\ r_i+kr_j \\ \vdots \end{vmatrix}=\begin{vmatrix} \vdots \\ r_i \\ \vdots \end{vmatrix}+\begin{vmatrix} \vdots \\ kr_j \\ \vdots \end{vmatrix}=D+kD_2$$

若 $D_2\neq 0$，则由 D_2 中不含第 i 行可知，$\boldsymbol{B}$ 中有不含第 i 行的 r 阶非零子式，根据第一种情况的结论，有 $R(\boldsymbol{B})\geqslant r$；若 $D_2=0$，则 $D_1=D\neq 0$，也有 $R(\boldsymbol{B})\geqslant r$.

以上证明了若 $\boldsymbol{A}$ 经一次初等行变换变为 $\boldsymbol{B}$，则 $R(\boldsymbol{A})\leqslant R(\boldsymbol{B})$. 由于 $\boldsymbol{B}$ 也可以经一次

初等行变换变为 $\boldsymbol{A}$，故也有 $R(\boldsymbol{B}) \leqslant R(\boldsymbol{A})$．因此，$R(\boldsymbol{A})=R(\boldsymbol{B})$．

同理可知，经有限次初等行变换也不改变矩阵的秩．

设 $\boldsymbol{A}$ 经有限次初等列变换变为 $\boldsymbol{B}$，则 $\boldsymbol{A}^{\mathrm{T}}$ 经有限次初等行变换变为 $\boldsymbol{B}^{\mathrm{T}}$，由以上证明知，$R(\boldsymbol{A}^{\mathrm{T}})=R(\boldsymbol{B}^{\mathrm{T}})$，又 $R(\boldsymbol{A})=R(\boldsymbol{A}^{\mathrm{T}})$，$R(\boldsymbol{B})=R(\boldsymbol{B}^{\mathrm{T}})$．因此，$R(\boldsymbol{A})=R(\boldsymbol{B})$．

总之，若 $\boldsymbol{A}$ 经有限次初等变换变为 $\boldsymbol{B}$（即 $\boldsymbol{A} \sim \boldsymbol{B}$），则 $R(\boldsymbol{A})=R(\boldsymbol{B})$．

根据上述定理，为了求矩阵 $\boldsymbol{A}$ 的秩，只需通过初等行变换把矩阵 $\boldsymbol{A}$ 化成行阶梯形矩阵，行阶梯形矩阵的非零行的行数即为矩阵 $\boldsymbol{A}$ 的秩．

【例 3.2】 求矩阵

$$\boldsymbol{A}=\begin{pmatrix} 1 & -2 & -1 & 0 & 2 \\ -2 & 4 & 2 & 6 & -6 \\ 2 & -1 & 0 & 2 & 3 \\ 3 & 3 & 3 & 3 & 4 \end{pmatrix}$$

的秩，并求它的一个最高阶非零子式．

解 用初等行变换将 $\boldsymbol{A}$ 化为行阶梯形矩阵：

$$A \overset{\substack{r_2+2r_1 \\ r_3-2r_1 \\ r_4-3r_1}}{\sim} \begin{pmatrix} 1 & -2 & -1 & 0 & 2 \\ 0 & 0 & 0 & 6 & -2 \\ 0 & 3 & 2 & 2 & -1 \\ 0 & 9 & 6 & 3 & -2 \end{pmatrix} \overset{\substack{r_2 \leftrightarrow r_3 \\ r_3 \leftrightarrow r_4}}{\sim} \begin{pmatrix} 1 & -2 & -1 & 0 & 2 \\ 0 & 3 & 2 & 2 & -1 \\ 0 & 9 & 6 & 3 & -2 \\ 0 & 0 & 0 & 6 & -2 \end{pmatrix}$$

$$\overset{r_3-3r_2}{\sim} \begin{pmatrix} 1 & -2 & -1 & 0 & 2 \\ 0 & 3 & 2 & 2 & -1 \\ 0 & 0 & 0 & -3 & 1 \\ 0 & 0 & 0 & 6 & -2 \end{pmatrix} \overset{r_4+2r_3}{\sim} \begin{pmatrix} 1 & -2 & -1 & 0 & 2 \\ 0 & 3 & 2 & 2 & -1 \\ 0 & 0 & 0 & -3 & 1 \\ 0 & 0 & 0 & 0 & 0 \end{pmatrix} = \boldsymbol{B}$$

行阶梯形矩阵 $\boldsymbol{B}$ 的非零行行数为 3，所以 $R(\boldsymbol{A})=3$.

不难证明，在行阶梯形矩阵中，选取主元所在的行和列交叉位置上的元素，一定可以构成行阶梯形矩阵的一个最高阶非零子式．这里，选取 $\boldsymbol{B}$ 的前三行和第 1，2，5 列交叉位置上的元素，构成一个上三角形行列式：

$$\begin{vmatrix} 1 & -2 & 2 \\ 0 & 3 & -1 \\ 0 & 0 & 1 \end{vmatrix}$$

该子式就是 $\boldsymbol{B}$ 的一个最高阶非零子式．然后，依据初等行变换的过程，该最高阶非零子式各元素逐个逆向找出原矩阵的对应元素（尤其注意换行前对应元素的位置）．这样，就能够在矩阵 $\boldsymbol{A}$ 中找到一个由对应元素构成的最高阶非零子式：

$$\begin{vmatrix} 1 & -2 & 2 \\ 2 & -1 & 3 \\ 3 & 3 & 4 \end{vmatrix}$$

3.1.3 矩阵的秩的性质

矩阵的秩的基本性质有：

① $0 \leqslant R(\boldsymbol{A}_{m\times n}) \leqslant \min\{m, n\}$；

② $R(\boldsymbol{A}^{\mathrm{T}}) = R(\boldsymbol{A})$；

③ 若 $\boldsymbol{A} \sim \boldsymbol{B}$，则 $R(\boldsymbol{A}) = R(\boldsymbol{B})$；

④ 若 $\boldsymbol{P}$，$\boldsymbol{Q}$ 可逆，则 $R(\boldsymbol{PAQ}) = R(\boldsymbol{A})$；

⑤ $\max\{R(\boldsymbol{A}), R(\boldsymbol{B})\} \leqslant R(\boldsymbol{A}, \boldsymbol{B}) \leqslant R(\boldsymbol{A}) + R(\boldsymbol{B})$；

⑥ $R(\boldsymbol{A}+\boldsymbol{B}) \leqslant R(\boldsymbol{A}) + R(\boldsymbol{B})$；

⑦ $R(\boldsymbol{AB}) \leqslant \min\{R(\boldsymbol{A}), R(\boldsymbol{B})\}$；

⑧ 若 $\boldsymbol{A}_{m\times n}\boldsymbol{B}_{n\times l} = \boldsymbol{O}_{m\times l}$，则 $R(\boldsymbol{A}) + R(\boldsymbol{B}) \leqslant n$.

其中性质⑦和性质⑧将要在第 4 章学习.

【例 3.3】 设 $\boldsymbol{A}$ 为 n 阶矩阵，证明 $R(\boldsymbol{A}+\boldsymbol{E}) + R(\boldsymbol{A}-\boldsymbol{E}) \geqslant n$.

证明 因
$$(\boldsymbol{A}+\boldsymbol{E}) + (\boldsymbol{E}-\boldsymbol{A}) = 2\boldsymbol{E}$$
$$R(\boldsymbol{A}+\boldsymbol{E}) + R(\boldsymbol{E}-\boldsymbol{A}) \geqslant R(2\boldsymbol{E}) = n$$
而
$$R(\boldsymbol{E}-\boldsymbol{A}) = R(\boldsymbol{A}-\boldsymbol{E})$$
所以
$$R(\boldsymbol{A}+\boldsymbol{E}) + R(\boldsymbol{A}-\boldsymbol{E}) \geqslant n$$

习题 3-1

1. 设矩阵
$$\boldsymbol{A} = \begin{pmatrix} 1 & -1 & 1 & 2 \\ 3 & a & -1 & 2 \\ 5 & 3 & b & 6 \end{pmatrix},$$
且 $R(\boldsymbol{A}) = 2$，求 a 与 b 的值.

2. 设矩阵
$$\boldsymbol{A} = \begin{pmatrix} 1 & a & -1 & 2 \\ 2 & -1 & a & 5 \\ 1 & 10 & -6 & 1 \end{pmatrix},$$
对于 a 的不同的值，矩阵 $\boldsymbol{A}$ 的秩分别是多少?

3. 用初等行变换求下列矩阵的秩，并求它们的一个最高阶非零子式.

(1) $\boldsymbol{A} = \begin{pmatrix} 1 & -2 & 2 & -1 & 1 \\ 2 & -4 & 8 & 0 & 2 \\ -2 & 4 & -2 & 3 & 3 \\ 3 & -6 & 0 & -6 & 4 \end{pmatrix}$　(2) $\boldsymbol{A} = \begin{pmatrix} 1 & 1 & 1 \\ 2 & -2 & 10 \\ 3 & 4 & 1 \\ 4 & 5 & 2 \end{pmatrix}$

3.2 齐次线性方程组

设 n 个未知数 m 个方程的齐次线性方程组
$$\begin{cases} a_{11}x_1 + a_{12}x_2 + \cdots + a_{1n}x_n = 0 \\ a_{21}x_1 + a_{22}x_2 + \cdots + a_{2n}x_n = 0 \\ \quad\vdots \\ a_{m1}x_1 + a_{m2}x_2 + \cdots + a_{mn}x_n = 0 \end{cases} \tag{3-1}$$

可以写成以列矩阵 $\boldsymbol{x}$ 为未知的方程

$$\boldsymbol{A}\boldsymbol{x}=\boldsymbol{O} \tag{3-2}$$

其中，矩阵 $\boldsymbol{A}=(a_{ij})_{m\times n}$ 是系数矩阵，$\boldsymbol{x}=(x_1, x_2, \cdots, x_n)^{\mathrm{T}}$ 是 n 个未知数列矩阵，$\boldsymbol{O}$ 是 m 行常数项列矩阵.

对于齐次线性方程组(3-2)，它一定有零解（$\boldsymbol{x}=\boldsymbol{O}$），故只需研究其何时有非零解以及当它有非零解时，如何表示出它的所有解.

定理 3.2 n 元齐次线性方程组 $\boldsymbol{A}\boldsymbol{x}=\boldsymbol{O}$ 有非零解的充分必要条件是 $R(\boldsymbol{A})<n$，且其通解中含有 $n-R(\boldsymbol{A})$ 个参数.

证明 必要性：用反证法. 假设 $R(\boldsymbol{A})=n$，则在 $\boldsymbol{A}$ 中存在一个 n 阶非零子式 D，根据克莱姆法则，D 所对应的 n 个方程组成的方程组只有零解，故 $\boldsymbol{A}\boldsymbol{x}=\boldsymbol{O}$ 只有零解，矛盾. 所以，$R(\boldsymbol{A})<n$.

充分性：设 $R(\boldsymbol{A})=r<n$，则 $\boldsymbol{A}$ 经有限次初等行变换化成的行阶梯形矩阵中只含有 r 个非零行，可知其含有 $n-r$ 个自由未知量. 任取一个自由未知量为 1，其余自由未知量为 0，即可得方程组的一个非零解.

若令这 $n-r$ 个自由未知量分别等于 $c_1, c_2, \cdots, c_{n-r}$，可得含 $n-r$ 个参数 $c_1, c_2, \cdots, c_{n-r}$ 的解，这些参数可任意取值，因此这时方程组有无穷多解. 下一章将说明这个含 $n-r$ 个参数的解可表示方程组的任一解，因此这个解称为齐次线性方程组的通解.

定理 3.3 n 元齐次线性方程组 $\boldsymbol{A}\boldsymbol{x}=\boldsymbol{O}$ 只有零解的充分必要条件是 $R(\boldsymbol{A})=n$.

定理 3.3 是定理 3.2 相对应的逆否命题，它是克莱姆法则的推广，因为克莱姆法则只适用于方程组中方程个数与未知数个数相等的情形，而且其充分性包含了克莱姆法则的逆定理.

对于齐次线性方程组，只需将其系数矩阵化为行最简形矩阵，就可以进一步求出它的通解.

【例 3.4】 求解齐次线性方程组

$$\begin{cases} x_1-x_2-x_3+x_4=0 \\ x_1-x_2+x_3-3x_4=0 \\ x_1-x_2-2x_3+3x_4=0 \end{cases}.$$

解 对系数矩阵 $\boldsymbol{A}$ 施以初等行变换，将其化为行最简形矩阵.

$$\boldsymbol{A}=\begin{pmatrix} 1 & -1 & -1 & 1 \\ 1 & -1 & 1 & -3 \\ 1 & -1 & -2 & 3 \end{pmatrix} \overset{\substack{r_2-r_1 \\ r_3-r_1}}{\sim} \begin{pmatrix} 1 & -1 & -1 & 1 \\ 0 & 0 & 2 & -4 \\ 0 & 0 & -1 & 2 \end{pmatrix}$$

$$\overset{\substack{r_2\leftrightarrow r_3 \\ r_3+2r_2}}{\sim} \begin{pmatrix} 1 & -1 & -1 & 1 \\ 0 & 0 & 1 & -2 \\ 0 & 0 & 0 & 0 \end{pmatrix} \overset{r_1+r_2}{\sim} \begin{pmatrix} 1 & -1 & 0 & -1 \\ 0 & 0 & 1 & -2 \\ 0 & 0 & 0 & 0 \end{pmatrix}$$

即得与原方程组同解的方程组

$$\begin{cases} x_1-x_2-x_4=0 \\ x_3-2x_4=0 \end{cases}.$$

令 $x_2=c_1$，$x_4=c_2$，即可得通解为

$$\begin{cases} x_1=c_1+c_2 \\ x_2=c_1 \\ x_3=2c_2 \\ x_4=c_2 \end{cases},$$

或写成列矩阵形式

$$\begin{pmatrix} x_1 \\ x_2 \\ x_3 \\ x_4 \end{pmatrix}=c_1\begin{pmatrix} 1 \\ 1 \\ 0 \\ 0 \end{pmatrix}+c_2\begin{pmatrix} 1 \\ 0 \\ 2 \\ 1 \end{pmatrix} \quad (\forall c_1,\ c_2 \in \boldsymbol{R}).$$

【例 3.5】 已知齐次线性方程组

$$\begin{cases} x_1+2x_2-2x_3=0 \\ 3x_1+7x_2-6x_3=0 \\ 4x_1+8x_2+\lambda x_3=0 \end{cases}$$

有非零解，求 λ 的值．

解 齐次线性方程组有非零解，则其系数矩阵 $\boldsymbol{A}$ 的秩 $R(\boldsymbol{A})<3$，对 $\boldsymbol{A}$ 施以初等行变换，将其化为行阶梯形矩阵．

$$\boldsymbol{A}=\begin{pmatrix} 1 & 2 & -2 \\ 3 & 7 & -6 \\ 4 & 8 & \lambda \end{pmatrix} \overset{\substack{r_2-3r_1 \\ r_3-4r_1}}{\sim} \begin{pmatrix} 1 & 2 & -2 \\ 0 & 1 & 0 \\ 0 & 0 & \lambda+8 \end{pmatrix}$$

为了使 $R(\boldsymbol{A})<3$，必有 $\lambda+8=0$，即 $\lambda=-8$.

另外，本例也可依据克莱姆法则，令 $|\boldsymbol{A}|=0$，亦可解出 $\lambda=-8$.

习题 3-2

1. 求下列齐次线性方程组的解

(1) $\begin{cases} x_1+2x_2+2x_3+x_4=0 \\ 2x_1+x_2-2x_3-2x_4=0 \\ x_1-x_2-4x_3-3x_4=0 \end{cases}$ (2) $\begin{cases} x_1+4x_2+9x_3=0 \\ x_1+8x_2+27x_3=0 \\ x_1+16x_2+81x_3=0 \\ x_1+5x_2+10x_3=0 \end{cases}$

(3) $\begin{cases} x_1+x_2+x_3+4x_4=0 \\ x_1+x_2-x_3-2x_4=0 \\ 2x_1+2x_2+x_3+5x_4=0 \end{cases}$ (4) $\begin{cases} x_1+x_2-3x_3-x_4=0 \\ 3x_1-x_2-3x_3+4x_4=0 \\ x_1+5x_2-9x_3-8x_4=0 \end{cases}$

2. 已知齐次线性方程组

$$\begin{cases} (\lambda-6)x_1+2x_2-2x_3=0 \\ 2x_1+(\lambda-3)x_2-4x_3=0 \\ -2x_1-4x_2+(\lambda-3)x_3=0 \end{cases}$$

有非零解，求 λ 的值．

3.3 非齐次线性方程组

设 n 个未知数 m 个方程的非齐次线性方程组

$$\begin{cases} a_{11}x_1+a_{12}x_2+\cdots+a_{1n}x_n=b_1 \\ a_{21}x_1+a_{22}x_2+\cdots+a_{2n}x_n=b_2 \\ \vdots \\ a_{m1}x_1+a_{m2}x_2+\cdots+a_{mn}x_n=b_m \end{cases} \tag{3-3}$$

可以写成以列矩阵 $\boldsymbol{x}$ 为未知量的方程

$$\boldsymbol{Ax}=\boldsymbol{b} \tag{3-4}$$

其中，矩阵 $\boldsymbol{A}=(a_{ij})_{m\times n}$ 是系数矩阵，$\boldsymbol{x}=(x_1,\ x_2,\ \cdots,\ x_n)^{\mathrm{T}}$ 是 n 个未知数列矩阵，分块形式的 $m\times(n+1)$ 矩阵 $\boldsymbol{B}=(\boldsymbol{A},\ \boldsymbol{b})$ 是增广矩阵，$\boldsymbol{b}=(b_1,\ b_2,\ \cdots,\ b_m)^{\mathrm{T}}$ 是 m 行非零常数项列矩阵．

非齐次线性方程组(3-3)不一定有解．如果它有解，就称它相容；如果它无解，就称它不相容．通过系数矩阵 $\boldsymbol{A}$ 与增广矩阵 $\boldsymbol{B}=(\boldsymbol{A},\ \boldsymbol{b})$ 的秩，可以方便地讨论非齐次线性方程组的解的情况，具体结论如下．

定理 3.4 n 元非齐次线性方程组 $\boldsymbol{Ax}=\boldsymbol{b}$：

① 无解的充分必要条件是 $R(\boldsymbol{A})<R(\boldsymbol{A},\ \boldsymbol{b})$；

② 有唯一解的充分必要条件是 $R(\boldsymbol{A})=R(\boldsymbol{A},\ \boldsymbol{b})=n$；

③ 有无穷多解的充分必要条件是 $R(\boldsymbol{A})=R(\boldsymbol{A},\ \boldsymbol{b})<n$.

证明略．由定理 3.4 易得线性方程组理论中的一个基本定理：

定理 3.5 线性方程组 $\boldsymbol{Ax}=\boldsymbol{b}$ 有解的充分必要条件是 $R(\boldsymbol{A})=R(\boldsymbol{A},\ \boldsymbol{b})$.

为了下一章的论述需要，下面把定理 3.5 推广到矩阵方程．

定理 3.6 矩阵方程 $\boldsymbol{A}_{m\times n}\boldsymbol{X}_{n\times l}=\boldsymbol{B}$ 有解的充分必要条件是 $R(\boldsymbol{A})=R(\boldsymbol{A},\ \boldsymbol{B})$.

定理 3.7 矩阵方程 $\boldsymbol{A}_{m\times n}\boldsymbol{X}_{n\times l}=\boldsymbol{O}$ 只有零解的充分必要条件是 $R(\boldsymbol{A})=n$.

非齐次线性方程组的求解步骤如下．

步骤一：写出非齐次线性方程组的增广矩阵 $\boldsymbol{B}$.

步骤二：利用初等行变换把矩阵 $\boldsymbol{B}$ 化成行阶梯形，从中可以同时看出 $R(\boldsymbol{A})$ 和 $R(\boldsymbol{B})$．

步骤三：若 $R(\boldsymbol{A})<R(\boldsymbol{B})$，则非齐次线性方程组无解．

步骤四：若 $R(\boldsymbol{A})=R(\boldsymbol{B})=r$，则进一步把 $\boldsymbol{B}$ 化成行最简形，把行最简形中的 r 个非零行的非零首元所对应的未知量取作非自由未知量，其余的 $n-r$ 个未知量取作自由未知量，并令自由未知量分别等于 $c_1,\ c_2,\ \cdots,\ c_{n-r}$，由 $\boldsymbol{B}$ 的行最简形，即可写出非其次线性方程组的含 $n-r$ 个参数的通解．

【例 3.6】 判别以下线性方程组的相容性．

$$\begin{cases} x_1-2x_2+3x_3-x_4=1 \\ 3x_1-x_2+5x_3-3x_4=2 \\ 2x_1+x_2+2x_3-2x_4=3 \end{cases}$$

解 对增广矩阵 $\boldsymbol{B}=(\boldsymbol{A},\ \boldsymbol{b})$ 施以初等行变换，有

$$B=\begin{pmatrix}1&-2&3&-1&1\\3&-1&5&-3&2\\2&1&2&-2&3\end{pmatrix}\overset{\substack{r_2-3r_1\\r_3-2r_1}}{\sim}\begin{pmatrix}1&-2&3&-1&1\\0&5&-4&0&-1\\0&5&-4&0&1\end{pmatrix}$$

$$\overset{r_3-r_2}{\sim}\begin{pmatrix}1&-2&3&-1&1\\0&5&-4&0&-1\\0&0&0&0&2\end{pmatrix},$$

得 $R(\boldsymbol{A})=2$，$R(\boldsymbol{B})=3$，有 $R(\boldsymbol{A})<R(\boldsymbol{B})$，所以方程组无解，即不相容．

【例 3.7】 求解以下非齐次线性方程组．

$$\begin{cases}3x_1-5x_2+5x_3-3x_4=2\\x_1-2x_2+3x_3-x_4=1\\2x_1-3x_2+2x_3-2x_4=1\end{cases}$$

解 对增广矩阵 $\boldsymbol{B}=(\boldsymbol{A},\ \boldsymbol{b})$ 施以初等行变换，有

$$B=\begin{pmatrix}3&-5&5&-3&2\\1&-2&3&-1&1\\2&-3&2&-2&1\end{pmatrix}\overset{\substack{r_1\leftrightarrow r_2\\r_2-3r_1\\r_3-2r_1}}{\sim}\begin{pmatrix}1&-2&3&-1&1\\0&1&-4&0&-1\\0&1&-4&0&-1\end{pmatrix}$$

$$\overset{r_3-r_2}{\sim}\begin{pmatrix}1&-2&3&-1&1\\0&1&-4&0&-1\\0&0&0&0&0\end{pmatrix}\overset{r_1+2r_2}{\sim}\begin{pmatrix}1&0&-5&-1&-1\\0&1&-4&0&-1\\0&0&0&0&0\end{pmatrix}$$

可见，$R(\boldsymbol{A})=R(\boldsymbol{B})=2<4$，故方程组有无穷多解．

即得与原方程组同解的方程组

$$\begin{cases}x_1-5x_3-x_4=-1\\x_2-4x_3=-1\end{cases}$$

令 $x_3=c_1$，$x_4=c_2$，即可得通解为

$$\begin{cases}x_1=5c_1+c_2-1\\x_2=4c_1-1\\x_3=c_1\\x_4=c_2\end{cases}$$

或写成列矩阵形式

$$\begin{pmatrix}x_1\\x_2\\x_3\\x_4\end{pmatrix}=c_1\begin{pmatrix}5\\4\\1\\0\end{pmatrix}+c_2\begin{pmatrix}1\\0\\0\\1\end{pmatrix}+\begin{pmatrix}-1\\-1\\0\\0\end{pmatrix}\quad(\forall c_1,\ c_2\in\boldsymbol{R}).$$

这里，若令 $x_1=c_1$，$x_2=c_2$，则可得通解为

$$\begin{pmatrix}x_1\\x_2\\x_3\\x_4\end{pmatrix}=c_1\begin{pmatrix}1\\0\\0\\1\end{pmatrix}+c_2\begin{pmatrix}0\\1\\\frac{1}{4}\\-\frac{5}{4}\end{pmatrix}+\begin{pmatrix}0\\0\\\frac{1}{4}\\-\frac{1}{4}\end{pmatrix}\quad(\forall c_1,\ c_2\in\boldsymbol{R}).$$

从上例可以看出，当线性方程组有无穷多解时，其通解的形式并不唯一，但通解中含有的任意参数的个数却是唯一确定的，一定等于 $n-R(\boldsymbol{A})$. 线性方程组的解的结构也是确定的，下一章将给出有关理论的详细叙述.

【例 3.8】 设有线性方程组

$$\begin{cases}(1+k)x_1+x_2+x_3=0\\ x_1+(1+k)x_2+x_3=3\\ x_1+x_2+(1+k)x_3=k\end{cases}$$

问 k 取何值时，此方程组：①有唯一解；②无解；③有无穷多解. 并在有无穷多解时求其通解.

解　解法 1　对增广矩阵 $\boldsymbol{B}=(\boldsymbol{A},\ \boldsymbol{b})$ 施以初等行变换，化为行阶梯形矩阵，有

$$\boldsymbol{B}=\begin{pmatrix}1+k & 1 & 1 & 0\\ 1 & 1+k & 1 & 3\\ 1 & 1 & 1+k & k\end{pmatrix}\overset{r_1\leftrightarrow r_3}{\sim}\begin{pmatrix}1 & 1 & 1+k & k\\ 1 & 1+k & 1 & 3\\ 1+k & 1 & 1 & 0\end{pmatrix}$$

$$\overset{\substack{r_2-r_1\\ r_3-(1+k)r_1}}{\sim}\begin{pmatrix}1 & 1 & 1+k & k\\ 0 & k & -k & 3-k\\ 0 & -k & -k(k+2) & -k(1+k)\end{pmatrix}$$

$$\overset{r_3+r_2}{\sim}\begin{pmatrix}1 & 1 & 1+k & k\\ 0 & k & -k & 3-k\\ 0 & 0 & -k(k+3) & (3+k)(1-k)\end{pmatrix}$$

① 当 $k\neq-3$ 且 $k\neq0$ 时，$R(\boldsymbol{A})=R(\boldsymbol{B})=3$，方程组有唯一解.

② 当 $k=0$ 时，$R(\boldsymbol{A})=1$，$R(\boldsymbol{B})=2$，$R(\boldsymbol{A})<R(\boldsymbol{B})$，方程组无解.

③ 当 $k=-3$ 时，$R(\boldsymbol{A})=R(\boldsymbol{B})=2<3$，方程组有无穷多解. 即有

$$\boldsymbol{B}=\begin{pmatrix}-2 & 1 & 1 & 0\\ 1 & -2 & 1 & 3\\ 1 & 1 & -2 & -3\end{pmatrix}\sim\begin{pmatrix}1 & 1 & -2 & -3\\ 0 & -3 & 3 & 6\\ 0 & 0 & 0 & 0\end{pmatrix}\sim\begin{pmatrix}1 & 0 & -1 & -1\\ 0 & 1 & -1 & -2\\ 0 & 0 & 0 & 0\end{pmatrix}$$

或写成列矩阵形式

$$\begin{pmatrix}x_1\\ x_2\\ x_3\end{pmatrix}=c\begin{pmatrix}1\\ 1\\ 1\end{pmatrix}+\begin{pmatrix}-1\\ -2\\ 0\end{pmatrix}\quad(\forall c\in\mathbf{R})$$

解法 2　因为系数矩阵 $\boldsymbol{A}$ 是三阶方阵，故方程组有唯一解的充分必要条件是 $|\boldsymbol{A}|\neq0$.

$$|\boldsymbol{A}|=\begin{vmatrix}1+k & 1 & 1\\ 1 & 1+k & 1\\ 1 & 1 & 1+k\end{vmatrix}=(3+k)k^2$$

所以，当 $k\neq-3$ 且 $k\neq0$ 时，方程组有唯一解.

当 $k=0$ 时，有

$$\boldsymbol{B}=\begin{pmatrix}1 & 1 & 1 & 0\\ 1 & 1 & 1 & 3\\ 1 & 1 & 1 & 0\end{pmatrix}\begin{pmatrix}1 & 1 & 1 & 0\\ 0 & 0 & 0 & 1\\ 0 & 0 & 0 & 0\end{pmatrix}$$

得 $R(\boldsymbol{A})=1$，$R(\boldsymbol{B})=2$，有 $R(\boldsymbol{A})<R(\boldsymbol{B})$，方程组无解．

当 $k=-3$ 时，有

$$\boldsymbol{B}=\begin{pmatrix}-2 & 1 & 1 & 0\\ 1 & -2 & 1 & 3\\ 1 & 1 & -2 & -3\end{pmatrix}\sim\begin{pmatrix}1 & 0 & -1 & -1\\ 0 & 1 & -1 & -2\\ 0 & 0 & 0 & 0\end{pmatrix}$$

得 $R(\boldsymbol{A})=R(\boldsymbol{B})=2<3$，方程组有无穷多解．其通解为

$$\begin{pmatrix}x_1\\ x_2\\ x_3\end{pmatrix}=c\begin{pmatrix}1\\ 1\\ 1\end{pmatrix}+\begin{pmatrix}-1\\ -2\\ 0\end{pmatrix}\quad(\forall c\in\boldsymbol{R})$$

本例中的两种解法是求解这类问题常用的两种方法．比较起来，解法 2 较简单，但解法 2 只适用于系数矩阵为方阵的情形．若系数矩阵不是方阵，则只能用解法 1，即初等行变换法．另外要注意的是，在对含参数的矩阵作初等变换时，例如在本例中对矩阵 $\boldsymbol{B}$ 作初等变换时，由于 $k+1$，$k+3$ 等因式可以等于 0，故不宜作诸如 $r_2-\frac{1}{k+1}r_1$，$r_2\div(k+1)$，$r_3\div(k+3)$ 这样的变换，如果确实需作这样的变换，则要讨论．

习题 3-3

1. 判别下列线性方程组的相容性．若相容，分别说明方程组解的情况，并求出它的通解．

(1) $\begin{cases}2x_1-3x_2+x_3+5x_4=6\\ -3x_1+x_2+2x_3-4x_4=5\\ -x_1-2x_2+3x_3+x_4=-2\end{cases}$　　(2) $\begin{cases}2x_1+x_2-x_3+x_4=1\\ 3x_1-2x_2+2x_3-3x_4=2\\ 2x_1-x_2+x_3-3x_4=4\\ 5x_1+x_2-x_3+2x_4=-1\end{cases}$

(3) $\begin{cases}x_1-2x_2+3x_3-4x_4=4\\ x_2-x_3+x_4=-3\\ x_1+3x_2-3x_4=1\\ -7x_2+3x_3+x_4=-3\end{cases}$　　(4) $\begin{cases}x_1+x_2+2x_3+4x_4=3\\ x_1+2x_2+x_3-x_4=2\\ 2x_1+x_2+5x_3+13x_4=7\end{cases}$

2. 设有线性方程组

$$\begin{cases}x_1+x_2+\lambda x_3=4\\ -x_1+\lambda x_2+x_3=\lambda^2\\ x_1-x_2+2x_3=-4\end{cases}$$

问 λ 取何值时，此方程组：(1) 有唯一解；(2) 无解；(3) 有无穷多解．并在有无穷多解时求其通解．

3.4 矩阵的秩与线性方程组的 MATLAB 应用

3.4.1 矩阵的秩的 MATLAB 应用实例

【例 3.9】 求矩阵 $\boldsymbol{A}=\begin{pmatrix}2 & 0 & 3 & 1 & 4\\ 3 & -5 & 4 & 2 & 7\\ 1 & 5 & 2 & 0 & 1\end{pmatrix}$ 的秩．

解

```
>>A=[2  0  3  1  4; 3  -5  4  2  7; 1  5  2  0  1];
>>rank(A)          %求矩阵 A 的秩
ans=               %矩阵 A 的秩的返回值
    2
```

3.4.2 线性方程组的 MATLAB 应用实例

【例 3.10】 求解齐次线性方程组 $\begin{cases} x_1+2x_2-3x_3=0 \\ 2x_1+5x_2+2x_3=0 \\ 3x_1-x_2-4x_3=0 \\ 7x_1+8x_2-8x_3=0 \end{cases}$.

解

```
>>A=[1  2  -3; 2  5  2; 3  -1  -4; 7  8  -8];    %输入方程组的系数矩阵
>>rank(A)                                        %求矩阵 A 的秩
ans=
    3
```

若 $R(\boldsymbol{A})<$方程组中未知数的个数，则方程组有非零解，即无穷多组解；若$R(\boldsymbol{A})=$方程组中未知数的个数，则方程组仅有零解．这里矩阵 **A** 的秩返回值为 3，等于未知数的个数，说明方程仅有零解．

```
>>B=[0  0  0  0]'; %常数项列矩阵
>>c=rref([A, B])    %求方程组的解(对增广矩阵进行初等变换，化为阶梯矩阵)
c=
    1    0    0    0
    0    1    0    0
    0    0    1    0
    0    0    0    0
```

由 c 的返回值，可见方程组的解为 $\begin{cases} x_1+0x_2+0x_3=0 \\ 0x_1+x_2+0x_3=0 \\ 0x_1+0x_2+x_3=0 \end{cases}$

即 $x_1=0$，$x_2=0$，$x_3=0$，说明方程仅有零解。

【例 3.11】 求解齐次线性方程组 $\begin{cases} x_1-x_2-x_3+x_4=0 \\ x_1-x_2+x_3-3x_4=0 \\ x_1-x_2-2x_3+3x_4=0 \end{cases}$.

解

```
>>A=[1  -1  -1  1; 1  -1  1  -3; 1  -1  -2  3];
>>B=[0  0  0]';
>>rank(A)
```

```
ans=
    2
```

这里 $R(\boldsymbol{A})=2<$方程中未知数的个数，说明方程组有非零解，即无穷多组解．

```
≫rref([A, B])
ans=
    1   -1    0   -1    0
    0    0    1   -2    0
    0    0    0    0    0
```

可见方程组的解为 $\begin{cases}x_1-x_2+0x_3-x_4=0\\0x_1-0x_2+x_3-2x_4=0\end{cases}$，即 $\begin{cases}x_1-x_2-x_4=0\\x_3-2x_4=0\end{cases}$．

令 $x_2=c_1$，$x_4=c_2$，即可得通解为 $\begin{cases}x_1=c_1+c_2\\x_2=c_1\\x_3=2c_2\\x_4=c_2\end{cases}$．

【例 3.12】 解线性方程组 $\begin{cases}x_1+x_2-2x_3-x_4=-1\\x_1+5x_2-3x_3-2x_4=0\\3x_1-x_2+x_3+4x_4=2\\-2x_1+2x_2+x_3-x_4=1\end{cases}$．

解

```
≫A=[1  1  -2  -1; 1  5  -3  -2; 3  -1  1  4; -2  2  1  -1];
≫B=[-1  0  2  1]';
≫rr=[rank(A), rank([A, B])]    %求系数矩阵A和增广矩阵[A, B]的秩
rr=
    3    3
```

若系数矩阵 $\boldsymbol{A}$ 的秩 $R(\boldsymbol{A})<$增广矩阵$[\boldsymbol{A},\boldsymbol{B}]$的秩 $R([\boldsymbol{A},\boldsymbol{B}])$，方程组无解；若 $R(\boldsymbol{A})=R([\boldsymbol{A},\boldsymbol{B}])=n$，方程组有唯一解($n$ 表示未知数的个数)；若 $R(\boldsymbol{A})=R([\boldsymbol{A},\boldsymbol{B}])<n$，方程组有无穷多解．

这里，$R(\boldsymbol{A})=R([\boldsymbol{A},\boldsymbol{B}])=3<4$(未知数的个数)，方程组有无穷多解．

```
≫rref([A, B])    %求方程组的解，对增广矩阵[A, B]进行初等变换
ans=
    1.0000         0         0    1.0000    0.5000
         0    1.0000         0         0    0.5000
         0         0    1.0000    1.0000    1.0000
         0         0         0         0         0
```

得到的矩阵同初等变换的矩阵相同．

即得到原方程组的一般解 $\begin{cases}x_1=-x_4+1/2\\x_2=1/2\\x_3=-x_4+1\\x_4=x_4\end{cases}$．

总习题 3

1. 求下列矩阵的秩

(1) $\begin{pmatrix} 1 & 2 & 3 \\ -2 & 5 & 4 \\ 0 & -1 & 1 \\ 3 & 0 & 2 \end{pmatrix}$　　(2) $\begin{pmatrix} 3 & 2 & 5 & 3 \\ 4 & -5 & 0 & 3 \\ -2 & 0 & -1 & -3 \\ 5 & -3 & 2 & 5 \end{pmatrix}$

2. 求下列齐次线性方程组的解

(1) $\begin{cases} x_1+5x_2-x_3-x_4=0 \\ x_1-2x_2+x_3+3x_4=0 \\ 3x_1+8x_2-x_3+x_4=0 \end{cases}$　　(2) $\begin{cases} x_1+3x_2+2x_3=0 \\ 2x_1+5x_2+5x_3=0 \\ 3x_1+7x_2+x_3=0 \\ -x_1-4x_2+x_3=0 \end{cases}$

3. 当 a、b 取什么值时，下述齐次线性方程组有非零解？

$$\begin{cases} ax_1+x_2+x_3=0 \\ x_1+bx_2+x_3=0 \\ x_1+2bx_2+x_3=0 \end{cases}$$

4. 求解下列非齐次线性方程组

(1) $\begin{cases} x_1-3x_2+5x_3-2x_4=1 \\ -2x_1+x_2-3x_3+x_4=-2 \\ -x_1-7x_2+9x_3-4x_4=1 \end{cases}$　　(2) $\begin{cases} x_1-5x_2+2x_3-3x_4=11 \\ -3x_1+x_2-4x_3+2x_4=-5 \\ -x_1-9x_2-4x_4=17 \\ 5x_1+3x_2+6x_3-x_4=-1 \end{cases}$

5. 设有线性方程组

$$\begin{cases} \lambda x_1+\lambda x_2+2x_3=1 \\ \lambda x_1+(2\lambda-1)x_2+3x_3=1 \\ \lambda x_1+\lambda x_2+(\lambda+3)x_3=2\lambda-1 \end{cases},$$

问 λ 取何值时，此方程组：(1) 有唯一解；(2) 无解；(3) 有无穷多解．并在有无穷多解时求其通解．

6. (2010 数学一)设 $\boldsymbol{A}$ 为 $m\times n$ 型矩阵，$\boldsymbol{B}$ 为 $n\times m$ 型矩阵，$\boldsymbol{E}$ 为 m 阶单位阵，若 $\boldsymbol{AB}=\boldsymbol{E}$，则（　　）．

(A) $R(\boldsymbol{A})=m$，$R(\boldsymbol{B})=m$；(B) $R(\boldsymbol{A})=m$，$R(\boldsymbol{B})=n$；

(C) $R(\boldsymbol{A})=n$，$R(\boldsymbol{B})=m$；(D) $R(\boldsymbol{A})=n$，$R(\boldsymbol{B})=n$

7. (2007 数学一、二、三、四)设线性方程组 $\begin{cases} x_1+x_2+x_3=0 \\ x_1+2x_2+ax_3=0 \\ x_1+4x_2+a^2x_3=0 \end{cases}$ 与方程 $x_1+2x_2+x_3=a-1$ 有公共的解，求 a 的值及所有的公共解．

第4章　向量空间

向量空间是在对线性方程组的解的一些性质研究的基础上产生的．本章将先讨论向量组的线性相关性，并在此基础上研究向量组的秩和向量组的最大无关组；引入向量空间概念后，研究线性方程组解的结构．

4.1　向量组的线性相关性

4.1.1　n 维向量

定义 4.1　n 个有次序的数 a_1，a_2，…，a_n 所组成的数组称为 n 维向量，第 i 个数 a_i 称为该向量的第 i 个分量．

分量全为实数的向量称为实向量，分量中有一个为复数的向量称为复向量．本书除特别指明外，一般只讨论实向量．

n 维向量可以写成一列，记作

$$\boldsymbol{\alpha}=\begin{pmatrix}a_1\\a_2\\\vdots\\a_n\end{pmatrix}$$

称为列向量，也就是 $n\times1$ 矩阵；也可以写成一行，记作

$$\boldsymbol{\alpha}^{\mathrm{T}}=(a_1,a_2,\cdots,a_n)$$

称为行向量，也就是 $1\times n$ 矩阵．规定行向量与列向量都按矩阵的运算规则进行运算．因此列向量 $\boldsymbol{\alpha}$ 和行向量 $\boldsymbol{\alpha}^{\mathrm{T}}$ 被看作是两个不同的向量．

本书中，列向量用黑体小写字母 $\boldsymbol{\alpha}$，$\boldsymbol{\beta}$，$\boldsymbol{a}$，$\boldsymbol{b}$ 表示，行向量用 $\boldsymbol{\alpha}^{\mathrm{T}}$，$\boldsymbol{\beta}^{\mathrm{T}}$，$\boldsymbol{a}^{\mathrm{T}}$，$\boldsymbol{b}^{\mathrm{T}}$ 表示．没有指明时，一般都当作 n 维列向量．且为了书写方便，有时以行向量的转置表示列向量．

一组同维数的列向量(或同维数的行向量)所组成的集合，叫做向量组．

对于矩阵 $\boldsymbol{A}=(a_{ij})_{m\times n}$，它有 n 个 m 维列向量

$$\boldsymbol{\alpha}_j=\begin{pmatrix}a_{1j}\\a_{2j}\\\vdots\\a_{mj}\end{pmatrix}\quad(j=1,\ 2,\ \cdots,\ n)$$

向量组 $\boldsymbol{\alpha}_1$，$\boldsymbol{\alpha}_2$，…，$\boldsymbol{\alpha}_n$ 称为矩阵 $\boldsymbol{A}$ 的列向量组．矩阵 $\boldsymbol{A}$ 又有 m 个 n 维行向量

$$\boldsymbol{\beta}_i^{\mathrm{T}}=(a_{i1},\ a_{i2},\ \cdots,\ a_{in})\quad(i=1,\ 2,\ \cdots,\ m)$$

向量组 $\boldsymbol{\beta}_1^{\mathrm{T}}$，$\boldsymbol{\beta}_2^{\mathrm{T}}$，…，$\boldsymbol{\beta}_m^{\mathrm{T}}$ 称为矩阵 $\boldsymbol{A}$ 的行向量组．

反之，由有限个向量所组成的向量组也可以构成一个矩阵

$$\boldsymbol{A}=(\boldsymbol{\alpha}_1,\ \boldsymbol{\alpha}_2,\ \cdots,\ \boldsymbol{\alpha}_n)=\begin{pmatrix}\boldsymbol{\beta}_1^{\mathrm{T}}\\ \boldsymbol{\beta}_2^{\mathrm{T}}\\ \vdots\\ \boldsymbol{\beta}_m^{\mathrm{T}}\end{pmatrix}$$

4.1.2 向量组的线性组合

定义 4.2 对于给定的一组向量组 $\boldsymbol{\alpha}_1$，$\boldsymbol{\alpha}_2$，…，$\boldsymbol{\alpha}_m$ 和向量 $\boldsymbol{\beta}$，如果存在一组实数 k_1，k_2，…，k_m 使得 $\boldsymbol{\beta}=k_1\boldsymbol{\alpha}_1+k_2\boldsymbol{\alpha}_2+\cdots+k_m\boldsymbol{\alpha}_m$，则称向量 $\boldsymbol{\beta}$ 是向量组 $\boldsymbol{\alpha}_1$，$\boldsymbol{\alpha}_2$，…，$\boldsymbol{\alpha}_m$ 的线性组合，也称向量 $\boldsymbol{\beta}$ 能由向量组 $\boldsymbol{\alpha}_1$，$\boldsymbol{\alpha}_2$，…，$\boldsymbol{\alpha}_m$ 线性表示，其中实数 k_1，k_2，…，k_m 称为这个线性组合的系数．

一般地，对任意一个 n 维向量 $\boldsymbol{\alpha}=(a_1,a_2,\cdots,a_n)^{\mathrm{T}}$ 及单位向量组 $\boldsymbol{e}_1=(1,0,\cdots,0)^{\mathrm{T}}$，$\boldsymbol{e}_2=(0,1,\cdots,0)^{\mathrm{T}},\cdots,\boldsymbol{e}_n=(0,0,\cdots,1)^{\mathrm{T}}$ 来说，有

$$\boldsymbol{\alpha}=a_1\boldsymbol{e}_1+a_2\boldsymbol{e}_2+\cdots+a_n\boldsymbol{e}_n$$

所以称向量 $\boldsymbol{\alpha}$ 是单位向量组的线性组合．

定理 4.1 向量 $\boldsymbol{\beta}$ 可由向量组 $\boldsymbol{\alpha}_1$，$\boldsymbol{\alpha}_2$，…，$\boldsymbol{\alpha}_m$ 线性表示的充分必要条件是矩阵 $\boldsymbol{A}=(\boldsymbol{\alpha}_1,\ \boldsymbol{\alpha}_2,\ \cdots,\ \boldsymbol{\alpha}_m)$ 的秩与矩阵 $\boldsymbol{B}=(\boldsymbol{\alpha}_1,\ \boldsymbol{\alpha}_2,\ \cdots,\ \boldsymbol{\alpha}_m,\ \boldsymbol{\beta})$ 的秩相等．

证明 由定义 4.2 知，向量 $\boldsymbol{\beta}$ 能由向量组 $\boldsymbol{\alpha}_1$，$\boldsymbol{\alpha}_2$，…，$\boldsymbol{\alpha}_m$ 线性表示，就是方程 $x_1\boldsymbol{\alpha}_1+x_2\boldsymbol{\alpha}_2+\cdots+x_m\boldsymbol{\alpha}_m=\boldsymbol{\beta}$ 有解，也就是非齐次线性方程组

$$(\boldsymbol{\alpha}_1,\ \boldsymbol{\alpha}_2,\ \cdots,\ \boldsymbol{\alpha}_m)\begin{pmatrix}x_1\\ x_2\\ \vdots\\ x_m\end{pmatrix}=\boldsymbol{\beta}\text{（即 }\boldsymbol{Ax}=\boldsymbol{\beta}\text{）}$$

有解．由定理3.5知，非齐次线性方程组 $\boldsymbol{Ax}=\boldsymbol{\beta}$ 有解的充分必要条件是 $R(\boldsymbol{A})=R(\boldsymbol{B})$，定理得证．

注意：当 $R(\boldsymbol{A})=R(\boldsymbol{B})=m$（向量组所含向量的个数）时，向量 $\boldsymbol{\beta}$ 能由向量组 $\boldsymbol{\alpha}_1$，$\boldsymbol{\alpha}_2$，…，$\boldsymbol{\alpha}_m$ 线性表示，且表示式唯一．

当 $R(\boldsymbol{A})=R(\boldsymbol{B})<m$（向量组所含向量的个数）时，向量 $\boldsymbol{\beta}$ 能由向量组 $\boldsymbol{\alpha}_1$，$\boldsymbol{\alpha}_2$，…，$\boldsymbol{\alpha}_m$ 线性表示，但表示式不唯一．

【例 4.1】 已知向量组 $\boldsymbol{A}$：$\boldsymbol{a}_1=\begin{pmatrix}0\\1\\1\end{pmatrix}$，$\boldsymbol{a}_2=\begin{pmatrix}1\\0\\1\end{pmatrix}$，$\boldsymbol{a}_3=\begin{pmatrix}1\\1\\0\end{pmatrix}$ 及向量 $\boldsymbol{b}=\begin{pmatrix}1\\1\\1\end{pmatrix}$．问：向量 $\boldsymbol{b}$ 能否由向量组 $\boldsymbol{A}$ 线性表示？

解 设 $\boldsymbol{b}=k_1\boldsymbol{a}_1+k_2\boldsymbol{a}_2+k_3\boldsymbol{a}_3$

即

$$\begin{pmatrix}0&1&1\\1&0&1\\1&1&0\end{pmatrix}\begin{pmatrix}k_1\\k_2\\k_3\end{pmatrix}=\begin{pmatrix}1\\1\\1\end{pmatrix}$$

方程组系数行列式

$$D=\begin{vmatrix}0&1&1\\1&0&1\\1&1&0\end{vmatrix}=2\neq0$$

由克莱姆法则知，方程组有唯一解，即存在唯一一组数 k_1，k_2，k_3 使得 $b=k_1\boldsymbol{a}_1+k_2\boldsymbol{a}_2+k_3\boldsymbol{a}_3$，亦即向量 $\boldsymbol{b}$ 可由向量组 $\boldsymbol{A}$ 线性表示．

【例 4.2】 证明向量 $\boldsymbol{\beta}=(3,5,2)^{\mathrm{T}}$ 能由向量组 $\boldsymbol{\alpha}_1=(1,0,-1)^{\mathrm{T}}$，$\boldsymbol{\alpha}_2=(1,1,1)^{\mathrm{T}}$，$\boldsymbol{\alpha}_3=(0,1,1)^{\mathrm{T}}$，$\boldsymbol{\alpha}_4=(1,2,3)^{\mathrm{T}}$ 线性表示，并写出它的一种表示方式．

证明 $\boldsymbol{B}=(\boldsymbol{\alpha}_1,\boldsymbol{\alpha}_2,\boldsymbol{\alpha}_3,\boldsymbol{\alpha}_4,\boldsymbol{\beta})=\begin{pmatrix}1&1&0&1&3\\0&1&1&2&5\\-1&1&1&3&2\end{pmatrix}\overset{r_3+r_1}{\sim}\begin{pmatrix}1&1&0&1&3\\0&1&1&2&5\\0&2&1&4&5\end{pmatrix}$

$$\overset{r_3-2r_2}{\sim}\begin{pmatrix}1&1&0&1&3\\0&1&1&2&5\\0&0&-1&0&-5\end{pmatrix}\overset{r_2+r_3}{\sim}\begin{pmatrix}1&1&0&1&3\\0&1&0&2&0\\0&0&-1&0&-5\end{pmatrix}\overset{r_1-r_2}{\sim}\begin{pmatrix}1&0&0&-1&3\\0&1&0&2&0\\0&0&-1&0&-5\end{pmatrix}$$

$$\overset{r_3\times(-1)}{\sim}\begin{pmatrix}1&0&0&-1&3\\0&1&0&2&0\\0&0&1&0&5\end{pmatrix}$$

$R(\boldsymbol{A})=R(\boldsymbol{B})=3$，故向量 $\boldsymbol{\beta}$ 可由向量组 $\boldsymbol{\alpha}_1$，$\boldsymbol{\alpha}_2$，$\boldsymbol{\alpha}_3$，$\boldsymbol{\alpha}_4$ 线性表示．

$\boldsymbol{Ax}=\boldsymbol{\beta}$ 的同解方程组为

$$\begin{cases}x_1-x_4=3\\x_2+2x_4=0\\x_3=5\end{cases}$$

即

$$\begin{cases}x_1=3+x_4\\x_2=-2x_4\\x_3=5\end{cases}$$

令 $x_4=0$，得 $x_1=3$，$x_2=0$，故 $\boldsymbol{\beta}=3\boldsymbol{\alpha}_1+5\boldsymbol{\alpha}_3$，但是表示式不是唯一的，因为如果令 $x_4=1$，得 $x_1=4$，$x_2=-2$，也可得 $\boldsymbol{\beta}=4\boldsymbol{\alpha}_1-2\boldsymbol{\alpha}_2+5\boldsymbol{\alpha}_3+\boldsymbol{\alpha}_4$．

定义 4.3 设有两个向量组 $\boldsymbol{A}$：$\boldsymbol{a}_1$，$\boldsymbol{a}_2$，…，$\boldsymbol{a}_m$ 及 $\boldsymbol{B}$：$\boldsymbol{b}_1$，$\boldsymbol{b}_2$，…，$\boldsymbol{b}_l$，若 $\boldsymbol{B}$ 中的每个向量都能由向量组 $\boldsymbol{A}$ 线性表示，则称向量组 $\boldsymbol{B}$ 能由向量组 $\boldsymbol{A}$ 线性表示．若向量组 $\boldsymbol{A}$ 与向量组 $\boldsymbol{B}$ 能相互线性表示，则称这两个向量组等价．

把向量组 $\boldsymbol{A}$：$\boldsymbol{a}_1$，$\boldsymbol{a}_2$，…，$\boldsymbol{a}_m$ 及 $\boldsymbol{B}$：$\boldsymbol{b}_1$，$\boldsymbol{b}_2$，…，$\boldsymbol{b}_l$ 所构成的矩阵分别记作 $\boldsymbol{A}=(\boldsymbol{a}_1,\boldsymbol{a}_2,\cdots,\boldsymbol{a}_m)$ 和 $\boldsymbol{B}=(\boldsymbol{b}_1,\boldsymbol{b}_2,\cdots,\boldsymbol{b}_l)$．向量组 $\boldsymbol{B}$ 能由向量组 $\boldsymbol{A}$ 线性表示，即对每个向量 $\boldsymbol{b}_j(j=1,2,\cdots,l)$，存在数 k_{1j}，k_{2j}，…，k_{mj}，使

$$\boldsymbol{b}_j=k_{1j}\boldsymbol{a}_1+k_{2j}\boldsymbol{a}_2+\cdots+k_{mj}\boldsymbol{a}_m=(\boldsymbol{a}_1,\boldsymbol{a}_2,\cdots,\boldsymbol{a}_m)\begin{pmatrix}k_{1j}\\k_{2j}\\\vdots\\k_{mj}\end{pmatrix}$$

从而

$$(\boldsymbol{b}_1,\boldsymbol{b}_2,\cdots,\boldsymbol{b}_l)=(\boldsymbol{a}_1,\boldsymbol{a}_2,\cdots,\boldsymbol{a}_m)\begin{pmatrix}k_{11}&k_{12}&\cdots&k_{1l}\\k_{21}&k_{22}&\cdots&k_{2l}\\\vdots&\vdots&&\vdots\\k_{m1}&k_{m2}&\cdots&k_{ml}\end{pmatrix}$$

这里，系数矩阵 $K_{m\times l}=(k_{ij})_{m\times l}$ 称为这一线性表示的系数矩阵．

由定义 4.3 可知，向量组 $\boldsymbol{B}$：$\boldsymbol{b}_1$，$\boldsymbol{b}_2$，…，$\boldsymbol{b}_l$ 能由向量组 $\boldsymbol{A}$：$\boldsymbol{a}_1$，$\boldsymbol{a}_2$，…，$\boldsymbol{a}_m$ 线性表示，其含义是存在矩阵 $\boldsymbol{K}_{m\times l}$，使 $(\boldsymbol{b}_1,\boldsymbol{b}_2,\cdots,\boldsymbol{b}_l)=(\boldsymbol{a}_1,\boldsymbol{a}_2,\cdots,\boldsymbol{a}_m)\boldsymbol{K}$，也就是矩阵方程

$$(\boldsymbol{a}_1,\boldsymbol{a}_2,\cdots,\boldsymbol{a}_m)\boldsymbol{K}=(\boldsymbol{b}_1,\boldsymbol{b}_2,\cdots,\boldsymbol{b}_l)$$

有解．结合定理 3.5，立即得到定理 4.2

定理 4.2 向量组 $\boldsymbol{B}$：$\boldsymbol{b}_1$，$\boldsymbol{b}_2$，…，$\boldsymbol{b}_l$ 能由向量组 $\boldsymbol{A}$：$\boldsymbol{a}_1$，$\boldsymbol{a}_2$，…，$\boldsymbol{a}_m$ 线性表示的充分必要条件是矩阵 $\boldsymbol{A}=(\boldsymbol{a}_1,\boldsymbol{a}_2,\cdots,\boldsymbol{a}_m)$ 的秩等于矩阵 $(\boldsymbol{A},\boldsymbol{B})=(\boldsymbol{a}_1,\boldsymbol{a}_2,\cdots,\boldsymbol{a}_m,\boldsymbol{b}_1,\boldsymbol{b}_2,\cdots,\boldsymbol{b}_l)$ 的秩．即 $R(\boldsymbol{A})=R(\boldsymbol{A},\boldsymbol{B})$．

推论 4.1 向量组 $\boldsymbol{A}$：$\boldsymbol{a}_1$，$\boldsymbol{a}_2$，…，$\boldsymbol{a}_m$ 与向量组 $\boldsymbol{B}$：$\boldsymbol{b}_1$，$\boldsymbol{b}_2$，…，$\boldsymbol{b}_l$ 等价的充分必要条件是

$$R(\boldsymbol{A})=R(\boldsymbol{B})=R(\boldsymbol{A},\boldsymbol{B})$$

其中（$\boldsymbol{A}$，$\boldsymbol{B}$）是向量组 $\boldsymbol{A}$ 和 $\boldsymbol{B}$ 所构成的矩阵．

证明 因向量组 $\boldsymbol{A}$ 和向量组 $\boldsymbol{B}$ 能相互线性表示，则

$$R(\boldsymbol{A})=R(\boldsymbol{A},\boldsymbol{B})\text{且}R(\boldsymbol{B})=R(\boldsymbol{B},\boldsymbol{A})$$

而 $R(\boldsymbol{A},\boldsymbol{B})=R(\boldsymbol{B},\boldsymbol{A})$，所以得充分必要条件为

$$R(\boldsymbol{A})=R(\boldsymbol{B})=R(\boldsymbol{A},\boldsymbol{B})$$

4.1.3 线性相关

定义 4.4 设有向量组 $\boldsymbol{\alpha}_1$，$\boldsymbol{\alpha}_2$，…，$\boldsymbol{\alpha}_m$，如果存在一组不全为零的数 k_1，k_2，…，k_m，使

$$k_1\boldsymbol{\alpha}_1+k_2\boldsymbol{\alpha}_2+\cdots+k_m\boldsymbol{\alpha}_m=\boldsymbol{0},$$

则称向量组**线性相关**，否则称向量组**线性无关**．

例如，由例 4.2 知道 $\boldsymbol{\beta}=4\boldsymbol{\alpha}_1-2\boldsymbol{\alpha}_2+5\boldsymbol{\alpha}_3+\boldsymbol{\alpha}_4$，即 $4\boldsymbol{\alpha}_1-2\boldsymbol{\alpha}_2+5\boldsymbol{\alpha}_3+\boldsymbol{\alpha}_4-\boldsymbol{\beta}=\boldsymbol{0}$，因此 $\boldsymbol{\alpha}_1$，$\boldsymbol{\alpha}_2$，$\boldsymbol{\alpha}_3$，$\boldsymbol{\alpha}_4$，$\boldsymbol{\beta}$ 线性相关．又容易验证向量组 $\boldsymbol{e}_1=(1,0,\cdots,0)^{\mathrm{T}}$，$\boldsymbol{e}_2=(0,1,\cdots,0)^{\mathrm{T}}$，…，$\boldsymbol{e}_n=(0,0,\cdots,1)^{\mathrm{T}}$ 是线性无关的．

由定义 4.4 可知，对于单个向量，当且仅当它为零向量时线性相关．对于两个向量 $\boldsymbol{a}_1$，$\boldsymbol{a}_2$ 构成的向量组，它线性相关的充分必要条件是 $\boldsymbol{a}_1$，$\boldsymbol{a}_2$ 的分量对应成比例．

【例 4.3】 讨论向量组 $\boldsymbol{a}=\begin{pmatrix}1\\1\\1\end{pmatrix}$，$\boldsymbol{b}=\begin{pmatrix}1\\2\\1\end{pmatrix}$，$\boldsymbol{c}=\begin{pmatrix}1\\0\\0\end{pmatrix}$ 的线性相关性．

解 设 $k_1\boldsymbol{a}+k_2\boldsymbol{b}+k_3\boldsymbol{c}=\boldsymbol{0}$，即

$$\begin{cases}k_1+k_2+k_3=0\\k_1+2k_2=0\\k_1+k_2=0\end{cases}$$

系数行列式

$$D=\begin{vmatrix}1&1&1\\1&2&0\\1&1&0\end{vmatrix}=-1\neq0$$

方程组只有零解 $k_1=k_2=k_3=0$，所以向量组 $\boldsymbol{a}$，$\boldsymbol{b}$，$\boldsymbol{c}$ 是线性无关的．

由例 4.3 可见，判断一组向量是否线性相关可转化为判断一个齐次线性方程组是否

有非零解的问题，结合定理 3.2 和定理 3.3 可得到下面的定理．

定理 4.3 向量组 $\boldsymbol{\alpha}_1$，$\boldsymbol{\alpha}_2$，…，$\boldsymbol{\alpha}_m$ 线性相关的充分必要条件是它所构成的矩阵 $\boldsymbol{A}=(\boldsymbol{\alpha}_1, \boldsymbol{\alpha}_2, \cdots, \boldsymbol{\alpha}_m)$ 的秩小于向量的个数 m，向量组线性无关的充分必要条件是 $R(\boldsymbol{A})=m$．

推论 4.2 m 个 m 维向量 $\boldsymbol{\alpha}_1$，$\boldsymbol{\alpha}_2$，…，$\boldsymbol{\alpha}_m$ 线性相关的充分必要条件是行列式

$$|(\boldsymbol{\alpha}_1, \boldsymbol{\alpha}_2, \cdots, \boldsymbol{\alpha}_m)|=0$$

m 个 m 维向量 $\boldsymbol{\alpha}_1$，$\boldsymbol{\alpha}_2$，…，$\boldsymbol{\alpha}_m$ 线性无关的充分必要条件是行列式

$$|(\boldsymbol{\alpha}_1, \boldsymbol{\alpha}_2, \cdots, \boldsymbol{\alpha}_m)|\neq 0$$

【例 4.4】 给定向量组 $\boldsymbol{\alpha}_1=(2,-1,7)^{\mathrm{T}}$，$\boldsymbol{\alpha}_2=(1,4,11)^{\mathrm{T}}$，$\boldsymbol{\alpha}_3=(3,-6,3)^{\mathrm{T}}$，试讨论它的线性相关性．

解法 1

$$\boldsymbol{A}=(\boldsymbol{\alpha}_1,\boldsymbol{\alpha}_2,\boldsymbol{\alpha}_3)=\begin{pmatrix}2&1&3\\-1&4&-6\\7&11&3\end{pmatrix}\overset{r_1\leftrightarrow r_2}{\sim}\begin{pmatrix}-1&4&-6\\2&1&3\\7&11&3\end{pmatrix}\underset{r_3+7r_1}{\overset{r_2+2r_1}{\sim}}\begin{pmatrix}-1&4&-6\\0&9&-9\\0&39&-39\end{pmatrix}$$

$$\underset{r_1\times(-1)}{\overset{r_2\times\frac{1}{9}}{\sim}}\begin{pmatrix}1&-4&6\\0&1&-1\\0&39&-39\end{pmatrix}\overset{r_3-39r_2}{\sim}\begin{pmatrix}1&-4&6\\0&1&-1\\0&0&0\end{pmatrix}$$

因为 $R(\boldsymbol{A})=2<3$(向量个数)，所以向量组线性相关．

解法 2

$$|\boldsymbol{\alpha}_1,\boldsymbol{\alpha}_2,\boldsymbol{\alpha}_3|=\begin{vmatrix}2&1&3\\-1&4&-6\\7&11&3\end{vmatrix}=\begin{vmatrix}0&9&-9\\-1&4&-6\\0&39&-39\end{vmatrix}=0$$

故向量组线性相关．

【例 4.5】 设向量组 $\boldsymbol{\alpha}_1$，$\boldsymbol{\alpha}_2$，$\boldsymbol{\alpha}_3$ 线性无关，$\boldsymbol{\beta}_1=\boldsymbol{\alpha}_1+\boldsymbol{\alpha}_2$，$\boldsymbol{\beta}_2=\boldsymbol{\alpha}_2+\boldsymbol{\alpha}_3$，$\boldsymbol{\beta}_3=\boldsymbol{\alpha}_3+\boldsymbol{\alpha}_1$，试证 $\boldsymbol{\beta}_1$，$\boldsymbol{\beta}_2$，$\boldsymbol{\beta}_3$ 线性无关．

证明 设有 k_1，k_2，k_3 使 $k_1\boldsymbol{\beta}_1+k_2\boldsymbol{\beta}_2+k_3\boldsymbol{\beta}_3=\boldsymbol{0}$，即 $k_1(\boldsymbol{\alpha}_1+\boldsymbol{\alpha}_2)+k_2(\boldsymbol{\alpha}_2+\boldsymbol{\alpha}_3)+k_3(\boldsymbol{\alpha}_3+\boldsymbol{\alpha}_1)=\boldsymbol{0}$，整理可得，$(k_1+k_3)\boldsymbol{\alpha}_1+(k_1+k_2)\boldsymbol{\alpha}_2+(k_2+k_3)\boldsymbol{\alpha}_3=\boldsymbol{0}$，由于 $\boldsymbol{\alpha}_1$，$\boldsymbol{\alpha}_2$，$\boldsymbol{\alpha}_3$ 线性无关，因此有

$$\begin{cases}k_1+k_3=0\\k_1+k_2=0\\k_2+k_3=0\end{cases}$$

此方程组的系数行列式

$$\begin{vmatrix}1&0&1\\1&1&0\\0&1&1\end{vmatrix}=2\neq 0$$

故方程组只有零解 $k_1=k_2=k_3=0$，所以向量组 $\boldsymbol{\beta}_1$，$\boldsymbol{\beta}_2$，$\boldsymbol{\beta}_3$ 线性无关．

【例 4.6】 设向量组

$$\boldsymbol{\alpha}_1=\begin{pmatrix}3\\2\\0\end{pmatrix},\boldsymbol{\alpha}_2=\begin{pmatrix}5\\4\\-1\end{pmatrix},\boldsymbol{\alpha}_3=\begin{pmatrix}3\\1\\t\end{pmatrix}$$

问：t 取何值时，向量组线性无关？t 又取何值时，向量组线性相关？

解 $$|(\boldsymbol{\alpha}_1,\boldsymbol{\alpha}_2,\boldsymbol{\alpha}_3)|=\begin{vmatrix}3&5&3\\2&4&1\\0&-1&t\end{vmatrix}=2t-3$$

所以，当 $2t-3\neq0$，即 $t\neq\dfrac{3}{2}$时，$\boldsymbol{\alpha}_1$，$\boldsymbol{\alpha}_2$，$\boldsymbol{\alpha}_3$ 线性无关；当 $2t-3=0$，即 $t=\dfrac{3}{2}$时，$\boldsymbol{\alpha}_1$，$\boldsymbol{\alpha}_2$，$\boldsymbol{\alpha}_3$ 线性相关.

线性相关是向量组的一个重要性质，下面介绍一些与之相关的性质.

定理 4.4

(1)若向量组 $\boldsymbol{\alpha}_1$，$\boldsymbol{\alpha}_2$，…，$\boldsymbol{\alpha}_m$ 线性相关，则向量组 $\boldsymbol{\alpha}_1$，$\boldsymbol{\alpha}_2$，…，$\boldsymbol{\alpha}_m$，$\boldsymbol{\alpha}_{m+1}$ 也线性相关；反之，若向量组 $\boldsymbol{\alpha}_1$，$\boldsymbol{\alpha}_2$，…，$\boldsymbol{\alpha}_m$，$\boldsymbol{\alpha}_{m+1}$线性无关，则向量组 $\boldsymbol{\alpha}_1$，$\boldsymbol{\alpha}_2$，…，$\boldsymbol{\alpha}_m$ 也线性无关.

(2) m 个 n 维向量组成的向量组，当维数 n 小于向量个数 m 时一定线性相关. 特别地，$n+1$ 个 n 维向量一定线性相关.

(3) 任何含有零向量的向量组必然线性相关.

(4) 向量组 $\boldsymbol{\alpha}_1$，$\boldsymbol{\alpha}_2$，…，$\boldsymbol{\alpha}_m$ ($m\geqslant2$) 线性相关的充分必要条件是其中至少有一个向量可由其余$m-1$个向量线性表示.

(5) 设向量组 $\boldsymbol{\alpha}_1$，$\boldsymbol{\alpha}_2$，…，$\boldsymbol{\alpha}_m$ 线性无关，而向量组 $\boldsymbol{\alpha}_1$，$\boldsymbol{\alpha}_2$，…，$\boldsymbol{\alpha}_m$，$\boldsymbol{b}$ 线性相关，则向量 $\boldsymbol{b}$ 必能由向量组$\boldsymbol{\alpha}_1$，$\boldsymbol{\alpha}_2$，…，$\boldsymbol{\alpha}_m$ 线性表示，且表示式是唯一的.

【例 4.7】 设向量组 $\boldsymbol{a}_1$，$\boldsymbol{a}_2$，$\boldsymbol{a}_3$ 线性相关，向量组 $\boldsymbol{a}_2$，$\boldsymbol{a}_3$，$\boldsymbol{a}_4$ 线性无关，证明：$\boldsymbol{a}_1$ 能由 $\boldsymbol{a}_2$，$\boldsymbol{a}_3$ 线性表示.

证明 因为向量组 $\boldsymbol{a}_2$，$\boldsymbol{a}_3$，$\boldsymbol{a}_4$ 线性无关，由定理 4.4 (1) 知，$\boldsymbol{a}_2$，$\boldsymbol{a}_3$ 必线性无关. 又由已知 $\boldsymbol{a}_1$，$\boldsymbol{a}_2$，$\boldsymbol{a}_3$ 线性相关，由定理 4.4(5)知，$\boldsymbol{a}_1$ 能由 $\boldsymbol{a}_2$，$\boldsymbol{a}_3$ 线性表示.

习题 4-1

1. 将向量 $\boldsymbol{\beta}=(5,1,0)^{\mathrm{T}}$用 $\boldsymbol{\alpha}_1=(1,2,-3)^{\mathrm{T}}$，$\boldsymbol{\alpha}_2=(3,0,1)^{\mathrm{T}}$，$\boldsymbol{\alpha}_3=(9,6,-7)^{\mathrm{T}}$线性表示.

2. 判断下列向量组是线性相关还是线性无关.

(1) $\boldsymbol{\alpha}_1=(2,5)^{\mathrm{T}}$，$\boldsymbol{\alpha}_2=(-1,3)^{\mathrm{T}}$；

(2) $\boldsymbol{\alpha}_1=(1,1,3,1)^{\mathrm{T}}$，$\boldsymbol{\alpha}_2=(4,1,-3,2)^{\mathrm{T}}$，$\boldsymbol{\alpha}_3=(1,0,-1,2)^{\mathrm{T}}$；

(3) $\boldsymbol{\alpha}_1=(3,-1,2)^{\mathrm{T}}$，$\boldsymbol{\alpha}_2=(1,5,-7)^{\mathrm{T}}$，$\boldsymbol{\alpha}_3=(7,-13,20)^{\mathrm{T}}$

3. 已知向量 $\boldsymbol{\alpha}_1=(2,0,-1,3)^{\mathrm{T}}$，$\boldsymbol{\alpha}_2=(3,-2,1,-1)^{\mathrm{T}}$，$\boldsymbol{\beta}=(-5,6,-5,9)^{\mathrm{T}}$，证明向量 $\boldsymbol{\beta}$ 可由向量组 $\boldsymbol{\alpha}_1$，$\boldsymbol{\alpha}_2$ 线性表示，并写出表达式.

4. 设向量组 $\boldsymbol{\alpha}_1=(1,2,3)^{\mathrm{T}}$，$\boldsymbol{\alpha}_2=(3,-1,2)^{\mathrm{T}}$，$\boldsymbol{\alpha}_3=(2,3,t)^{\mathrm{T}}$，问 t 取何值时，向量组线性无关？t 又取何值时，向量组线性相关？

5. 设 $\boldsymbol{\beta}_1=\boldsymbol{\alpha}_1$，$\boldsymbol{\beta}_2=\boldsymbol{\alpha}_1+\boldsymbol{\alpha}_2$，$\boldsymbol{\beta}_3=\boldsymbol{\alpha}_1+\boldsymbol{\alpha}_2+\boldsymbol{\alpha}_3$，且向量组 $\boldsymbol{\alpha}_1$，$\boldsymbol{\alpha}_2$，$\boldsymbol{\alpha}_3$ 线性无关，证明向量组 $\boldsymbol{\beta}_1$，$\boldsymbol{\beta}_2$，$\boldsymbol{\beta}_3$ 线性无关.

4.2 向量组的秩

定义 4.5 设有向量组 $\boldsymbol{A}$，如果在 $\boldsymbol{A}$ 中能选出 r 个向量 $\boldsymbol{a}_1$，$\boldsymbol{a}_2$，…，$\boldsymbol{a}_r$，满足

① 向量组 $\boldsymbol{A}_0$：$\boldsymbol{a}_1$，$\boldsymbol{a}_2$，…，$\boldsymbol{a}_r$ 线性无关；

② 向量组 $\boldsymbol{A}$ 中任意 $r+1$ 个向量（如果 $\boldsymbol{A}$ 中有 $r+1$ 个向量的话）都线性相关．

则称向量组 $\boldsymbol{A}_0$ 是向量组 $\boldsymbol{A}$ 的一个最大线性无关向量组，简称最大无关组，最大无关组所含向量个数称为向量组的秩，记作 $R(\boldsymbol{A})$.

只含零向量的向量组没有最大无关组，规定它的秩为零．

【例 4.8】 设矩阵

$$\boldsymbol{A}=\begin{pmatrix}1&0&2\\1&2&4\\1&5&7\end{pmatrix},$$

求矩阵 $\boldsymbol{A}$ 的列向量组与行向量组的最大无关组及秩．

解 设

$$\boldsymbol{A}=(\boldsymbol{a}_1,\ \boldsymbol{a}_2,\ \boldsymbol{a}_3)=\begin{pmatrix}\boldsymbol{b}_1^{\mathrm{T}}\\\boldsymbol{b}_2^{\mathrm{T}}\\\boldsymbol{b}_3^{\mathrm{T}}\end{pmatrix}$$

显然，$\boldsymbol{a}_1=(1,\ 1,\ 1)^{\mathrm{T}}$，$\boldsymbol{a}_2=(0,\ 2,\ 5)^{\mathrm{T}}$ 线性无关，$\boldsymbol{b}_1^{\mathrm{T}}=(1,\ 0,\ 2)$，$\boldsymbol{b}_2^{\mathrm{T}}=(1,\ 2,\ 4)$也线性无关．

对矩阵 $\boldsymbol{A}$ 进行初等行变换

$$\boldsymbol{A}=(\boldsymbol{a}_1,\ \boldsymbol{a}_2,\ \boldsymbol{a}_3)=\begin{pmatrix}1&0&2\\1&2&4\\1&5&7\end{pmatrix}\sim\begin{pmatrix}1&0&2\\0&2&2\\0&5&5\end{pmatrix}\sim\begin{pmatrix}1&0&2\\0&1&1\\0&0&0\end{pmatrix}$$

$R(\boldsymbol{A})=2<3$，因此 $\boldsymbol{a}_1$，$\boldsymbol{a}_2$，$\boldsymbol{a}_3$ 线性相关，所以 $\boldsymbol{a}_1$，$\boldsymbol{a}_2$ 是矩阵 $\boldsymbol{A}$ 的列向量组的最大无关组．需要注意的是 $\boldsymbol{a}_1$，$\boldsymbol{a}_3$ 和 $\boldsymbol{a}_2$，$\boldsymbol{a}_3$ 都是矩阵 $\boldsymbol{A}$ 的列向量组的最大无关组，即向量组的最大无关组一般不是唯一的．

同样，由于 $R(\boldsymbol{b}_1,\ \boldsymbol{b}_2,\ \boldsymbol{b}_3)=R(\boldsymbol{A}^{\mathrm{T}})=R(\boldsymbol{A})=2<3$，因此 $\boldsymbol{b}_1^{\mathrm{T}}$，$\boldsymbol{b}_2^{\mathrm{T}}$，$\boldsymbol{b}_3^{\mathrm{T}}$ 线性相关，所以 $\boldsymbol{b}_1^{\mathrm{T}}$，$\boldsymbol{b}_2^{\mathrm{T}}$ 是矩阵 $\boldsymbol{A}$ 的行向量组的最大无关组，从而这两个向量组的秩都是 2.

由例 4.8 可见，矩阵 $\boldsymbol{A}$ 的行向量组及列向量组的秩与矩阵 $\boldsymbol{A}$ 的秩相等，这一结论对任意矩阵均成立．

定理 4.5 矩阵的秩等于它的列向量组的秩，也等于它的行向量组的秩．

证明 设矩阵 $\boldsymbol{A}=(\boldsymbol{a}_1,\boldsymbol{a}_2,\cdots,\boldsymbol{a}_m)$，$R(\boldsymbol{A})=r$，并设 r 阶子式 $D_r\neq0$. 根据定理 4.3，由 $D_r\neq0$ 知，D_r 所在的 r 列线性无关；又由 $\boldsymbol{A}$ 中所有 $r+1$ 阶子式均为 0 知，$\boldsymbol{A}$ 中任意 $r+1$ 个列向量都线性相关．因此 D_r 所在的 r 列是 $\boldsymbol{A}$ 的列向量组的一个最大无关组，所以列向量组的秩等于 r.

类似可证矩阵 $\boldsymbol{A}$ 的行向量组的秩也等于 $R(\boldsymbol{A})$．

从上述证明中可见：若 D_r 是矩阵 $\boldsymbol{A}$ 的一个最高阶非零子式，则 D_r 所在的 r 列即是 $\boldsymbol{A}$ 的列向量组的一个最大无关组，D_r 所在的 r 行即是 $\boldsymbol{A}$ 的行向量组的一个最大无关组．

由定义 4.5 可知，向量组的最大无关组具有如下性质．

性质 4.1 向量组的最大无关组和向量组本身等价．

性质 4.2 向量组的任意两个最大无关组等价．

对给定的一个向量组，如何求出它的一个最大无关组，并把不属于最大无关组的其他向量用这个最大无关组表示呢？

由于向量组的秩与矩阵有着密切的关系，所以我们通过矩阵与齐次线性方程组的解之间的联系来回答以上问题．

记

$$\boldsymbol{A}=(\boldsymbol{a}_1,\boldsymbol{a}_2,\cdots,\boldsymbol{a}_n)=\begin{pmatrix}\boldsymbol{\alpha}_1^{\mathrm{T}}\\\boldsymbol{\alpha}_2^{\mathrm{T}}\\\vdots\\\boldsymbol{\alpha}_m^{\mathrm{T}}\end{pmatrix},\boldsymbol{B}=(\boldsymbol{b}_1,\boldsymbol{b}_2,\cdots,\boldsymbol{b}_n)=\begin{pmatrix}\boldsymbol{\beta}_1^{\mathrm{T}}\\\boldsymbol{\beta}_2^{\mathrm{T}}\\\vdots\\\boldsymbol{\beta}_m^{\mathrm{T}}\end{pmatrix}.$$

如果 $\boldsymbol{A}$ 经过有限次初等行变换变为 $\boldsymbol{B}$，即 $\boldsymbol{A}\sim\boldsymbol{B}$，则 $\boldsymbol{A}$ 的行向量组 $\boldsymbol{\alpha}_1^{\mathrm{T}}$，$\boldsymbol{\alpha}_2^{\mathrm{T}}$，…，$\boldsymbol{\alpha}_m^{\mathrm{T}}$ 与 $\boldsymbol{B}$ 的行向量组 $\boldsymbol{\beta}_1^{\mathrm{T}}$，$\boldsymbol{\beta}_2^{\mathrm{T}}$，…，$\boldsymbol{\beta}_m^{\mathrm{T}}$ 等价，从而其次方程 $\boldsymbol{Ax}=\boldsymbol{0}$ 与 $\boldsymbol{Bx}=\boldsymbol{0}$ 同解，即 $x_1\boldsymbol{a}_1+x_2\boldsymbol{a}_2+\cdots+x_n\boldsymbol{a}_n=\boldsymbol{0}$ 与 $x_1\boldsymbol{b}_1+x_2\boldsymbol{b}_2+\cdots+x_n\boldsymbol{b}_n=\boldsymbol{0}$ 同解，于是，列向量组 $\boldsymbol{a}_1$，$\boldsymbol{a}_2$，…，$\boldsymbol{a}_n$ 与 $\boldsymbol{b}_1$，$\boldsymbol{b}_2$，…，$\boldsymbol{b}_n$ 有相同的线性相关性．

如果矩阵 $\boldsymbol{B}$ 是行最简形矩阵，则从矩阵 $\boldsymbol{B}$ 中容易看出向量组 $\boldsymbol{b}_1$，$\boldsymbol{b}_2$，…，$\boldsymbol{b}_n$ 的最大无关组，并容易得到最大无关组之外的向量 $\boldsymbol{b}_j$ 用最大无关组线性表示的表示式．由于 $\boldsymbol{a}_1$，$\boldsymbol{a}_2$，…，$\boldsymbol{a}_n$ 与 $\boldsymbol{b}_1$，$\boldsymbol{b}_2$，…，$\boldsymbol{b}_n$ 有相同的线性相关性，因此对应可得到 $\boldsymbol{a}_1$，$\boldsymbol{a}_2$，…，$\boldsymbol{a}_n$ 的最大无关组及最大无关组之外的其余向量被最大无关组线性表示的表示式．

【例 4.9】 已知向量组 $\boldsymbol{\alpha}_1=(1,3,2,0)^{\mathrm{T}}$，$\boldsymbol{\alpha}_2=(7,0,14,3)^{\mathrm{T}}$，$\boldsymbol{\alpha}_3=(2,-1,0,1)^{\mathrm{T}}$，$\boldsymbol{\alpha}_4=(5,1,6,2)^{\mathrm{T}}$，$\boldsymbol{\alpha}_5=(2,-1,4,1)^{\mathrm{T}}$，求这个向量组的一个最大无关组，并把不属于最大无关组的向量用最大无关组线性表示．

解 构造矩阵

$$\boldsymbol{A}=(\boldsymbol{\alpha}_1,\boldsymbol{\alpha}_2,\boldsymbol{\alpha}_3,\boldsymbol{\alpha}_4,\boldsymbol{\alpha}_5)=\begin{pmatrix}1&7&2&5&2\\3&0&-1&1&-1\\2&14&0&6&4\\0&3&1&2&1\end{pmatrix}$$

对矩阵 $\boldsymbol{A}$ 进行初等行变换，将其变为行阶梯形矩阵 $\boldsymbol{B}=(\boldsymbol{b}_1,\boldsymbol{b}_2,\boldsymbol{b}_3,\boldsymbol{b}_4,\boldsymbol{b}_5)$

$$\boldsymbol{A}\sim\begin{pmatrix}1&7&2&5&2\\0&3&1&2&1\\0&0&1&1&0\\0&0&0&0&0\end{pmatrix}=\boldsymbol{B}$$

知 $R(\boldsymbol{A})=R(\boldsymbol{B})=3$，故列向量组的秩为 3，即列向量组的最大无关组含 3 个向量．显然 $\boldsymbol{b}_1$，$\boldsymbol{b}_2$，$\boldsymbol{b}_3$ 为矩阵 $\boldsymbol{B}$ 的列向量组的最大无关组，所以 $\boldsymbol{\alpha}_1$，$\boldsymbol{\alpha}_2$，$\boldsymbol{\alpha}_3$ 即为 $\boldsymbol{\alpha}_1$，$\boldsymbol{\alpha}_2$，$\boldsymbol{\alpha}_3$，$\boldsymbol{\alpha}_4$，$\boldsymbol{\alpha}_5$ 的一个最大无关组．继续对 $\boldsymbol{B}$ 进行初等行变换，将其化为行最简形矩阵

$$B \sim \begin{pmatrix} 1 & 7 & 0 & 3 & 2 \\ 0 & 3 & 0 & 1 & 1 \\ 0 & 0 & 1 & 1 & 0 \\ 0 & 0 & 0 & 0 & 0 \end{pmatrix} \sim \begin{pmatrix} 1 & 0 & 0 & \frac{2}{3} & -\frac{1}{3} \\ 0 & 1 & 0 & \frac{1}{3} & \frac{1}{3} \\ 0 & 0 & 1 & 1 & 0 \\ 0 & 0 & 0 & 0 & 0 \end{pmatrix}$$

由于矩阵 $\boldsymbol{A}$，$\boldsymbol{B}$ 的列向量组具有相同的线性相关性，所以可得

$$\boldsymbol{\alpha}_4 = \frac{2}{3}\boldsymbol{\alpha}_1 + \frac{1}{3}\boldsymbol{\alpha}_2 + \boldsymbol{\alpha}_3, \boldsymbol{\alpha}_5 = -\frac{1}{3}\boldsymbol{\alpha}_1 + \frac{1}{3}\boldsymbol{\alpha}_2$$

应用向量组的秩的概念，容易得到下面的结论．

定理 4.6 设向量组 $\boldsymbol{A}$ 能由向量组 $\boldsymbol{B}$ 线性表示，则向量组 $\boldsymbol{A}$ 的秩不大于向量组 $\boldsymbol{B}$ 的秩．

推论 4.3 等价的向量组的秩相等．

推论 4.4 （最大无关组的等价定义） 设向量组 $\boldsymbol{A}_0$ 是向量组 $\boldsymbol{A}$ 的部分组，若向量组 $\boldsymbol{A}_0$ 线性无关，且向量组 $\boldsymbol{A}$ 能由向量组 $\boldsymbol{A}_0$ 线性表示，则向量组 $\boldsymbol{A}_0$ 是向量组 $\boldsymbol{A}$ 的一个最大无关组.

推论 4.5 向量组 $\boldsymbol{A}$ 能由向量组 $\boldsymbol{B}$ 线性表示，且向量组 A 中的向量个数大于向量组 $\boldsymbol{B}$ 中的向量个数，则向量组 $\boldsymbol{A}$ 必然线性相关．

【例 4.10】 证明向量组 $\boldsymbol{A}$：$\boldsymbol{\alpha}_1=(1,1,1)^{\mathrm{T}}, \boldsymbol{\alpha}_2=(2,3,4)^{\mathrm{T}}, \boldsymbol{\alpha}_3=(5,7,9)^{\mathrm{T}}$ 与向量组 $\boldsymbol{B}$：$\boldsymbol{\beta}_1=(3,4,5)^{\mathrm{T}}$，$\boldsymbol{\beta}_2=(0,1,2)^{\mathrm{T}}$ 等价．

证明 将矩阵$(\boldsymbol{A},\boldsymbol{B})$化为行阶梯形矩阵

$$(\boldsymbol{A},\boldsymbol{B}) = \begin{pmatrix} 1 & 2 & 5 & 3 & 0 \\ 1 & 3 & 7 & 4 & 1 \\ 1 & 4 & 9 & 5 & 2 \end{pmatrix} \sim \begin{pmatrix} 1 & 2 & 5 & 3 & 0 \\ 0 & 1 & 2 & 1 & 1 \\ 0 & 2 & 4 & 2 & 2 \end{pmatrix} \sim \begin{pmatrix} 1 & 2 & 5 & 3 & 0 \\ 0 & 1 & 2 & 1 & 1 \\ 0 & 0 & 0 & 0 & 0 \end{pmatrix}$$

$$\sim \begin{pmatrix} 1 & 0 & 1 & 1 & -2 \\ 0 & 1 & 2 & 1 & 1 \\ 0 & 0 & 0 & 0 & 0 \end{pmatrix}$$

可得 $R(\boldsymbol{A})=R(\boldsymbol{B})=R(\boldsymbol{A},\boldsymbol{B})=2$，从而可得向量组 $\boldsymbol{A}$ 和向量组 $\boldsymbol{B}$ 的最大无关组都是向量组 $\boldsymbol{A}$，$\boldsymbol{B}$ 的最大无关组，所以向量组 $\boldsymbol{A}$ 和向量组 $\boldsymbol{B}$ 等价．

习题 4-2

1. 求下列向量组的秩及其一个最大无关组.

(1)$\boldsymbol{a}_1=(1, -2, 2, 3)^{\mathrm{T}}$，$\boldsymbol{a}_2=(-2, 4, -1, 3)^{\mathrm{T}}$，$\boldsymbol{a}_3=(-1, 2, 0, 3)^{\mathrm{T}}$，$\boldsymbol{a}_4=(0, 6, 2, 3)^{\mathrm{T}}$，$\boldsymbol{a}_5=(2, -6, 3, 4)^{\mathrm{T}}$

(2) $\boldsymbol{a}_1=(4, -1, -5, -6)^{\mathrm{T}}$，$\boldsymbol{a}_2=(1, -3, -4, -7)^{\mathrm{T}}$，$\boldsymbol{a}_3=(1, 2, 1, 3)^{\mathrm{T}}$，$\boldsymbol{a}_4=(2, 1, -1, 0)^{\mathrm{T}}$

2. 求下列向量组的一个最大无关组，并将其余向量用此最大无关组线性表示.

(1)$\boldsymbol{a}_1=(1, -1, 2, 1, 0)^{\mathrm{T}}$，$\boldsymbol{a}_2=(2, -2, 4, -2, 0)^{\mathrm{T}}$，$\boldsymbol{a}_3=(3, 0, 6, -1, 1)^{\mathrm{T}}$，$\boldsymbol{a}_4=(0, 3, 0, 0, 1)^{\mathrm{T}}$

(2) $\boldsymbol{a}_1=(1, 4, 1, 0, 2)^{\mathrm{T}}$，$\boldsymbol{a}_2=(2, 5, -1, -3, 2)^{\mathrm{T}}$，$\boldsymbol{a}_3=(0, 2, 2, -1, 0)^{\mathrm{T}}$，

$a_4=(-1, 2, 5, 6, 2)^T$

(3) $a_1=(1, 1, 0)^T$, $a_2=(1, 2, 1)^T$, $a_3=(2, 3, 1)^T$, $a_4=(3, 5, 2)^T$

4.3 向量空间

定义 4.6 设 V 为 n 维向量的非空集合，且集合 V 对于加法及数乘两种运算封闭，即若 $a\in V$，$b\in V$，$\lambda\in R$，则 $a+b\in V$，$\lambda a\in V$，那么就称集合 V 为**向量空间**.

例如，三维向量的全体 R^3 就是一个向量空间.

【例 4.11】 证明集合 $V=\{x=(x_1,0,\cdots,0,x_n)^T | x_1,x_n\in R\}$ 是一个向量空间.

证明 设 $\alpha=(a_1,0,\cdots,0,a_n)^T\in V, \beta=(b_1,0,\cdots,0,b_n)^T\in V$，则

$$\alpha+\beta=(a_1+b_1,0,\cdots,0,a_n+b_n)^T\in V$$

$$\lambda\alpha=(\lambda a_1,0,\cdots,0,\lambda a_n)^T\in V \quad (\lambda\in R)$$

所以，V 是一个向量空间.

【例 4.12】 证明集合 $V=\{x=(x_1,x_2,\cdots,x_n)^T \mid \sum_{i=1}^{n}x_i=1, x_i\in R\}$ 不是向量空间.

证明 设 $\alpha=(x_1,x_2,\cdots,x_n)^T\in V$，则 $\sum_{i=1}^{n}x_i=1$.

取 $\lambda=3$，则 $\lambda\alpha=(\lambda x_1,\lambda x_2,\cdots,\lambda x_n)^T$

而 $\sum_{i=1}^{n}\lambda x_i=\lambda\sum_{i=1}^{n}x_i=\lambda=3\neq 1$，那么，$\lambda\alpha\notin V$.

所以，V 不是向量空间.

【例 4.13】 设 α_1，α_2，$\cdots$，α_r 为一个已知向量组，记 $V=\{x=\lambda_1\alpha_1+\lambda_2\alpha_2+\cdots+\lambda_r\alpha_r | \lambda_i\in R, i=1,2,\cdots,r\}$，证明：$V$ 是一个向量空间.

证明 设 $x_1=\lambda_{11}\alpha_1+\lambda_{12}\alpha_2+\cdots+\lambda_{1r}\alpha_r\in V$，$x_2=\lambda_{21}\alpha_1+\lambda_{22}\alpha_2+\cdots+\lambda_{2r}\alpha_r\in V$，则

$$x_1+x_2=(\lambda_{11}+\lambda_{21})\alpha_1+(\lambda_{12}+\lambda_{22})\alpha_2+\cdots+(\lambda_{1r}+\lambda_{2r})\alpha_r\in V$$

$$\lambda x_1=\lambda\lambda_{11}\alpha_1+\lambda\lambda_{12}\alpha_2+\cdots+\lambda\lambda_{1r}\alpha_r\in V \quad (\lambda\in R)$$

所以，V 是一个向量空间.

定义 4.7 若已知向量组 α_1，α_2，$\cdots$，α_m，称

$$V=\{x=\lambda_1\alpha_1+\lambda_2\alpha_2+\cdots+\lambda_m\alpha_m | \lambda_1,\lambda_2,\cdots,\lambda_m\in R\}$$

为由向量组 α_1，α_2，$\cdots$，α_m 所生成的向量空间.

【例 4.14】 证明等价的向量组所生成的向量空间相同.

证明 设向量组 a_1，a_2，$\cdots$，a_m 与向量组 b_1，b_2，$\cdots$，b_m 等价，记

$$V_1=\{x=\lambda_1 a_1+\lambda_2 a_2+\cdots+\lambda_m a_m | \lambda_1,\lambda_2,\cdots,\lambda_m\in R\}$$

$$V_2=\{x=\mu_1 b_1+\mu_2 b_2+\cdots+\mu_m b_m | \mu_1,\mu_2,\cdots,\mu_m\in R\}$$

不妨设 $x\in V_1$，则 x 可由 a_1，a_2，$\cdots$，a_m 线性表示. 因 a_1，a_2，$\cdots$，a_m 均可由 b_1，b_2，$\cdots$，b_m 线性表示，故 x 可由 b_1，b_2，$\cdots$，b_m 线性表示，则 $x\in V_2$，因此 $V_1\subset V_2$.

类似地，可以证明，若 $x\in V_2$，则 $x\in V_1$. 因此，$V_2\subset V_1$.

所以 $V_1=V_2$，即等价的向量组所生成的向量空间相同.

由性质 4.1 和性质 4.2 可以得出结论；任一向量组和它的任意一个最大无关组所生成的向量空间相同.

定义 4.8 设有向量空间 $\boldsymbol{V}_1$ 及 $\boldsymbol{V}_2$，若 $\boldsymbol{V}_1 \subset \boldsymbol{V}_2$，则称 $\boldsymbol{V}_1$ 是 $\boldsymbol{V}_2$ 的子空间．

定义 4.9 设 $\boldsymbol{V}$ 为向量空间，如果 r 个向量 $\boldsymbol{\alpha}_1, \boldsymbol{\alpha}_2, \cdots, \boldsymbol{\alpha}_r \in \boldsymbol{V}$，且满足：

① $\boldsymbol{\alpha}_1, \boldsymbol{\alpha}_2, \cdots, \boldsymbol{\alpha}_r$ 线性无关；

② $\boldsymbol{V}$ 中任一向量都可由 $\boldsymbol{\alpha}_1, \boldsymbol{\alpha}_2, \cdots, \boldsymbol{\alpha}_r$ 线性表示；

那么，向量组 $\boldsymbol{\alpha}_1, \boldsymbol{\alpha}_2, \cdots, \boldsymbol{\alpha}_r$ 就称为向量空间 $\boldsymbol{V}$ 的一个基，r 称为向量空间 $\boldsymbol{V}$ 的**维数**，记作 $\dim \boldsymbol{V}=r$，并称 $\boldsymbol{V}$ 为 **r 维向量空间**．

如果向量空间 $\boldsymbol{V}$ 没有基，那么 $\boldsymbol{V}$ 的维数为 0，0 维向量空间只含有一个零向量．

若把向量空间 $\boldsymbol{V}$ 看作向量组，则由最大无关组的等价定义可知，$\boldsymbol{V}$ 的基就是向量组的最大无关组，$\boldsymbol{V}$ 的维数就是向量组的秩．

例如，向量组 $\boldsymbol{e}_1=(1, 0, \cdots, 0)^{\mathrm{T}}$，$\boldsymbol{e}_2=(0, 1, \cdots, 0)^{\mathrm{T}}$，…，$\boldsymbol{e}_n=(0, 0, \cdots, 1)^{\mathrm{T}}$ 就是 n 维向量空间 $\boldsymbol{R}^n$ 的一个基．

由向量组 $\boldsymbol{\alpha}_1, \boldsymbol{\alpha}_2, \cdots, \boldsymbol{\alpha}_m$ 所生成的向量空间

$$\boldsymbol{V}=\{\boldsymbol{x}=\lambda_1\boldsymbol{\alpha}_1+\lambda_2\boldsymbol{\alpha}_2+\cdots+\lambda_m\boldsymbol{\alpha}_m \mid \lambda_1, \lambda_2, \cdots, \lambda_m \in \boldsymbol{R}\}$$

显然向量空间 $\boldsymbol{V}$ 与向量组 $\boldsymbol{\alpha}_1, \boldsymbol{\alpha}_2, \cdots, \boldsymbol{\alpha}_m$ 等价，所以向量组 $\boldsymbol{\alpha}_1, \boldsymbol{\alpha}_2, \cdots, \boldsymbol{\alpha}_m$ 的最大无关组就是 $\boldsymbol{V}$ 的一个基，向量组 $\boldsymbol{\alpha}_1, \boldsymbol{\alpha}_2, \cdots, \boldsymbol{\alpha}_m$ 的秩就是 $\boldsymbol{V}$ 的维数．

从以上讨论可知，向量空间 $\boldsymbol{V}$ 的基可以不唯一，但每个基所包含的向量的个数是唯一确定的．对于向量空间 $\boldsymbol{V}$，只要取定一个基 $\boldsymbol{\alpha}_1, \boldsymbol{\alpha}_2, \cdots, \boldsymbol{\alpha}_m$，即有

$$\boldsymbol{V}=\{\boldsymbol{x}=\lambda_1\boldsymbol{\alpha}_1+\lambda_2\boldsymbol{\alpha}_2+\cdots+\lambda_m\boldsymbol{\alpha}_m \mid \lambda_1, \lambda_2, \cdots, \lambda_m \in \boldsymbol{R}\}$$

如果在向量空间 $\boldsymbol{V}$ 中取定一个基 $\boldsymbol{\alpha}_1, \boldsymbol{\alpha}_2, \cdots, \boldsymbol{\alpha}_m$，那么 $\boldsymbol{V}$ 中任一向量都可唯一地表示为

$$\boldsymbol{x}=\lambda_1\boldsymbol{\alpha}_1+\lambda_2\boldsymbol{\alpha}_2+\cdots+\lambda_m\boldsymbol{\alpha}_m$$

数 $\lambda_1, \lambda_2, \cdots, \lambda_m$ 称为向量 $\boldsymbol{x}$ 在基 $\boldsymbol{\alpha}_1, \boldsymbol{\alpha}_2, \cdots, \boldsymbol{\alpha}_m$ 下的坐标．

【例 4.15】 在 $\boldsymbol{R}^3$ 中，$\boldsymbol{\alpha}_1=(-2,1,3)^{\mathrm{T}}$，$\boldsymbol{\alpha}_2=(0,1,2)^{\mathrm{T}}$，$\boldsymbol{\alpha}_3=(1,0,2)^{\mathrm{T}}$，证明：$\boldsymbol{\alpha}_1, \boldsymbol{\alpha}_2, \boldsymbol{\alpha}_3$ 为 $\boldsymbol{R}^3$ 中的一个基，求向量 $\boldsymbol{\alpha}=(1,2,3)^{\mathrm{T}}$ 在这个基下的坐标．

证明 由

$$|\boldsymbol{A}|=\begin{vmatrix} -2 & 0 & 1 \\ 1 & 1 & 0 \\ 3 & 2 & 2 \end{vmatrix}=-5 \neq 0$$

可以知道，$\boldsymbol{\alpha}_1, \boldsymbol{\alpha}_2, \boldsymbol{\alpha}_3$ 线性无关，因此 $\boldsymbol{\alpha}_1, \boldsymbol{\alpha}_2, \boldsymbol{\alpha}_3$ 是 $\boldsymbol{R}^3$ 的一个基．

设 $\boldsymbol{\alpha}=k_1\boldsymbol{\alpha}_1+k_2\boldsymbol{\alpha}_2+k_3\boldsymbol{\alpha}_3$，则

$$\begin{cases} -2k_1 \qquad\quad +k_3=1 \\ k_1 \quad +k_2 \qquad\quad =2 \\ 3k_1+2k_2+2k_3=3 \end{cases}$$

解得 $k_1=-\dfrac{3}{5}$，$k_2=\dfrac{13}{5}$，$k_3=-\dfrac{1}{5}$.

所以，向量 $\boldsymbol{\alpha}=(1,2,3)^{\mathrm{T}}$ 在这个基下的坐标为 $\left(-\dfrac{3}{5}, \dfrac{13}{5}, -\dfrac{1}{5}\right)$．

习题 4-3

1. 设向量组 $\boldsymbol{\alpha}_1=(2, 2, -1)^{\mathrm{T}}$，$\boldsymbol{\alpha}_2=(2, -1, 2)^{\mathrm{T}}$，$\boldsymbol{\alpha}_3=(-1, 2, 2)^{\mathrm{T}}$，$\boldsymbol{\beta}=(4, 3,$

$2)^{\mathrm{T}}$，试证 $\boldsymbol{\alpha}_1$，$\boldsymbol{\alpha}_2$，$\boldsymbol{\alpha}_3$ 是 $\boldsymbol{R}^3$ 一个基，并将向量 $\boldsymbol{\beta}$ 用这个基线性表示．

2. 设 $\boldsymbol{\xi}_1$，$\boldsymbol{\xi}_2$，$\boldsymbol{\xi}_3$ 是 $\boldsymbol{R}^3$ 一个基，已知 $\boldsymbol{\alpha}_1=\boldsymbol{\xi}_1+\boldsymbol{\xi}_2-2\boldsymbol{\xi}_3$，$\boldsymbol{\alpha}_2=\boldsymbol{\xi}_1-\boldsymbol{\xi}_2-\boldsymbol{\xi}_3$，$\boldsymbol{\alpha}_3=\boldsymbol{\xi}_1+\boldsymbol{\xi}_3$，证明 $\boldsymbol{\alpha}_1$，$\boldsymbol{\alpha}_2$，$\boldsymbol{\alpha}_3$ 是 $\boldsymbol{R}^3$ 一个基，并求出 $\boldsymbol{\beta}=6\boldsymbol{\xi}_1-\boldsymbol{\xi}_2-\boldsymbol{\xi}_3$ 关于基 $\boldsymbol{\alpha}_1$，$\boldsymbol{\alpha}_2$，$\boldsymbol{\alpha}_3$ 的坐标．

4.4 线性方程组解的结构

在第 3 章中，我们已经介绍了利用矩阵的初等行变换求解线性方程组的方法，并建立了两个定理，即：

① n 元齐次线性方程组 $\boldsymbol{Ax}=\boldsymbol{0}$ 有无穷多解的充分必要条件是其系数矩阵的秩 $R(\boldsymbol{A})<n$，且无穷多解的通解式中含有 $n-R(\boldsymbol{A})$ 个任意常数．

② n 元非齐次线性方程组 $\boldsymbol{Ax}=\boldsymbol{b}$ 有解的充分必要条件是其系数矩阵 $\boldsymbol{A}$ 的秩等于其增广矩阵 $\boldsymbol{B}=(\boldsymbol{A},\boldsymbol{b})$ 的秩，且当 $R(\boldsymbol{A})=R(\boldsymbol{B})=n$ 时，方程组有唯一解，当 $R(\boldsymbol{A})=R(\boldsymbol{B})<n$ 时，方程组有无穷多解．

本节利用向量组线性相关性的理论讨论线性方程组的解的结构．

4.4.1 齐次线性方程组解的结构

设有齐次线性方程组

$$\begin{cases}a_{11}x_1+a_{12}x_2+\cdots+a_{1n}x_n=0\\a_{21}x_1+a_{22}x_2+\cdots+a_{2n}x_n=0\\\cdots\cdots\cdots\cdots\cdots\cdots\cdots\cdots\cdots\cdots\cdots\cdots\\a_{m1}x_1+a_{m2}x_2+\cdots+a_{mn}x_n=0\end{cases}\tag{4-1}$$

或写成矩阵形式

$$\boldsymbol{Ax}=\boldsymbol{0}\tag{4-2}$$

其中 $m\times n$ 矩阵 $\boldsymbol{A}=(a_{ij})$ 为方程组的系数矩阵，$\boldsymbol{x}=(x_1,x_2,\cdots,x_n)^{\mathrm{T}}$ 是 n 维未知数向量，而 m 维零向量 $\boldsymbol{0}$ 是常数项向量．

现在来讨论解向量的性质．

性质 4.3 设 $\boldsymbol{x}=\boldsymbol{\xi}_1$，$\boldsymbol{x}=\boldsymbol{\xi}_2$ 为式(4-2)的解，则 $\boldsymbol{x}=\boldsymbol{\xi}_1+\boldsymbol{\xi}_2$ 也是式(4-2)的解．

证明 $\boldsymbol{A}_{m\times n}(\boldsymbol{\xi}_1+\boldsymbol{\xi}_2)=\boldsymbol{A}_{m\times n}\boldsymbol{\xi}_1+\boldsymbol{A}_{m\times n}\boldsymbol{\xi}_2=\boldsymbol{0}+\boldsymbol{0}=\boldsymbol{0}.$

性质 4.4 若 $\boldsymbol{x}=\boldsymbol{\xi}_1$ 为式(4-2)的解，k 为实数，则 $\boldsymbol{x}=k\boldsymbol{\xi}_1$ 也是式(4-2)的解．

证明 $\boldsymbol{A}_{m\times n}(k\boldsymbol{\xi}_1)=k\boldsymbol{A}_{m\times n}\boldsymbol{\xi}_1=k\cdot\boldsymbol{0}=\boldsymbol{0}.$

由性质 4.3 和性质 4.4 知道，齐次线性方程组 $\boldsymbol{A}_{m\times n}\boldsymbol{x}=\boldsymbol{0}$ 的解的集合 $\boldsymbol{S}$ 对向量的加法和数乘运算是封闭的，所以集合 $\boldsymbol{S}$ 是一个向量空间，称为齐次方程组(4-2)的解空间．

由向量空间的构造可知，我们只要找到 $\boldsymbol{S}$ 的一个基 $\boldsymbol{\xi}_1$，$\boldsymbol{\xi}_2$，…，$\boldsymbol{\xi}_k$，即可得到齐次方程组的解空间

$$\boldsymbol{S}=\{\boldsymbol{x}=c_1\boldsymbol{\xi}_1+c_2\boldsymbol{\xi}_2+\cdots+c_k\boldsymbol{\xi}_k,\ c_1,\ c_2,\ \cdots,\ c_k\in\boldsymbol{R}\}.$$

定理 4.7 设 n 元齐次线性方程组 $\boldsymbol{A}_{m\times n}\boldsymbol{x}=\boldsymbol{0}$ 的全体解构成的集合 $\boldsymbol{S}$ 是一个向量空间，当系数矩阵的秩 $R(\boldsymbol{A})=r$ 时，解空间 $\boldsymbol{S}$ 的维数 $\dim\boldsymbol{S}=n-r$.

证明略．

齐次线性方程组解空间的基 $\boldsymbol{\xi}_1$，$\boldsymbol{\xi}_2$，…，$\boldsymbol{\xi}_{n-r}$ 又称为基础解系．

当 $R(\boldsymbol{A})=n$ 时，方程组(4-1) 只有零解，因此没有基础解系，此时，解空间只含有一个零向量，为 0 维向量空间，而当 $R(\boldsymbol{A})=r<n$ 时，方程组必有含 $n-r$ 个向量的基础解系．设 $\boldsymbol{\xi}_1$，$\boldsymbol{\xi}_2$，…，$\boldsymbol{\xi}_{n-r}$ 为方程组(4-1) 的一个基础解系，则方程组(4-1) 的解可以表示为

$$\boldsymbol{x}=c_1\boldsymbol{\xi}_1+c_2\boldsymbol{\xi}_2+\cdots+c_{n-r}\boldsymbol{\xi}_{n-r}$$

其中 c_1，c_2，…，c_{n-r} 为任意常数．上式称为方程组(4-1) 的通解．此时，解空间可表示为

$$\boldsymbol{S}=\{\boldsymbol{x}=c_1\boldsymbol{\xi}_1+c_2\boldsymbol{\xi}_2+\cdots+c_{n-r}\boldsymbol{\xi}_{n-r},\ c_1,\ c_2,\ \cdots,\ c_{n-r}\in\boldsymbol{R}\}.$$

【例 4.16】 求齐次线性方程组

$$\begin{cases}x_1-x_2-x_3+x_4=0\\x_1-x_2+x_3-3x_4=0\\x_1-x_2-2x_3+3x_4=0\end{cases}$$

的一个基础解系与通解．

解 对系数矩阵通过初等行变换化为行最简形矩阵．

$$\boldsymbol{A}=\begin{pmatrix}1&-1&-1&1\\1&-1&1&-3\\1&-1&-2&3\end{pmatrix}\sim\begin{pmatrix}1&-1&0&-1\\0&0&1&-2\\0&0&0&0\end{pmatrix}$$

得同解方程组

$$\begin{cases}x_1-x_2-x_4=0\\x_3=2x_4\end{cases}$$

即

$$\begin{cases}x_1=x_2+x_4\\x_3=2x_4\end{cases},$$

令 $\begin{pmatrix}x_2\\x_4\end{pmatrix}=\begin{pmatrix}1\\0\end{pmatrix}$ 及 $\begin{pmatrix}0\\1\end{pmatrix}$ 从而得基础解系

$$\boldsymbol{\xi}_1=\begin{pmatrix}1\\1\\0\\0\end{pmatrix},\ \boldsymbol{\xi}_2=\begin{pmatrix}1\\0\\2\\1\end{pmatrix},$$

故原方程组的通解为 $\boldsymbol{x}=c_1\begin{pmatrix}1\\1\\0\\0\end{pmatrix}+c_2\begin{pmatrix}1\\0\\2\\1\end{pmatrix}$，其中 c_1，c_2 是任意常数．

【例 4.17】 求齐次线性方程组

$$\begin{cases}x_1+x_2-x_3-x_4=0\\2x_1-5x_2+3x_3+2x_4=0\\7x_1-7x_2+3x_3+x_4=0\end{cases}$$

的一个基础解系与通解.

解法 1 对系数矩阵通过初等行变换化为行最简形矩阵

$$A=\begin{pmatrix}1&1&-1&-1\\2&-5&3&2\\7&-7&3&1\end{pmatrix}\sim\begin{pmatrix}1&1&-1&-1\\0&-7&5&4\\0&-14&10&8\end{pmatrix}$$

$$\sim\begin{pmatrix}1&1&-1&-1\\0&-7&5&4\\0&0&0&0\end{pmatrix}\sim\begin{pmatrix}1&0&-\frac{2}{7}&-\frac{3}{7}\\0&1&-\frac{5}{7}&-\frac{4}{7}\\0&0&0&0\end{pmatrix}$$

得到

$$\begin{cases}x_1=\frac{2}{7}x_3+\frac{3}{7}x_4\\x_2=\frac{5}{7}x_3+\frac{4}{7}x_4\end{cases}$$

令$\begin{pmatrix}x_3\\x_4\end{pmatrix}=\begin{pmatrix}1\\0\end{pmatrix}$及$\begin{pmatrix}0\\1\end{pmatrix}$，从而得基础解系

$$\boldsymbol{\xi}_1=\begin{pmatrix}\frac{2}{7}\\\frac{5}{7}\\1\\0\end{pmatrix},\ \boldsymbol{\xi}_2=\begin{pmatrix}\frac{3}{7}\\\frac{4}{7}\\0\\1\end{pmatrix}$$

故原方程组的通解为$\boldsymbol{x}=c_1\begin{pmatrix}\frac{2}{7}\\\frac{5}{7}\\1\\0\end{pmatrix}+c_2\begin{pmatrix}\frac{3}{7}\\\frac{4}{7}\\0\\1\end{pmatrix}$，其中$c_1$，$c_2$是任意常数.

解法 2 对系数矩阵作初等行变换，有

$$A=\begin{pmatrix}1&1&-1&-1\\2&-5&3&2\\7&-7&3&1\end{pmatrix}\sim\begin{pmatrix}-1&-1&1&1\\4&-3&1&0\\8&-6&2&0\end{pmatrix}\sim\begin{pmatrix}-5&2&0&1\\4&-3&1&0\\0&0&0&0\end{pmatrix}$$

该矩阵虽不是行最简形矩阵，但具备行最简形矩阵的功能，即

$$\begin{cases}x_3=-4x_1+3x_2\\x_4=5x_1-2x_2\end{cases}\quad(x_1,x_2\text{ 可取任意值})$$

则基础解系为

$$\boldsymbol{\xi}_1=\begin{pmatrix}1\\0\\-4\\5\end{pmatrix},\boldsymbol{\xi}_2=\begin{pmatrix}0\\1\\3\\-2\end{pmatrix}$$

故原方程组的通解为 $\boldsymbol{x}=c_1\begin{pmatrix}1\\0\\-4\\5\end{pmatrix}+c_2\begin{pmatrix}0\\1\\3\\-2\end{pmatrix}$，其中 c_1，c_2 是任意常数．

4.4.2 非齐次线性方程组解的结构

设有非齐次线性方程组

$$\begin{cases}a_{11}x_1+a_{12}x_2+\cdots+a_{1n}x_n=b_1\\a_{21}x_1+a_{22}x_2+\cdots+a_{2n}x_n=b_2\\\cdots\cdots\cdots\cdots\cdots\cdots\cdots\cdots\cdots\cdots\cdots\cdots\\a_{m1}x_1+a_{m2}x_2+\cdots+a_{mn}x_n=b_m\end{cases}\tag{4-3}$$

它的矩阵形式为

$$\boldsymbol{Ax}=\boldsymbol{b}\tag{4-4}$$

称与之具有相同系数矩阵的方程组 $\boldsymbol{Ax}=\boldsymbol{0}$ 为其对应的齐次线性方程组．

性质 4.5 设 $\boldsymbol{x}=\boldsymbol{\eta}_1$，$\boldsymbol{x}=\boldsymbol{\eta}_2$ 为式(4-4)的解，则 $\boldsymbol{x}=\boldsymbol{\eta}_1-\boldsymbol{\eta}_2$ 为对应的齐次线性方程组 $\boldsymbol{Ax}=\boldsymbol{0}$ 的解．

证明 $\boldsymbol{A}_{m\times n}(\boldsymbol{\eta}_1-\boldsymbol{\eta}_2)=\boldsymbol{A}_{m\times n}\boldsymbol{\eta}_1-\boldsymbol{A}_{m\times n}\boldsymbol{\eta}_2=\boldsymbol{b}-\boldsymbol{b}=\boldsymbol{0}$，即 $\boldsymbol{x}=\boldsymbol{\eta}_1-\boldsymbol{\eta}_2$ 满足 $\boldsymbol{A}_{m\times n}\boldsymbol{x}=\boldsymbol{0}$.

性质 4.6 设 $\boldsymbol{x}=\boldsymbol{\eta}$ 为 $\boldsymbol{A}_{m\times n}\boldsymbol{x}=\boldsymbol{b}$ 的解，$\boldsymbol{x}=\boldsymbol{\xi}$ 为 $\boldsymbol{A}_{m\times n}\boldsymbol{x}=\boldsymbol{0}$ 的解，则 $\boldsymbol{x}=\boldsymbol{\xi}+\boldsymbol{\eta}$ 为 $\boldsymbol{A}_{m\times n}\boldsymbol{x}=\boldsymbol{b}$ 的解．

证明 $\boldsymbol{A}_{m\times n}(\boldsymbol{\xi}+\boldsymbol{\eta})=\boldsymbol{A}_{m\times n}\boldsymbol{\xi}+\boldsymbol{A}_{m\times n}\boldsymbol{\eta}=\boldsymbol{0}+\boldsymbol{b}=\boldsymbol{b}$，即 $\boldsymbol{x}=\boldsymbol{\xi}+\boldsymbol{\eta}$ 满足 $\boldsymbol{A}_{m\times n}\boldsymbol{x}=\boldsymbol{b}$.

由性质 4.5 和性质 4.6 可以知道，若 $\boldsymbol{x}=\boldsymbol{\xi}$ 为 $\boldsymbol{A}_{m\times n}\boldsymbol{x}=\boldsymbol{0}$ 的通解，而 $\boldsymbol{x}=\boldsymbol{\eta}^*$ 为 $\boldsymbol{A}_{m\times n}\boldsymbol{x}=\boldsymbol{b}$ 的特解，则 $\boldsymbol{x}=\boldsymbol{\xi}+\boldsymbol{\eta}^*$ 为 $\boldsymbol{A}_{m\times n}\boldsymbol{x}=\boldsymbol{b}$ 的通解．

【例 4.18】 已知非齐次线性方程组

$$\begin{cases}x_1-x_2-x_3+x_4=0\\x_1-x_2+x_3-3x_4=1\\x_1-x_2-2x_3+3x_4=-\dfrac{1}{2}\end{cases}$$

求它的通解．

解 对增广矩阵 $\boldsymbol{B}$ 施行初等行变换

$$\boldsymbol{B}=\begin{pmatrix}1&-1&-1&1&0\\1&-1&1&-3&1\\1&-1&-2&3&-\frac{1}{2}\end{pmatrix}\sim\begin{pmatrix}1&-1&-1&1&0\\0&0&2&-4&1\\0&0&-1&2&-\frac{1}{2}\end{pmatrix}\sim\begin{pmatrix}1&-1&0&-1&\frac{1}{2}\\0&0&1&-2&\frac{1}{2}\\0&0&0&0&0\end{pmatrix}$$

得同解方程组为

$$\begin{cases} x_1 = x_2 + x_4 + \dfrac{1}{2} \\ x_3 = \quad\ \ 2x_4 + \dfrac{1}{2} \end{cases}$$

取 $x_2 = x_4 = 0$，则 $x_1 = x_3 = \dfrac{1}{2}$，即得方程组的一个特解

$$\boldsymbol{\eta}^* = \begin{pmatrix} \dfrac{1}{2} \\ 0 \\ \dfrac{1}{2} \\ 0 \end{pmatrix}$$

在对应的齐次线性方程组 $\begin{cases} x_1 = x_2 + x_4 \\ x_3 = \quad\ \ 2x_4 \end{cases}$ 中，取

$\begin{pmatrix} x_2 \\ x_4 \end{pmatrix} = \begin{pmatrix} 1 \\ 0 \end{pmatrix}$ 及 $\begin{pmatrix} 0 \\ 1 \end{pmatrix}$，得对应的齐次线性方程组的基础解系

$$\boldsymbol{\xi}_1 = \begin{pmatrix} 1 \\ 1 \\ 0 \\ 0 \end{pmatrix}, \quad \boldsymbol{\xi}_2 = \begin{pmatrix} 1 \\ 0 \\ 2 \\ 1 \end{pmatrix}$$

于是所求通解为

$$\begin{pmatrix} x_1 \\ x_2 \\ x_3 \\ x_4 \end{pmatrix} = c_1 \begin{pmatrix} 1 \\ 1 \\ 0 \\ 0 \end{pmatrix} + c_2 \begin{pmatrix} 1 \\ 0 \\ 2 \\ 1 \end{pmatrix} + \begin{pmatrix} \dfrac{1}{2} \\ 0 \\ \dfrac{1}{2} \\ 0 \end{pmatrix}$$

其中 c_1，c_2 是任意常数 .

习题 4-4

1. 求下列齐次线性方程组的一个基础解系及通解

(1) $\begin{cases} x_1 - x_2 + 5x_3 - x_4 = 0 \\ x_1 + x_2 - 2x_3 + 3x_4 = 0 \\ 3x_1 - x_2 + 8x_3 + x_4 = 0 \\ x_1 + 3x_2 - 9x_3 + 7x_4 = 0 \end{cases}$

(2) $\begin{cases} 3x_1 + x_2 - 8x_3 + 2x_4 + x_5 = 0 \\ 2x_1 - 2x_2 - 3x_3 - 7x_4 + 2x_5 = 0 \\ x_1 + 11x_2 - 12x_3 + 34x_4 - 5x_5 = 0 \\ x_1 - 5x_2 + 2x_3 - 16x_4 + 3x_5 = 0 \end{cases}$

(3) $\begin{cases} x_1 - 8x_2 + 10x_3 + 2x_4 = 0 \\ 2x_1 + 4x_2 + 5x_3 - x_4 = 0 \\ 3x_1 + 8x_2 + 6x_3 - 2x_4 = 0 \end{cases}$

(4) $\begin{cases} x_1 + 3x_2 + 2x_3 = 0 \\ x_1 + 5x_2 + x_3 = 0 \\ 3x_1 + 5x_2 + 8x_3 = 0 \end{cases}$

2. 求下列非齐次线性方程组通解.

(1) $\begin{cases} 2x_1+7x_2+3x_3+x_4=6 \\ 9x_1+4x_2+x_3+7x_4=2 \\ 3x_1+5x_2+2x_3+2x_4=4 \end{cases}$ (2) $\begin{cases} x_1-x_2+x_4=0 \\ 2x_1-x_3-2x_4=-2 \\ -2x_2-x_3+4x_4=2 \end{cases}$

4.5 向量的内积

为了后续讨论的需要，本节主要介绍向量的内积、长度及正交等相关知识.

4.5.1 向量的内积

定义 4.10 设有 n 维向量 $\boldsymbol{x}=(x_1, x_2, \cdots, x_n)^{\mathrm{T}}$，$\boldsymbol{y}=(y_1, y_2, \cdots, y_n)^{\mathrm{T}}$，令

$$[\boldsymbol{x}, \boldsymbol{y}]=x_1y_1+x_2y_2+\cdots+x_ny_n \tag{4-5}$$

$[\boldsymbol{x}, \boldsymbol{y}]$ 称为向量 $\boldsymbol{x}$ 与 $\boldsymbol{y}$ 的**内积**.

内积是两个向量之间的一种运算，其结果是一个实数. 同时也可用矩阵记号表示，当 $\boldsymbol{x}$ 与 $\boldsymbol{y}$ 都是列向量时，有

$$[\boldsymbol{x}, \boldsymbol{y}]=\boldsymbol{x}^{\mathrm{T}}\boldsymbol{y} \tag{4-6}$$

式(4-5)及式(4-6)都是向量内积的表达形式. 在这里，规定零向量与任何向量的内积都为零.

向量的内积具有以下常用性质：

① $[\boldsymbol{x}, \boldsymbol{y}]=[\boldsymbol{y}, \boldsymbol{x}]$；

② $[\lambda\boldsymbol{x}, \boldsymbol{y}]=\lambda[\boldsymbol{x}, \boldsymbol{y}]=[\boldsymbol{x}, \lambda\boldsymbol{y}]$；

③ $[\boldsymbol{x}+\boldsymbol{y}, \boldsymbol{z}]=[\boldsymbol{x}, \boldsymbol{z}]+[\boldsymbol{y}, \boldsymbol{z}]$；$[\boldsymbol{x}, \boldsymbol{y}+\boldsymbol{z}]=[\boldsymbol{x}, \boldsymbol{y}]+[\boldsymbol{x}, \boldsymbol{z}]$；

④ $[\boldsymbol{x}, \boldsymbol{x}]=x_1x_1+x_2x_2+\cdots+x_nx_n$；$\begin{cases}[\boldsymbol{x}, \boldsymbol{x}]=0, & \boldsymbol{x}=\boldsymbol{0}\text{ 时} \\ [\boldsymbol{x}, \boldsymbol{x}]>0, & \boldsymbol{x}\neq\boldsymbol{0}\text{ 时}\end{cases}$；

⑤ $[\boldsymbol{x}, \boldsymbol{y}]^2\leqslant[\boldsymbol{x}, \boldsymbol{x}][\boldsymbol{y}, \boldsymbol{y}]$ [称为施瓦茨(Schwarz)不等式].

其中 $\boldsymbol{x}$，$\boldsymbol{y}$，$\boldsymbol{z}$ 为任意 n 维向量，λ 为任意常数.

定义 4.11 令

$$\|\boldsymbol{x}\|=\sqrt{[\boldsymbol{x}, \boldsymbol{x}]}=\sqrt{x_1^2+x_2^2+\cdots+x_n^2}\geqslant 0$$

称为向量 $\boldsymbol{x}$ 的长度，也称为向量 $\boldsymbol{x}$ 的欧几里德范数(简称为范数)，记作 $\|\boldsymbol{x}\|$. 当 $\|\boldsymbol{x}\|=1$ 时，向量 $\boldsymbol{x}$ 称为**单位向量**.

向量的长度具有如下性质.

① 非负性 $\boldsymbol{x}\neq\boldsymbol{0}\Leftrightarrow\|\boldsymbol{x}\|>0$；$\boldsymbol{x}=\boldsymbol{0}\Leftrightarrow\|\boldsymbol{x}\|=0$；

② 齐次性 $\|\lambda\boldsymbol{x}\|=|\lambda|\cdot\|\boldsymbol{x}\|$；

③ 三角不等式 $\|\boldsymbol{x}+\boldsymbol{y}\|\leqslant\|\boldsymbol{x}\|+\|\boldsymbol{y}\|$.

由上述性质②可知，当 $\boldsymbol{x}\neq\boldsymbol{0}$ 时，有

$$\left\|\frac{1}{\|\boldsymbol{x}\|}\boldsymbol{x}\right\|=\sqrt{\left[\frac{1}{\|\boldsymbol{x}\|}\boldsymbol{x}, \frac{1}{\|\boldsymbol{x}\|}\boldsymbol{x}\right]}=\sqrt{\frac{1}{\|\boldsymbol{x}\|^2}[\boldsymbol{x}, \boldsymbol{x}]}=\sqrt{\frac{1}{\|\boldsymbol{x}\|^2}\|\boldsymbol{x}\|^2}=1$$

因此，向量 $\frac{1}{\|\boldsymbol{x}\|}\boldsymbol{x}$ 为单位向量，并且与向量 $\boldsymbol{x}$ 同向. 把 $\boldsymbol{x}$ 变为单位向量 $\frac{1}{\|\boldsymbol{x}\|}\boldsymbol{x}$ 的这个

过程，我们称为把向量 $\boldsymbol{x}$ **单位化(或规范化)**.

如果 $\boldsymbol{x}$，$\boldsymbol{y}$ 都是非零向量，则 $\boldsymbol{x}$，$\boldsymbol{y}$ 的夹角定义为

$$\theta=\arccos\frac{[\boldsymbol{x},\boldsymbol{y}]}{\|\boldsymbol{x}\|\|\boldsymbol{y}\|}$$

定义 4.12 如果向量 $\boldsymbol{x}$，$\boldsymbol{y}$ 的内积为零，即

$$[\boldsymbol{x},\boldsymbol{y}]=0$$

那么称向量 $\boldsymbol{x}$，$\boldsymbol{y}$ **正交**或者**相互垂直**.

显然，对于两个非零向量来说，正交的充分必要条件是它们的夹角为$\frac{\pi}{2}$. 零向量与任意向量都正交.

【例 4.19】 给定向量 $\boldsymbol{x}=(4,1,2,3)^{\mathrm{T}}$，$\boldsymbol{y}=(-3,2,-1,4)^{\mathrm{T}}$，问：向量 $\boldsymbol{x}$，$\boldsymbol{y}$ 是否正交？并将向量 $\boldsymbol{x}$，$\boldsymbol{y}$ 规范化.

解 因为$[\boldsymbol{x},\boldsymbol{y}]=4\times(-3)+1\times2+2\times(-1)+3\times4=0$，所以向量 $\boldsymbol{x}$，$\boldsymbol{y}$ 正交. 而

$$\|\boldsymbol{x}\|=\sqrt{16+1+4+9}=\sqrt{30}，\|\boldsymbol{y}\|=\sqrt{9+4+1+16}=\sqrt{30}$$

向量规范化，得

$$\frac{\boldsymbol{x}}{\|\boldsymbol{x}\|}=\left(\frac{4}{\sqrt{30}},\frac{1}{\sqrt{30}},\frac{2}{\sqrt{30}},\frac{3}{\sqrt{30}}\right)^{\mathrm{T}}，\frac{\boldsymbol{y}}{\|\boldsymbol{y}\|}=\left(\frac{-3}{\sqrt{30}},\frac{2}{\sqrt{30}},\frac{-1}{\sqrt{30}},\frac{4}{\sqrt{30}}\right)^{\mathrm{T}}.$$

4.5.2 正交向量组

定义 4.13 两两正交的非零向量组 $\boldsymbol{\alpha}_1$，$\boldsymbol{\alpha}_2$，…，$\boldsymbol{\alpha}_m$ 称为正交向量组.

n 维单位向量组 $\boldsymbol{e}_1=(1,0,\cdots,0)^{\mathrm{T}}$，$\boldsymbol{e}_2=(0,1,\cdots,0)^{\mathrm{T}}$，…，$\boldsymbol{e}_n=(0,0,\cdots,1)^{\mathrm{T}}$ 是最常见的正交向量组.

定理 4.8 若 n 维向量 $\boldsymbol{\alpha}_1$，$\boldsymbol{\alpha}_2$，…，$\boldsymbol{\alpha}_m$ 是一组两两正交的非零向量，则 $\boldsymbol{\alpha}_1$，$\boldsymbol{\alpha}_2$，…，$\boldsymbol{\alpha}_m$ 线性无关.

证明 设 $\boldsymbol{\alpha}_1$，$\boldsymbol{\alpha}_2$，…，$\boldsymbol{\alpha}_m$ 为正交向量组，且有实数 λ_1，λ_2，…，λ_m 使

$$\lambda_1\boldsymbol{\alpha}_1+\lambda_2\boldsymbol{\alpha}_2+\cdots+\lambda_m\boldsymbol{\alpha}_m=\boldsymbol{0}$$

将上式等号两端同时左乘 $\boldsymbol{\alpha}_1^{\mathrm{T}}$，得

$$\lambda_1\boldsymbol{\alpha}_1^{\mathrm{T}}\boldsymbol{\alpha}_1+\lambda_2\boldsymbol{\alpha}_1^{\mathrm{T}}\boldsymbol{\alpha}_2+\cdots+\lambda_m\boldsymbol{\alpha}_1^{\mathrm{T}}\boldsymbol{\alpha}_m=0$$

由于 $\boldsymbol{\alpha}_1$，$\boldsymbol{\alpha}_2$，…，$\boldsymbol{\alpha}_m$ 为正交向量组，所以有

$$\boldsymbol{\alpha}_1^{\mathrm{T}}\boldsymbol{\alpha}_2=\boldsymbol{\alpha}_1^{\mathrm{T}}\boldsymbol{\alpha}_3=\cdots=\boldsymbol{\alpha}_1^{\mathrm{T}}\boldsymbol{\alpha}_m=0$$

于是，有

$$\lambda_1\boldsymbol{\alpha}_1^{\mathrm{T}}\boldsymbol{\alpha}_1=0$$

又因为 $\boldsymbol{\alpha}_1\neq\boldsymbol{0}$，所以 $\boldsymbol{\alpha}_1^{\mathrm{T}}\boldsymbol{\alpha}_1=\|\boldsymbol{\alpha}_1\|^2\neq0$. 于是，一定有 $\lambda_1=0$.

同理可证，$\lambda_2=\lambda_3=\cdots=\lambda_m=0$. 所以正交向量组 $\boldsymbol{\alpha}_1$，$\boldsymbol{\alpha}_2$，…，$\boldsymbol{\alpha}_m$ 线性无关.

【例 4.20】 已知 3 维向量空间 $\boldsymbol{R}^3$ 中向量

$$\boldsymbol{\alpha}_1=\begin{pmatrix}1\\1\\1\end{pmatrix}，\boldsymbol{\alpha}_2=\begin{pmatrix}1\\-2\\1\end{pmatrix}$$

正交，试求一个非零向量 $\boldsymbol{\alpha}_3$，使 $\boldsymbol{\alpha}_1$，$\boldsymbol{\alpha}_2$，$\boldsymbol{\alpha}_3$ 两两正交.

解 设 $\boldsymbol{\alpha}_3=(x_1,x_2,x_3)^{\mathrm{T}}\neq\boldsymbol{0}$，且分别与 $\boldsymbol{\alpha}_1$，$\boldsymbol{\alpha}_2$ 正交．则有 $[\boldsymbol{\alpha}_1,\boldsymbol{\alpha}_3]=[\boldsymbol{\alpha}_2,\boldsymbol{\alpha}_3]=0$. 即

$$\begin{cases}x_1+x_2+x_3=0\\x_1-2x_2+x_3=0\end{cases}$$

解方程组得

$$\begin{cases}x_1=-x_3\\x_2=0\\x_3=x_3\end{cases}\qquad(x_3\in\boldsymbol{R})$$

从而基础解系为 $\begin{pmatrix}-1\\0\\1\end{pmatrix}$，取 $\boldsymbol{\alpha}_3=\begin{pmatrix}-1\\0\\1\end{pmatrix}$ 即符合要求．

定义 4.14 设 n 维向量 $\boldsymbol{e}_1$，$\boldsymbol{e}_2$，…，$\boldsymbol{e}_r$ 是向量空间 $\boldsymbol{V}$（$\boldsymbol{V}\subset\boldsymbol{R}^n$）的一个基，如果 $\boldsymbol{e}_1$，$\boldsymbol{e}_2$，…，$\boldsymbol{e}_r$ 两两正交，且都是单位向量，则称 $\boldsymbol{e}_1$，$\boldsymbol{e}_2$，…，$\boldsymbol{e}_r$ 是向量空间 $\boldsymbol{V}$ 的一个**规范正交基**．

例如，

$$\boldsymbol{e}_1=\begin{pmatrix}1/\sqrt{2}\\1/\sqrt{2}\\0\\0\end{pmatrix},\ \boldsymbol{e}_2=\begin{pmatrix}1/\sqrt{2}\\-1/\sqrt{2}\\0\\0\end{pmatrix},\ \boldsymbol{e}_3=\begin{pmatrix}0\\0\\1/\sqrt{2}\\1/\sqrt{2}\end{pmatrix},\ \boldsymbol{e}_4=\begin{pmatrix}0\\0\\1/\sqrt{2}\\-1/\sqrt{2}\end{pmatrix}$$

就是 $\boldsymbol{R}^4$ 的一个规范正交基．我们常见的 $\boldsymbol{R}^4$ 的规范正交基为 $\boldsymbol{e}_1=(1,0,0,0)^{\mathrm{T}}$，$\boldsymbol{e}_2=(0,1,0,0)^{\mathrm{T}}$，$\boldsymbol{e}_3=(0,0,1,0)^{\mathrm{T}}$，$\boldsymbol{e}_4=(0,0,0,1)^{\mathrm{T}}$，通常称为 $\boldsymbol{R}^4$ 的自然基．可以类推，$\boldsymbol{e}_1=(1,0,\cdots,0)^{\mathrm{T}}$，$\boldsymbol{e}_2=(0,1,\cdots,0)^{\mathrm{T}}$，…，$\boldsymbol{e}_n=(0,0,\cdots,1)^{\mathrm{T}}$ 是 $\boldsymbol{R}^n$ 的自然基．

4.5.3 施密特(Schimidt)正交化过程

对于向量空间 $\boldsymbol{V}$，已知向量组 $\boldsymbol{\alpha}_1$，$\boldsymbol{\alpha}_2$，…，$\boldsymbol{\alpha}_r$ 是一个基，现在要通过 $\boldsymbol{\alpha}_1$，$\boldsymbol{\alpha}_2$，…，$\boldsymbol{\alpha}_r$ 来构造出一个规范正交基．即寻求一个两两正交的单位向量组 $\boldsymbol{e}_1$，$\boldsymbol{e}_2$，…，$\boldsymbol{e}_r$，使其与 $\boldsymbol{\alpha}_1$，$\boldsymbol{\alpha}_2$，…，$\boldsymbol{\alpha}_r$ 等价．这样一个问题要通过两步来解决，首先来构造出一个正交向量组，即施密特正交化过程，下面的定理 4.9 给出了具体的正交化方法．

定理 4.9 施密特正交化方法：设有 n 维向量组 $\boldsymbol{\alpha}_1$，$\boldsymbol{\alpha}_2$，…，$\boldsymbol{\alpha}_r$，若令

$$\begin{cases}\boldsymbol{\beta}_1=\boldsymbol{\alpha}_1\\ \boldsymbol{\beta}_2=\boldsymbol{\alpha}_2-\dfrac{[\boldsymbol{\beta}_1,\boldsymbol{\alpha}_2]}{[\boldsymbol{\beta}_1,\boldsymbol{\beta}_1]}\boldsymbol{\beta}_1\\ \vdots\\ \boldsymbol{\beta}_r=\boldsymbol{\alpha}_r-\dfrac{[\boldsymbol{\beta}_1,\boldsymbol{\alpha}_r]}{[\boldsymbol{\beta}_1,\boldsymbol{\beta}_1]}\boldsymbol{\beta}_1-\dfrac{[\boldsymbol{\beta}_2,\boldsymbol{\alpha}_r]}{[\boldsymbol{\beta}_2,\boldsymbol{\beta}_2]}\boldsymbol{\beta}_2-\cdots-\dfrac{[\boldsymbol{\beta}_{r-1},\boldsymbol{\alpha}_r]}{[\boldsymbol{\beta}_{r-1},\boldsymbol{\beta}_{r-1}]}\boldsymbol{\beta}_{r-1}\end{cases}$$

则向量组 $\boldsymbol{\beta}_1$，$\boldsymbol{\beta}_2$，…，$\boldsymbol{\beta}_r$ 是一个正交向量组．

其次，再进一步令 $\boldsymbol{e}_i=\dfrac{\boldsymbol{\beta}_i}{\|\boldsymbol{\beta}_i\|}(i=1,2,\cdots,r)$，得到的向量组 $\boldsymbol{e}_1$，$\boldsymbol{e}_2$，…，$\boldsymbol{e}_r$ 即为所求的规范正交基．

【例 4.21】 给出 $\boldsymbol{a}_1=\begin{pmatrix}1\\2\\-1\end{pmatrix}$，$\boldsymbol{a}_2=\begin{pmatrix}-1\\3\\1\end{pmatrix}$，$\boldsymbol{a}_3=\begin{pmatrix}4\\-1\\0\end{pmatrix}$，试用施密特正交化过程把这组向量规范正交化.

解 取 $\boldsymbol{b}_1=\boldsymbol{a}_1=\begin{pmatrix}1\\2\\-1\end{pmatrix}$，则有

$$\boldsymbol{b}_2=\boldsymbol{a}_2-\frac{[\boldsymbol{a}_2,\boldsymbol{b}_1]}{\|\boldsymbol{b}_1\|^2}\boldsymbol{b}_1=\begin{pmatrix}-1\\3\\1\end{pmatrix}-\frac{4}{6}\begin{pmatrix}1\\2\\-1\end{pmatrix}=\frac{5}{3}\begin{pmatrix}-1\\1\\1\end{pmatrix}$$

$$\boldsymbol{b}_3=\boldsymbol{a}_3-\frac{[\boldsymbol{a}_3,\boldsymbol{b}_1]}{\|\boldsymbol{b}_1\|^2}\boldsymbol{b}_1-\frac{[\boldsymbol{a}_3,\boldsymbol{b}_2]}{\|\boldsymbol{b}_2\|^2}\boldsymbol{b}_2=\begin{pmatrix}4\\-1\\0\end{pmatrix}-\frac{1}{3}\begin{pmatrix}1\\2\\-1\end{pmatrix}+\frac{5}{3}\begin{pmatrix}-1\\1\\1\end{pmatrix}=2\begin{pmatrix}1\\0\\1\end{pmatrix}$$

再把它们单位化,可得

$$\boldsymbol{e}_1=\frac{\boldsymbol{b}_1}{\|\boldsymbol{b}_1\|}=\frac{1}{\sqrt{6}}\begin{pmatrix}1\\2\\-1\end{pmatrix};\ \boldsymbol{e}_2=\frac{\boldsymbol{b}_2}{\|\boldsymbol{b}_2\|}=\frac{1}{\sqrt{3}}\begin{pmatrix}-1\\1\\1\end{pmatrix};\ \boldsymbol{e}_3=\frac{\boldsymbol{b}_3}{\|\boldsymbol{b}_3\|}=\frac{1}{\sqrt{2}}\begin{pmatrix}1\\0\\1\end{pmatrix}.$$

$\boldsymbol{e}_1,\boldsymbol{e}_2,\boldsymbol{e}_3$ 即为所求.

【例 4.22】 已知 $\boldsymbol{a}_1=\begin{pmatrix}1\\1\\1\end{pmatrix}$，求一组非零向量 $\boldsymbol{a}_2$，$\boldsymbol{a}_3$，使 $\boldsymbol{a}_1$，$\boldsymbol{a}_2$，$\boldsymbol{a}_3$ 两两正交.

解 $\boldsymbol{a}_2$，$\boldsymbol{a}_3$ 应满足方程 $\boldsymbol{a}_1^{\mathrm{T}}\boldsymbol{x}=0$，即

$$x_1+x_2+x_3=0$$

它的基础解系为

$$\boldsymbol{\xi}_1=\begin{pmatrix}1\\0\\-1\end{pmatrix},\ \boldsymbol{\xi}_2=\begin{pmatrix}0\\1\\-1\end{pmatrix}$$

将基础解系正交化，即为所求. 即有

$$\boldsymbol{a}_2=\boldsymbol{\xi}_1=\begin{pmatrix}1\\0\\-1\end{pmatrix},\ \boldsymbol{a}_3=\boldsymbol{\xi}_2-\frac{[\boldsymbol{\xi}_1,\ \boldsymbol{\xi}_2]}{[\boldsymbol{\xi}_1,\ \boldsymbol{\xi}_1]}\boldsymbol{\xi}_1=\begin{pmatrix}0\\1\\-1\end{pmatrix}-\frac{1}{2}\begin{pmatrix}1\\0\\-1\end{pmatrix}=\begin{pmatrix}-\frac{1}{2}\\1\\-\frac{1}{2}\end{pmatrix}$$

4.5.4 正交矩阵

定义 4.15 如果 n 阶方阵 $\boldsymbol{A}$ 满足

$$\boldsymbol{A}^{\mathrm{T}}\boldsymbol{A}=\boldsymbol{E}\quad(\text{即 }\boldsymbol{A}^{-1}=\boldsymbol{A}^{\mathrm{T}})$$

那么，称矩阵 $\boldsymbol{A}$ 为**正交矩阵**.

【例 4.23】 设方阵 $\boldsymbol{A}$，$\boldsymbol{B}$ 都是正交矩阵，证明 $\boldsymbol{AB}$ 也是正交矩阵 .

证明 因为 $\boldsymbol{A}$，$\boldsymbol{B}$ 都是正交矩阵，所以，有

$$\boldsymbol{A}^{\mathrm{T}}=\boldsymbol{A}^{-1}，\boldsymbol{B}^{\mathrm{T}}=\boldsymbol{B}^{-1}$$

于是，得

$$(\boldsymbol{AB})^{\mathrm{T}}=\boldsymbol{B}^{\mathrm{T}}\boldsymbol{A}^{\mathrm{T}}=\boldsymbol{B}^{-1}\boldsymbol{A}^{-1}=(\boldsymbol{AB})^{-1}$$

即 $\boldsymbol{AB}$ 也是正交矩阵 .

定理 4.10 方阵 $\boldsymbol{A}$ 为正交矩阵的充分必要条件是 $\boldsymbol{A}$ 的列(行)向量组是规范正交组 .

证明 设方阵 $\boldsymbol{A}=(\boldsymbol{\alpha}_1 \quad \boldsymbol{\alpha}_2 \quad \cdots \quad \boldsymbol{\alpha}_n)$ ，由于 $\boldsymbol{A}$ 为正交矩阵，所以有

$$\boldsymbol{A}^{\mathrm{T}}\boldsymbol{A}=\begin{pmatrix}\boldsymbol{\alpha}_1^{\mathrm{T}}\\ \boldsymbol{\alpha}_2^{\mathrm{T}}\\ \vdots\\ \boldsymbol{\alpha}_n^{\mathrm{T}}\end{pmatrix}(\boldsymbol{\alpha}_1 \quad \boldsymbol{\alpha}_2 \quad \cdots \quad \boldsymbol{\alpha}_n)=\boldsymbol{E}=\begin{pmatrix}1 & & & \\ & 1 & & \\ & & \ddots & \\ & & & 1\end{pmatrix}$$

亦即

$$\boldsymbol{\alpha}_i^{\mathrm{T}}\boldsymbol{\alpha}_j=\begin{cases}1, & i=j\\ 0, & i\neq j\end{cases}$$

由此可见，$\boldsymbol{A}$ 的列向量组是规范正交组 .

考虑到 $\boldsymbol{A}^{\mathrm{T}}\boldsymbol{A}=\boldsymbol{E}$ 与 $\boldsymbol{AA}^{\mathrm{T}}=\boldsymbol{E}$ 等价，所以上述结论对 $\boldsymbol{A}$ 的行向量组也成立 .

正交矩阵具体下列性质：

① 正交矩阵的行列式值为±1；

② 正交矩阵的转置仍为正交矩阵；

③ 正交矩阵的逆矩阵仍为正交矩阵；

④ 正交矩阵的乘积仍为正交矩阵 .

定义 4.16 若方阵 $\boldsymbol{P}$ 为正交矩阵，则线性变换 $\boldsymbol{y}=\boldsymbol{Px}$ 称为正交变换 .

若 $\boldsymbol{y}=\boldsymbol{Px}$ 为正交变换，则有

$$\|\boldsymbol{y}\|^2=\boldsymbol{y}^{\mathrm{T}}\boldsymbol{y}=(\boldsymbol{Px})^{\mathrm{T}}\boldsymbol{Px}=\boldsymbol{x}^{\mathrm{T}}\boldsymbol{P}^{\mathrm{T}}\boldsymbol{Px}=\boldsymbol{x}^{\mathrm{T}}\boldsymbol{x}=\|\boldsymbol{x}\|^2$$

所以，正交变换的几何意义是，当向量 $\boldsymbol{y}$ 通过正交变换得到向量 $\boldsymbol{x}$ 时，其向量的长度是不变的 .

习题 4-5

1. 将下列向量组正交化、单位化

(1)$\boldsymbol{\alpha}_1=\begin{pmatrix}2\\1\\0\end{pmatrix}$，$\boldsymbol{\alpha}_2=\begin{pmatrix}-2\\0\\1\end{pmatrix}$，$\boldsymbol{\alpha}_3=\begin{pmatrix}1\\-2\\2\end{pmatrix}$

(2) $\boldsymbol{\alpha}_1=\begin{pmatrix}2\\1\\2\end{pmatrix}$，$\boldsymbol{\alpha}_2=\begin{pmatrix}1\\0\\-1\end{pmatrix}$，$\boldsymbol{\alpha}_3=\begin{pmatrix}1\\-2\\0\end{pmatrix}$

2. 判断下列矩阵是否为正交矩阵

(1) $\begin{pmatrix}0 & 1 & 0\\ -\frac{1}{\sqrt{2}} & 0 & \frac{1}{\sqrt{2}}\\ \frac{1}{\sqrt{2}} & 0 & \frac{1}{\sqrt{2}}\end{pmatrix}$　　(2) $\begin{pmatrix}1 & 1 & 1 & 1\\ 1 & 1 & -1 & -1\\ 1 & -1 & 1 & -1\\ 1 & -1 & -1 & 1\end{pmatrix}$

(3) $\begin{pmatrix}\cos\theta & -\sin\theta\\ \sin\theta & \cos\theta\end{pmatrix}$　　(4) $\begin{pmatrix}1 & -\frac{1}{2} & \frac{1}{3}\\ -\frac{1}{2} & 1 & \frac{1}{2}\\ -\frac{1}{3} & \frac{1}{2} & 1\end{pmatrix}$

3. 设 n 阶方阵 $\boldsymbol{A}$ 是正交矩阵，证明 $\boldsymbol{A}$ 的伴随矩阵 $\boldsymbol{A}^*$ 也是正交矩阵.

4.6　向量空间的 MATLAB 应用

4.6.1　向量的内积与单位化

【例 4.24】 已知 $\boldsymbol{a}=\begin{pmatrix}3\\1\\-2\end{pmatrix}$，$\boldsymbol{b}=\begin{pmatrix}2\\1\\1\end{pmatrix}$，求向量 $\boldsymbol{a}$ 与 $\boldsymbol{b}$ 的内积，及将向量 $\boldsymbol{a}$，$\boldsymbol{b}$ 单位化.

解

```
≫a=[3  1  -2]';
≫b=[2  1  1]';
≫dot(a,b)                    %求向量 a 与 b 的内积
  ans=
     5
≫a/norm(a)                   %将向量 a 单位化
≫b/norm(b)                   %将向量 b 单位化
  ans=0.8018                 ans=0.8165
      0.2673                     0.4082
     -0.5345                     0.4082
```

4.6.2　向量组线性相关性及秩的 MATLAB 应用实例

【例 4.25】 已知 $\boldsymbol{\alpha}_1=\begin{pmatrix}1\\1\\1\end{pmatrix}$，$\boldsymbol{\alpha}_2=\begin{pmatrix}0\\2\\5\end{pmatrix}$，$\boldsymbol{\alpha}_3=\begin{pmatrix}2\\4\\7\end{pmatrix}$，试讨论向量组 $\boldsymbol{\alpha}_1$，$\boldsymbol{\alpha}_2$，$\boldsymbol{\alpha}_3$ 及 $\boldsymbol{\alpha}_1$，

$\boldsymbol{\alpha}_2$的线性相关性．

解

```
≫x1=[1  1  1]';          %输入列向量α1
≫x2=[0  2  5]';          %输入列向量α2
≫x3=[2  4  7]';          %输入列向量α3
≫A=[x1  x2  x3]          %输入由α1，α2，α3组成的矩阵A
A=
    1    0    2
    1    2    4
    1    5    7
≫r=rank(A)               %求矩阵A的秩
r=
    2
```

矩阵 $\boldsymbol{A}$ 的秩$=2<3$，若矩阵 $\boldsymbol{A}$ 的秩 $R(\boldsymbol{A})<$向量的个数，则向量组线性相关，所以向量组 $\boldsymbol{\alpha}_1$，$\boldsymbol{\alpha}_2$，$\boldsymbol{\alpha}_3$线性相关．

```
≫B=[x1  x2]              %输入由α1，α2组成的矩阵
B=
    1    0
    1    2
    1    5
≫r2=rank(B)
r2=
    2
```

矩阵 $\boldsymbol{B}$ 的秩$=2$，若矩阵 $\boldsymbol{B}$ 的秩 $R(\boldsymbol{B})=$向量的个数，则向量组线性无关，所以向量组 $\boldsymbol{\alpha}_1$，$\boldsymbol{\alpha}_2$线性无关．

【例 4.26】 已知向量组 $\boldsymbol{\alpha}_1=\begin{pmatrix}1\\-2\\5\\-3\end{pmatrix}$，$\boldsymbol{\alpha}_2=\begin{pmatrix}4\\-1\\-2\\3\end{pmatrix}$，$\boldsymbol{\alpha}_3=\begin{pmatrix}5\\4\\-19\\15\end{pmatrix}$，$\boldsymbol{\alpha}_4=\begin{pmatrix}-10\\-1\\16\\-15\end{pmatrix}$，求这个向量组的一个最大无关组．

解

```
≫a1=[1  -2  5  -3]';
≫a2=[4  -1  -2  3]';
≫a3=[5  4  -19  15]';
≫a4=[-10  -1  16  -15]';
≫A= [a1  a2  a3  a4];
≫[a,ja]=rref(A);
≫a=A(:, ja)          %直接得出A的最大无关组
```

```
a=
    1    4
   -2   -1
    5   -2
   -3    3
```

由结果看显然 $\boldsymbol{\alpha}_1$，$\boldsymbol{\alpha}_2$ 为列向量组的最大无关组．

4.6.3 方程组解的结构的 MATLAB 应用实例

【例 4.27】 求解齐次线性方程组 $\begin{cases} x_1-x_2-x_3+x_4=0 \\ x_1-x_2+x_3-3x_4=0 \\ x_1-x_2-2x_3+3x_4=0 \end{cases}$．

解

```
>>A=[1  -1  -1  1; 1  -1  1  -3; 1  -1  -2  3];        %输入系数矩阵 A
>>B=[0  0  0]';                                        %输入常数项
>>rank(A)
ans=
    2
```

$R(\boldsymbol{A})=2$，方程的基础解系为 $n-r=4-2=2$ 个向量(其中 n 为未知数的个数)；且 $R(\boldsymbol{A})=2<4$(未知数的个数)，故方程组有无穷多组解．

```
>>rref([A, B])              %对增广矩阵[A, B]进行初等变换，化为阶梯矩阵
ans=
    1   -1    0   -1    0
    0    0    1   -2    0
    0    0    0    0    0
```

可见方程组的解为

$$\begin{cases} x_1-x_2+0x_3-x_4=0 \\ 0x_1-0x_2+x_3-2x_4=0 \end{cases} \Rightarrow \begin{cases} x_1=x_2+x_4 \\ x_3=2x_4 \end{cases} \Rightarrow \begin{cases} x_1=1x_2+1x_4 \\ x_2=1x_2+0x_4 \\ x_3=0x_2+2x_4 \\ x_4=0x_2+1x_4 \end{cases}$$

$$\Rightarrow \begin{pmatrix} x_1 \\ x_2 \\ x_3 \\ x_4 \end{pmatrix}=C_1\begin{pmatrix} 1 \\ 1 \\ 0 \\ 0 \end{pmatrix}+C_2\begin{pmatrix} 1 \\ 0 \\ 2 \\ 1 \end{pmatrix}$$

另一种方法：

```
>>x=null(A)                 %直接求方程组的通解
x=
    0.5111   -0.5332
    0.1312   -0.7268
```

```
0.7598        0.3873
0.3799        0.1936
```

方程的通解为 $\begin{pmatrix} x_1 \\ x_2 \\ x_3 \\ x_4 \end{pmatrix} = C_1 \begin{pmatrix} 0.5111 \\ 0.1312 \\ 0.7598 \\ 0.3799 \end{pmatrix} + C_2 \begin{pmatrix} -0.5332 \\ -0.7268 \\ 0.3873 \\ 0.1936 \end{pmatrix}$

【例 4.28】 解线性方程组 $\begin{cases} x_1 + x_2 - 2x_3 - x_4 = -1 \\ x_1 + 5x_2 - 3x_3 - 2x_4 = 0 \\ 3x_1 - x_2 + x_3 + 4x_4 = 2 \\ -2x_1 + 2x_2 + x_3 - x_4 = 1 \end{cases}$.

解

```
≫A=[1  1  -2  -1; 1  5  -3  -2; 3  -1  1  4; -2  2  1  -1];
≫B=[-1  0  2  1]';
≫rank(A)
ans=
    3
```

$R(\boldsymbol{A})<4$ 方程组有无穷多组解；对应的齐次方程组中有一个基础解系 .

```
≫x1=linsolve(A, B)          %求出线性方程组的特解
Warning: Matrix is close to singular or badly scaled.
         Results may be inaccurate. RCOND=1.644775e-017.
x1=
    0.0000
    0.5000
    0.5000
    0.5000
≫x2=null(A)                  %求出线性方程组的通解
x2=
   -0.5774
    0.0000
   -0.5774
    0.5774
```

于是，该方程组的解可以写为 $\boldsymbol{X}=\boldsymbol{X}_1+C\boldsymbol{X}_2$，即

$$X=\begin{pmatrix} 0 \\ 0.5 \\ 0.5 \\ 0.5 \end{pmatrix}+C\begin{pmatrix} -0.5774 \\ 0 \\ -0.5774 \\ 0.5774 \end{pmatrix}.$$

总习题 4

1. (2003 数学二)设 $\boldsymbol{\alpha}$ 为 3 维列向量，$\boldsymbol{\alpha}^{\mathrm{T}}$是 $\boldsymbol{\alpha}$ 的转置．若 $\boldsymbol{\alpha}\boldsymbol{\alpha}^{\mathrm{T}}=\begin{pmatrix}1 & -1 & 1\\ -1 & 1 & -1\\ 1 & -1 & 1\end{pmatrix}$，则 $\boldsymbol{\alpha}^{\mathrm{T}}\boldsymbol{\alpha}=$__________．

2. 判别下列向量组的线性相关性．
$\boldsymbol{\alpha}_1=(1,\ 1,\ 1)^{\mathrm{T}}$，$\boldsymbol{\alpha}_2=(0,\ 2,\ 5)^{\mathrm{T}}$，$\boldsymbol{\alpha}_3=(1,\ 3,\ 6)^{\mathrm{T}}$.

3. (2013 数学一、二、三)设矩阵 $\boldsymbol{A}$，$\boldsymbol{B}$，$\boldsymbol{C}$ 均为 n 阶矩阵，若 $\boldsymbol{AB}=\boldsymbol{C}$，$\boldsymbol{B}$ 可逆，则(　　)．
(A) 矩阵 $\boldsymbol{C}$ 的行向量组与矩阵 $\boldsymbol{A}$ 的行向量组等价；
(B) 矩阵 $\boldsymbol{C}$ 的列向量组与矩阵 $\boldsymbol{A}$ 的列向量组等价；
(C) 矩阵 $\boldsymbol{C}$ 的行向量组与矩阵 $\boldsymbol{B}$ 的行向量组等价；
(D) 矩阵 $\boldsymbol{C}$ 的行向量组与矩阵 $\boldsymbol{B}$ 的列向量组等价

4. 已知向量组 $\boldsymbol{\beta}_1=(0,1,-1)^{\mathrm{T}}$，$\boldsymbol{\beta}_2=(a,2,1)^{\mathrm{T}}$，$\boldsymbol{\beta}_3=(b,1,0)^{\mathrm{T}}$与向量组 $\boldsymbol{\alpha}_1=(1,2,-3)^{\mathrm{T}}$，$\boldsymbol{\alpha}_2=(3,0,1)^{\mathrm{T}}$，$\boldsymbol{\alpha}_3=(9,6,-7)^{\mathrm{T}}$具有相同的秩，且 $\boldsymbol{\beta}_3$ 可由 $\boldsymbol{\alpha}_1$，$\boldsymbol{\alpha}_2$，$\boldsymbol{\alpha}_3$ 线性表示，求 a，b 的值．

5. (2010 数学二、三)设向量组Ⅰ：$\boldsymbol{\alpha}_1$，$\boldsymbol{\alpha}_2$，…，$\boldsymbol{\alpha}_r$ 可由向量组Ⅱ：$\boldsymbol{\beta}_1$，$\boldsymbol{\beta}_2$，…，$\boldsymbol{\beta}_s$ 线性表示，则下列命题正确的是（　　）．
(A) 若向量组Ⅰ线性无关，则 $r\leqslant s$；　(B) 若向量组Ⅰ线性相关，则 $r>s$；
(C) 若Ⅱ线性无关，则 $r\leqslant s$；　(D) 若Ⅱ线性相关，则 $r>s$

6. (2010 数学一)设 $\boldsymbol{\alpha}_1=(1\ \ 2\ \ -1\ \ 0)^{\mathrm{T}}$，$\boldsymbol{\alpha}_2=(1\ \ 1\ \ 0\ \ 2)^{\mathrm{T}}$，$\boldsymbol{\alpha}_3=(2\ \ 1\ \ 1\ \ a)^{\mathrm{T}}$，若由向量 $\boldsymbol{\alpha}_1$，$\boldsymbol{\alpha}_2$，$\boldsymbol{\alpha}_3$ 形成的向量空间维数是 2，则 $a=$__________．

7. (2011 数学一)设 $\boldsymbol{A}=(\boldsymbol{\alpha}_1\ \ \boldsymbol{\alpha}_2\ \ \boldsymbol{\alpha}_3\ \ \boldsymbol{\alpha}_4)$是四阶矩阵，$\boldsymbol{A}^*$ 为 $\boldsymbol{A}$ 的伴随矩阵，若 $\begin{pmatrix}1\\0\\1\\0\end{pmatrix}$ 是方程组 $\boldsymbol{AX}=\boldsymbol{0}$ 的一个基础解系，则 $\boldsymbol{A}^*\boldsymbol{X}=\boldsymbol{0}$ 的基础解系为(　　).
(A)$\boldsymbol{\alpha}_1,\boldsymbol{\alpha}_2$;(B)$\boldsymbol{\alpha}_1,\boldsymbol{\alpha}_3$;(C)$\boldsymbol{\alpha}_1,\boldsymbol{\alpha}_2,\boldsymbol{\alpha}_3$;(D)$\boldsymbol{\alpha}_2,\boldsymbol{\alpha}_3,\boldsymbol{\alpha}_4$

8. (2014 数学一、二)设 $\boldsymbol{\alpha}_1,\boldsymbol{\alpha}_2,\boldsymbol{\alpha}_3$ 均为 3 维向量，则对任意常数 k,l，向量组 $\boldsymbol{\alpha}_1+k\boldsymbol{\alpha}_3,\boldsymbol{\alpha}_2+l\boldsymbol{\alpha}_3$ 线性无关是向量组 $\boldsymbol{\alpha}_1,\boldsymbol{\alpha}_2,\boldsymbol{\alpha}_3$ 线性无关的(　　).
(A)必要非充分条件；　(B)充分非必要条件；
(C)充分必要条件；　(D)既非充分也非必要条件

9. 当 a 取何值时，线性方程组

$$\begin{cases}x_1+x_2-x_3=1\\2x_1+3x_2+ax_3=3\\x_1+ax_2+3x_3=2\end{cases}$$

无解？有唯一解？有无穷多解？当方程组有无穷多解时，求其通解．

10．(2015 数学一)设向量组 $\boldsymbol{\alpha}_1,\boldsymbol{\alpha}_2,\boldsymbol{\alpha}_3$ 是 $\boldsymbol{R}^3$ 的一个基，$\boldsymbol{\beta}_1=2\boldsymbol{\alpha}_1+2k\boldsymbol{\alpha}_3$，$\boldsymbol{\beta}_2=2\boldsymbol{\alpha}_2$，$\boldsymbol{\beta}_3=\boldsymbol{\alpha}_1+(k+1)\boldsymbol{\alpha}_3$．

(1) 证明向量组 $\boldsymbol{\beta}_1$，$\boldsymbol{\beta}_2$，$\boldsymbol{\beta}_3$ 为 $\boldsymbol{R}^3$ 的一个基；

(2) 当 k 为何值时，存在非零向量 $\boldsymbol{\xi}$ 在基 $\boldsymbol{\alpha}_1$，$\boldsymbol{\alpha}_2$，$\boldsymbol{\alpha}_3$ 与基 $\boldsymbol{\beta}_1$，$\boldsymbol{\beta}_2$，$\boldsymbol{\beta}_3$ 下的坐标相同，并求所有的 $\boldsymbol{\xi}$．

第 5 章 特征值问题与二次型

矩阵的特征值、特征向量和相似矩阵的理论是矩阵理论的重要组成部分，它们不仅在数学的各分支，如微分方程、差分方程中有重要作用，而且在其他工程技术领域中也有着广泛的应用．

5.1 方阵的特征值与特征向量

工程技术中的一些问题，如振动问题和稳定性问题，常常可归结为求一个方阵的特征值与特征向量的问题．数学中诸如方阵的对角化及解微分方程组等问题也都需要用到特征值的理论．

5.1.1 特征值与特征向量的概念

定义 5.1 设 $\boldsymbol{A}$ 是 n 阶方阵，如果存在数 λ 和 n 维非零向量 $\boldsymbol{x}$，使

$$\boldsymbol{A}\boldsymbol{x}=\lambda\boldsymbol{x} \tag{5-1}$$

成立，则称数 λ 为 n 阶方阵 $\boldsymbol{A}$ 的**特征值(或特征根)**，非零向量 $\boldsymbol{x}$ 为 $\boldsymbol{A}$ 的属于 λ 的**特征向量**.

式(5-1)也可写成

$$(\boldsymbol{A}-\lambda\boldsymbol{E})\boldsymbol{x}=\boldsymbol{0} \tag{5-2}$$

这是 n 个未知数 n 个方程的齐次线性方程组．显然，n 维非零向量 $\boldsymbol{x}$ 就是方程组的非零解，而它有非零解的充分必要条件是系数行列式为零，即

$$|\boldsymbol{A}-\lambda\boldsymbol{E}|=0 \tag{5-3}$$

亦即

$$\begin{vmatrix} a_{11}-\lambda & a_{12} & \cdots & a_{1n} \\ a_{21} & a_{22}-\lambda & \cdots & a_{2n} \\ \vdots & \vdots & \ddots & \vdots \\ a_{n1} & a_{n2} & \cdots & a_{nn}-\lambda \end{vmatrix}=0$$

上式是以 λ 为未知数的一元 n 次方程，称为方阵 $\boldsymbol{A}$ 的特征方程．其左端 $|\boldsymbol{A}-\lambda\boldsymbol{E}|$ 是 λ 的 n 次多项式，记作 $f(\lambda)$，称为方阵 $\boldsymbol{A}$ 的**特征多项式**．所以，$\boldsymbol{A}$ 的特征值就是特征方程的根，特征向量是齐次线性方程组 $(\boldsymbol{A}-\lambda\boldsymbol{E})\boldsymbol{x}=\boldsymbol{0}$ 的解向量．

下面总结出求 n 阶方阵 $\boldsymbol{A}$ 的特征值与特征向量的步骤：

① 求 $\boldsymbol{A}$ 的全部特征值．求出特征方程 $|\boldsymbol{A}-\lambda\boldsymbol{E}|=0$ 的全部根 λ_1，λ_2，…，λ_n，即为 $\boldsymbol{A}$ 的全部特征值．

② 求 $\boldsymbol{A}$ 的特征向量．对于每一个特征值 $\lambda_i(i=1,2,\cdots,n)$，写出对应的齐次线性方程组

$$(\boldsymbol{A}-\lambda_i\boldsymbol{E})\boldsymbol{x}=\boldsymbol{0}$$

求出一个基础解系 $\boldsymbol{p}_1$，$\boldsymbol{p}_2$，…，$\boldsymbol{p}_{n-r_i}$ $(R(\boldsymbol{A}-\lambda_i\boldsymbol{E})=r_i)$，则方程组的通解 $k_1\boldsymbol{p}_1+k_2\boldsymbol{p}_2+\cdots+k_{n-r_i}\boldsymbol{p}_{n-r_i}$(其中 k_1，k_2，…，k_{n-r_i} 不全为 0)即为 $\boldsymbol{A}$ 的属于特征值 λ_i 的全部特征向量．

【例 5.1】 求矩阵 $A=\begin{pmatrix}-2&1&1\\0&2&0\\-4&1&3\end{pmatrix}$ 的特征值与特征向量．

解 特征方程为

$$|A-\lambda E|=\begin{vmatrix}-2-\lambda&1&1\\0&2-\lambda&0\\-4&1&3-\lambda\end{vmatrix}=(2-\lambda)\begin{vmatrix}-2-\lambda&1\\-4&3-\lambda\end{vmatrix}=(-\lambda-1)(\lambda-2)^2=0$$

得 A 的特征值为 $\lambda_1=-1$，$\lambda_2=\lambda_3=2$.

当 $\lambda_1=-1$ 时，解方程组 $(A+E)x=0$. 系数矩阵为

$$A+E=\begin{pmatrix}-1&1&1\\0&3&0\\-4&1&4\end{pmatrix}\sim\begin{pmatrix}1&0&-1\\0&1&0\\0&0&0\end{pmatrix}$$

得其同解方程组为 $\begin{cases}x_1\qquad -x_3=0\\ \quad x_2\qquad=0\end{cases}$，令 $x_3=1$，得 $x_1=1$，$x_2=0$，故基础解系为

$$p_1=\begin{pmatrix}1\\0\\1\end{pmatrix}$$

所以，$k_1p_1(k_1\neq0)$ 是 A 的属于 $\lambda_1=-1$ 的全部特征向量．

当 $\lambda_2=\lambda_3=2$ 时，解方程组 $(A-2E)x=0$. 系数矩阵为

$$A-2E=\begin{pmatrix}-4&1&1\\0&0&0\\-4&1&1\end{pmatrix}\sim\begin{pmatrix}-4&1&1\\0&0&0\\0&0&0\end{pmatrix}$$

得其同解方程组为 $-4x_1+x_2+x_3=0$，

令 $\begin{pmatrix}x_1\\x_2\end{pmatrix}=\begin{pmatrix}1\\0\end{pmatrix}$，得 $x_3=4$；令 $\begin{pmatrix}x_1\\x_2\end{pmatrix}=\begin{pmatrix}0\\1\end{pmatrix}$，得 $x_3=-1$，故基础解系为

$$p_2=\begin{pmatrix}1\\0\\4\end{pmatrix},\quad p_3=\begin{pmatrix}0\\1\\-1\end{pmatrix},$$

所以，$k_2p_2+k_3p_3$（k_2，k_3 不同时为 0）是 A 的属于 $\lambda_2=\lambda_3=2$ 的全部特征向量．

【例 5.2】 求矩阵 $A=\begin{pmatrix}-1&1&0\\-4&3&0\\1&0&2\end{pmatrix}$ 的特征值与特征向量．

解 特征方程为

$$|A-\lambda E|=\begin{vmatrix}-1-\lambda&1&0\\-4&3-\lambda&0\\1&0&2-\lambda\end{vmatrix}=(2-\lambda)(\lambda-1)^2=0$$

得 A 的特征值为 $\lambda_1=2$，$\lambda_2=\lambda_3=1$.

当 $\lambda_1=2$ 时，解方程组 $(A-2E)x=0$. 系数矩阵为

$$A-2E=\begin{pmatrix}-3&1&0\\-4&1&0\\1&0&0\end{pmatrix}\sim\begin{pmatrix}1&0&0\\0&1&0\\0&0&0\end{pmatrix}$$

基础解系为

$$p_1=\begin{pmatrix}0\\0\\1\end{pmatrix}$$

所以，$k_1p_1(k_1\neq 0)$是 A 的属于 $\lambda_1=2$ 的全部特征向量．

当 $\lambda_2=\lambda_3=1$ 时，解方程组$(A-E)x=0$. 系数矩阵为

$$A-E=\begin{pmatrix}-2&1&0\\-4&2&0\\1&0&1\end{pmatrix}\sim\begin{pmatrix}1&0&1\\0&1&2\\0&0&0\end{pmatrix}$$

基础解系为

$$p_2=\begin{pmatrix}-1\\-2\\1\end{pmatrix}$$

所以，$k_2p_2(k_2\neq 0)$是 A 的属于 $\lambda_2=\lambda_3=1$ 的全部特征向量．

【例 5.3】 求矩阵 $A=\begin{pmatrix}a&0&0\\0&b&0\\0&0&c\end{pmatrix}$的特征值．

解 特征方程为

$$|A-\lambda E|=\begin{vmatrix}a-\lambda&0&0\\0&b-\lambda&0\\0&0&c-\lambda\end{vmatrix}=(a-\lambda)(b-\lambda)(c-\lambda)=0$$

得 A 的特征值为 $\lambda_1=a$，$\lambda_2=b$，$\lambda_3=c$.

由此可见，对角矩阵的特征值为其主对角线上的元素．

【例 5.4】 设 λ 为 n 阶方阵 A 的特征值，x 是 A 的属于 λ 的特征向量．试证：

① λ^2是 A^2的特征值；

② 当 A 可逆时，$\frac{1}{\lambda}$是 A^{-1}的特征值．

证明 因为 λ 为 n 阶方阵 A 的特征值，故有 $x\neq 0$，使 $Ax=\lambda x$，于是

① $A^2x=A(Ax)=A(\lambda x)=\lambda(Ax)=\lambda(\lambda x)=\lambda^2x$，所以 λ^2 是 A^2 的特征值．

② 当 A 可逆时，由 $Ax=\lambda x$，可得 $x=\lambda A^{-1}x$，因 $x\neq 0$，知 $\lambda\neq 0$，故

$$A^{-1}x=\frac{1}{\lambda}x$$

所以，$\frac{1}{\lambda}$是 A^{-1}的特征值．

5.1.2 特征值与特征向量的性质

由上面例子，可以得到关于方阵 A 的特征值与特征向量的性质．

性质 5.1 对角矩阵的特征值为其主对角线上的元素.

性质 5.2 若 λ 为方阵 $\boldsymbol{A}$ 的特征值，$\boldsymbol{x}$ 是 $\boldsymbol{A}$ 的属于 λ 的特征向量，则有：

① λ^k 是 $\boldsymbol{A}^k$ 的特征值，$\boldsymbol{x}$ 是属于 λ^k 的特征向量；

② 当 $\boldsymbol{A}$ 可逆时，$\dfrac{1}{\lambda}$ 是 $\boldsymbol{A}^{-1}$ 的特征值，$\boldsymbol{x}$ 是属于 $\dfrac{1}{\lambda}$ 的特征向量；

③ 若设多项式

$f(\boldsymbol{A})=a_n\boldsymbol{A}^n+a_{n-1}\boldsymbol{A}^{n-1}+\cdots+a_1\boldsymbol{A}+a_0\boldsymbol{E}$，$f(\lambda)=a_n\lambda^n+a_{n-1}\lambda^{n-1}+\cdots+a_1\lambda+a_0$

则 $f(\lambda)$ 是 $f(\boldsymbol{A})$ 的特征值，$\boldsymbol{x}$ 是属于 $f(\lambda)$ 的特征向量；

④当 $\boldsymbol{A}$ 可逆时，$\dfrac{|\boldsymbol{A}|}{\lambda}$ 是 $\boldsymbol{A}^*$ 的特征值，$\boldsymbol{x}$ 是属于 $\dfrac{|\boldsymbol{A}|}{\lambda}$ 的特征向量.

证明 只证④，因为 λ 为方阵 $\boldsymbol{A}$ 的特征值，故有 $\boldsymbol{x}\neq\boldsymbol{0}$，使 $\boldsymbol{A}\boldsymbol{x}=\lambda\boldsymbol{x}$，$\boldsymbol{A}^{-1}\boldsymbol{x}=\dfrac{1}{\lambda}\boldsymbol{x}$，于是

$$\boldsymbol{A}^*\boldsymbol{x}=|\boldsymbol{A}|\boldsymbol{A}^{-1}\boldsymbol{x}=|\boldsymbol{A}|(\boldsymbol{A}^{-1}\boldsymbol{x})=|\boldsymbol{A}|\frac{1}{\lambda}\boldsymbol{x}=\frac{|\boldsymbol{A}|}{\lambda}\boldsymbol{x}$$

所以，$\dfrac{|\boldsymbol{A}|}{\lambda}$ 是 $\boldsymbol{A}^*$ 的特征值，$\boldsymbol{x}$ 是属于 $\dfrac{|\boldsymbol{A}|}{\lambda}$ 的特征向量.

性质 5.3 若 n 阶方阵 $\boldsymbol{A}$ 的特征值为 λ_1，λ_2，…，λ_n，则：

① $\lambda_1+\lambda_2+\cdots+\lambda_n=a_{11}+a_{22}+\cdots+a_{nn}$，这个和称为方阵 $\boldsymbol{A}$ 的**迹**，记作

$$\mathrm{tr}\boldsymbol{A}=\sum_{i=1}^{n}a_{ii}.$$

② $\lambda_1\lambda_2\cdots\lambda_n=|\boldsymbol{A}|$.

证明略.

性质 5.4 方阵 $\boldsymbol{A}^{\mathrm{T}}$ 与方阵 $\boldsymbol{A}$ 具有相同的特征值.

证明 方阵 $\boldsymbol{A}^{\mathrm{T}}$ 的特征多项式为

$$|\boldsymbol{A}^{\mathrm{T}}-\lambda\boldsymbol{E}|=|(\boldsymbol{A}-\lambda\boldsymbol{E})^{\mathrm{T}}|=|\boldsymbol{A}-\lambda\boldsymbol{E}|$$

由此可见，方阵 $\boldsymbol{A}^{\mathrm{T}}$ 与方阵 $\boldsymbol{A}$ 具有相同的特征多项式，从而具有相同的特征值.

【例 5.5】 设 3 阶矩阵 $\boldsymbol{A}$ 的特征值为 1，-1，2，求 $|\boldsymbol{A}^*+3\boldsymbol{A}-2\boldsymbol{E}|$.

解 因 $\boldsymbol{A}$ 的特征值全不为 0，知 $\boldsymbol{A}$ 可逆，故 $\boldsymbol{A}^*=|\boldsymbol{A}|\boldsymbol{A}^{-1}$. 而 $|\boldsymbol{A}|=\lambda_1\lambda_2\lambda_3=-2$，所以

$$\boldsymbol{A}^*+3\boldsymbol{A}-2\boldsymbol{E}=-2\boldsymbol{A}^{-1}+3\boldsymbol{A}-2\boldsymbol{E}.$$

把上式记作 $f(\boldsymbol{A})$，有 $f(\lambda)=-\dfrac{2}{\lambda}+3\lambda-2$，故 $f(\boldsymbol{A})$ 的特征值为

$$f(1)=-1,\ f(-1)=-3,\ f(2)=3,$$

于是

$$|\boldsymbol{A}^*+3\boldsymbol{A}-2\boldsymbol{E}|=(-1)\times(-3)\times3=9.$$

定理 5.1 设 λ_1，λ_2，…，λ_m 是方阵 $\boldsymbol{A}$ 的互不相同的特征值，$\boldsymbol{p}_1$，$\boldsymbol{p}_2$，…，$\boldsymbol{p}_m$ 是其对应的特征向量，则 $\boldsymbol{p}_1$，$\boldsymbol{p}_2$，…，$\boldsymbol{p}_m$ 必线性无关.

证明 用数学归纳法.

当 $m=1$ 时，因特征向量 $\boldsymbol{p}_1\neq0$，故 $\boldsymbol{p}_1$ 线性无关.

假设 $m=k$ 时，命题成立.

当 $m=k+1$ 时，设

$$\mu_1\boldsymbol{p}_1+\mu_2\boldsymbol{p}_2+\cdots+\mu_k\boldsymbol{p}_k+\mu_{k+1}\boldsymbol{p}_{k+1}=0 \tag{5-4}$$

则
$$\boldsymbol{A}(\mu_1\boldsymbol{p}_1+\mu_2\boldsymbol{p}_2+\cdots+\mu_k\boldsymbol{p}_k+\mu_{k+1}\boldsymbol{p}_{k+1})=0$$

即
$$\mu_1\boldsymbol{A}\boldsymbol{p}_1+\mu_2\boldsymbol{A}\boldsymbol{p}_2+\cdots+\mu_k\boldsymbol{A}\boldsymbol{p}_k+\mu_{k+1}\boldsymbol{A}\boldsymbol{p}_{k+1}=0$$

$$\mu_1\lambda_1\boldsymbol{p}_1+\mu_2\lambda_2\boldsymbol{p}_2+\cdots+\mu_k\lambda_k\boldsymbol{p}_k+\mu_{k+1}\lambda_{k+1}\boldsymbol{p}_{k+1}=0 \tag{5-5}$$

式(5-4)$\times\lambda_{k+1}-$式(5-5)，得

$$\mu_1(\lambda_{k+1}-\lambda_1)\boldsymbol{p}_1+\mu_2(\lambda_{k+1}-\lambda_2)\boldsymbol{p}_2+\cdots\mu_k(\lambda_{k+1}-\lambda_k)\boldsymbol{p}_k=0$$

由归纳假设知，$\boldsymbol{p}_1$，$\boldsymbol{p}_2$，…，$\boldsymbol{p}_k$线性无关，则

$$\mu_i(\lambda_{k+1}-\lambda_i)=0 \quad (i=1,\ 2,\ \cdots,\ k)$$

又因 $\lambda_{k+1}\neq\lambda_i$，所以

$$\mu_i=0 \quad (i=1,\ 2,\ \cdots,\ k) \tag{5-6}$$

将式(5-6)代入式(5-4)，得

$$\mu_{k+1}\boldsymbol{p}_{k+1}=0$$

因 $\boldsymbol{p}_{k+1}$是特征向量，$\boldsymbol{p}_{k+1}\neq0$，故 $\mu_{k+1}=0$

所以 $\boldsymbol{p}_1$，$\boldsymbol{p}_2$，…，$\boldsymbol{p}_{k+1}$线性无关，即 $m=k+1$ 时，命题也成立.

由归纳法原理，定理 5.1 成立.

习题 5-1

1. 求下列矩阵的特征值和特征向量

(1)$\begin{pmatrix}1&2&3\\2&1&3\\3&3&6\end{pmatrix}$　(2)$\begin{pmatrix}3&-1\\-1&3\end{pmatrix}$　(3)$\begin{pmatrix}2&0&1\\0&3&0\\1&0&2\end{pmatrix}$

2. 设向量 $\boldsymbol{\alpha}_1=(1,\ 2,\ 0)^{\mathrm{T}}$，$\boldsymbol{\alpha}_2=(1,\ 0,\ 1)^{\mathrm{T}}$都是方阵 $\boldsymbol{A}$ 的属于特征值 $\lambda=2$ 的特征向量，又向量 $\boldsymbol{\beta}=(-1,\ 2,\ -2)^{\mathrm{T}}$，求 $\boldsymbol{A\beta}$.
3. 已知三阶矩阵 $\boldsymbol{A}$ 的特征值为 1，2，3，求$|\boldsymbol{A}^3-5\boldsymbol{A}^2+7\boldsymbol{A}|$.
4. 设 $\boldsymbol{p}_1$，$\boldsymbol{p}_2$是矩阵 $\boldsymbol{A}$ 的分别属于不同特征值的特征向量，证明 $\boldsymbol{p}_1$，$\boldsymbol{p}_2$线性无关.
5. 设 λ 是矩阵 $\boldsymbol{A}$ 的特征值，证明 $2\lambda+1$ 是矩阵 $2\boldsymbol{A}+\boldsymbol{E}$ 的特征值.

5.2 相似矩阵与方阵的对角化

对角矩阵是最简单的一类矩阵，对于任意的 n 阶矩阵 $\boldsymbol{A}$，能否将它化为对角矩阵，并保持 $\boldsymbol{A}$ 的许多原有特性，在理论和应用方面都具有重要意义.

5.2.1 方阵的对角化

定义 5.2 设 $\boldsymbol{A}$，$\boldsymbol{B}$ 都是 n 阶方阵，若存在可逆矩阵 $\boldsymbol{P}$，使

$$\boldsymbol{P}^{-1}\boldsymbol{AP}=\boldsymbol{B} \tag{5-7}$$

则称 $\boldsymbol{B}$ 是 $\boldsymbol{A}$ 的相似矩阵(或称 $\boldsymbol{A}$ 与 $\boldsymbol{B}$ 相似)，可逆矩阵 $\boldsymbol{P}$ 称为把 $\boldsymbol{A}$ 变成 $\boldsymbol{B}$ 的相似变换

矩阵.

相似矩阵具有很多共同的特性，它们的行列式相同，秩相等，并且有如下定理.

定理 5.2 相似矩阵具有相同的特征多项式，从而具有相同的特征值.

证明 设 $\boldsymbol{A}$ 与 $\boldsymbol{B}$ 相似，则存在可逆矩阵 $\boldsymbol{P}$，使 $\boldsymbol{P}^{-1}\boldsymbol{AP}=\boldsymbol{B}$，故

$$\begin{aligned}|\boldsymbol{B}-\lambda\boldsymbol{E}|&=|\boldsymbol{P}^{-1}\boldsymbol{AP}-\lambda\boldsymbol{E}|=|\boldsymbol{P}^{-1}\boldsymbol{AP}-\boldsymbol{P}^{-1}(\lambda\boldsymbol{E})\boldsymbol{P}|\\&=|\boldsymbol{P}^{-1}(\boldsymbol{A}-\lambda\boldsymbol{E})\boldsymbol{P}|=|\boldsymbol{P}^{-1}|\cdot|(\boldsymbol{A}-\lambda\boldsymbol{E})|\cdot|\boldsymbol{P}|\\&=|\boldsymbol{A}-\lambda\boldsymbol{E}|\end{aligned}$$

所以，$\boldsymbol{A}$，$\boldsymbol{B}$ 具有相同的特征多项式，从而具有相同的特征值.

推论 5.1 若矩阵 $\boldsymbol{A}$ 与对角矩阵

$$\boldsymbol{\Lambda}=\begin{pmatrix}\lambda_1&&&\\&\lambda_2&&\\&&\ddots&\\&&&\lambda_n\end{pmatrix}$$

相似，则 λ_1，λ_2，…，λ_n 为 $\boldsymbol{A}$ 的特征值.

证明 因 λ_1，λ_2，…，λ_n 是 $\boldsymbol{\Lambda}$ 的特征值，由定理 5.2 知，λ_1，λ_2，…，λ_n 也是 $\boldsymbol{A}$ 的特征值.

定义 5.3 若方阵 $\boldsymbol{A}$ 与对角矩阵 $\boldsymbol{\Lambda}$ 相似，即存在可逆矩阵 $\boldsymbol{P}$，使

$$\boldsymbol{P}^{-1}\boldsymbol{AP}=\boldsymbol{\Lambda},$$

则称方阵 $\boldsymbol{A}$ 能对角化.

实际上并非所有的 n 阶方阵都能对角化，下面我们将讨论方阵能对角化的条件.

定理 5.3 n 阶方阵 $\boldsymbol{A}$ 能对角化的充分必要条件是 $\boldsymbol{A}$ 有 n 个线性无关的特征向量.

证明 必要性：由于 $\boldsymbol{A}$ 与对角矩阵 $\boldsymbol{\Lambda}$ 相似，故

$$\boldsymbol{P}^{-1}\boldsymbol{AP}=\boldsymbol{\Lambda}，即\ \boldsymbol{AP}=\boldsymbol{P\Lambda},$$

设矩阵 $\boldsymbol{P}$ 由列向量 $\boldsymbol{p}_1$，$\boldsymbol{p}_2$，…，$\boldsymbol{p}_n$ 构成，即 $\boldsymbol{P}=(\boldsymbol{p}_1，\boldsymbol{p}_2，…，\boldsymbol{p}_n)$，所以有

$$\begin{aligned}\boldsymbol{A}(\boldsymbol{p}_1,\boldsymbol{p}_2,\cdots,\boldsymbol{p}_n)&=(\boldsymbol{p}_1,\boldsymbol{p}_2,\cdots,\boldsymbol{p}_n)\begin{pmatrix}\lambda_1&&&\\&\lambda_2&&\\&&\ddots&\\&&&\lambda_n\end{pmatrix}\\&=(\lambda_1\boldsymbol{p}_1,\lambda_2\boldsymbol{p}_2,\cdots,\lambda_n\boldsymbol{p}_n)\end{aligned}$$

于是得

$$\boldsymbol{Ap}_i=\lambda_i\boldsymbol{p}_i\ (i=1,2,\cdots,n)$$

由定义 5.1 可知，λ_1，λ_2，…，λ_n 为 $\boldsymbol{A}$ 的特征值，$\boldsymbol{p}_1$，$\boldsymbol{p}_2$，…，$\boldsymbol{p}_n$ 是 $\boldsymbol{A}$ 的对应于 λ_1，λ_2，…，λ_n 的特征向量. 而相似变换矩阵 $\boldsymbol{P}$ 是可逆矩阵，故 $|\boldsymbol{P}|\neq0$，所以 $\boldsymbol{p}_1$，$\boldsymbol{p}_2$，…，$\boldsymbol{p}_n$ 线性无关，从而 $\boldsymbol{A}$ 有 n 个线性无关的特征向量.

充分性：上述每一步都可逆推，故只需取 $\boldsymbol{P}=(\boldsymbol{p}_1，\boldsymbol{p}_2，…，\boldsymbol{p}_n)$，即有 $\boldsymbol{P}^{-1}\boldsymbol{AP}=\boldsymbol{\Lambda}$.

由此可知，方阵 $\boldsymbol{A}$ 若能对角化，则与其相似的对角矩阵 $\boldsymbol{\Lambda}$ 的主对角线上的元素就是方阵 $\boldsymbol{A}$ 的特征值，而相似变换矩阵 $\boldsymbol{P}$ 的每一列向量即为 $\boldsymbol{A}$ 对应的特征向量.

由定理 5.3 及定理 5.1，可得推论 5.2.

推论 5.2 若 n 阶方阵 $\boldsymbol{A}$ 有 n 个互不相同的特征值，则 $\boldsymbol{A}$ 能对角化.

【例 5.6】 证明 $\boldsymbol{A}=\begin{pmatrix}1 & 2\\5 & 4\end{pmatrix}$ 能对角化，并求出相似变换矩阵 $\boldsymbol{P}$.

解 $\boldsymbol{A}$ 的特征方程为

$$|\boldsymbol{A}-\lambda\boldsymbol{E}|=\begin{vmatrix}1-\lambda & 2\\5 & 4-\lambda\end{vmatrix}=(\lambda-6)(\lambda+1)=0$$

得 $\boldsymbol{A}$ 的特征值为 $\lambda_1=6$，$\lambda_2=-1$.

由推论 5.2 知，$\boldsymbol{A}$ 能对角化.

当 $\lambda_1=6$ 时，解方程组 $(\boldsymbol{A}-6\boldsymbol{E})\boldsymbol{x}=0$，得特征向量 $\boldsymbol{p}_1=\begin{pmatrix}2\\5\end{pmatrix}$；

当 $\lambda_2=-1$ 时，解方程组 $(\boldsymbol{A}+\boldsymbol{E})\boldsymbol{x}=0$，得特征向量 $\boldsymbol{p}_2=\begin{pmatrix}1\\-1\end{pmatrix}$.

取 $\boldsymbol{P}=(\boldsymbol{p}_1,\ \boldsymbol{p}_2)=\begin{pmatrix}2 & 1\\5 & -1\end{pmatrix}$，则有

$$\boldsymbol{P}^{-1}\boldsymbol{AP}=\boldsymbol{\Lambda}=\begin{pmatrix}6 & 0\\0 & -1\end{pmatrix}.$$

【例 5.7】 求可逆矩阵 $\boldsymbol{P}$，使 $\boldsymbol{A}=\begin{pmatrix}1 & -2 & 2\\-2 & -2 & 4\\2 & 4 & -2\end{pmatrix}$ 对角化.

解 $\boldsymbol{A}$ 的特征方程为

$$|\boldsymbol{A}-\lambda\boldsymbol{E}|=\begin{vmatrix}1-\lambda & -2 & 2\\-2 & -2-\lambda & 4\\2 & 4 & -2-\lambda\end{vmatrix}=-(\lambda-2)^2(\lambda+7)=0$$

得 $\boldsymbol{A}$ 的特征值为 $\lambda_1=\lambda_2=2$，$\lambda_3=-7$.

当 $\lambda_1=\lambda_2=2$ 时，解方程组 $(\boldsymbol{A}-2\boldsymbol{E})\boldsymbol{x}=0$，得特征向量 $\boldsymbol{p}_1=\begin{pmatrix}2\\0\\1\end{pmatrix}$，$\boldsymbol{p}_2=\begin{pmatrix}0\\1\\1\end{pmatrix}$；

当 $\lambda_3=-7$ 时，解方程组 $(\boldsymbol{A}+7\boldsymbol{E})\boldsymbol{x}=0$，得特征向量 $\boldsymbol{p}_3=\begin{pmatrix}1\\2\\-2\end{pmatrix}$.

因 $\boldsymbol{p}_1$，$\boldsymbol{p}_2$，$\boldsymbol{p}_3$ 是 $\boldsymbol{A}$ 的三个线性无关的特征向量，所以由定理 5.3 知，$\boldsymbol{A}$ 能对角化. 且有 $\boldsymbol{P}=\begin{pmatrix}2 & 0 & 1\\0 & 1 & 2\\1 & 1 & -2\end{pmatrix}$，使

$$\boldsymbol{P}^{-1}\boldsymbol{AP}=\boldsymbol{\Lambda}=\begin{pmatrix}2 & & \\ & 2 & \\ & & -7\end{pmatrix}$$

一般地，当 n 阶方阵 $\boldsymbol{A}$ 有 n 个互不相同的特征值时，$\boldsymbol{A}$ 一定能对角化. 而当 $\boldsymbol{A}$ 的特征方程有重根时，就不一定有 n 个线性无关的特征向量，从而就不一定能对角化. 如例 5.2 中的 $\boldsymbol{A}$ 的特征方程有重根，只有两个线性无关的特征向量，因此不能对角化；而例 5.1 中，$\boldsymbol{A}$ 的特征方程也有重根，但却能找到三个线性无关的特征向量，因此能对角化.

【例 5.8】 设 $\boldsymbol{A}=\begin{pmatrix}4 & 6 & 0\\-3 & -5 & 0\\-3 & -6 & 1\end{pmatrix}$，$\boldsymbol{A}$ 能否对角化？若能对角化，则求出可逆矩阵 $\boldsymbol{P}$，使 $\boldsymbol{P}^{-1}\boldsymbol{AP}$ 为对角阵.

解

$$|\boldsymbol{A}-\lambda\boldsymbol{E}|=\begin{vmatrix}4-\lambda & 6 & 0\\-3 & -5-\lambda & 0\\-3 & -6 & 1-\lambda\end{vmatrix}=-(\lambda-1)^2(\lambda+2)$$

所以 $\boldsymbol{A}$ 的全部特征值为 $\lambda_1=\lambda_2=1$，$\lambda_3=-2$.

将 $\lambda_1=\lambda_2=1$ 代入 $(\boldsymbol{A}-\lambda\boldsymbol{E})\boldsymbol{x}=\boldsymbol{0}$ 得方程组

$$\begin{cases}3x_1+6x_2=0\\-3x_1-6x_2=0\\-3x_1-6x_2=0\end{cases}$$

解之得基础解系

$$\boldsymbol{p}_1=\begin{pmatrix}-2\\1\\0\end{pmatrix},\ \boldsymbol{p}_2=\begin{pmatrix}0\\0\\1\end{pmatrix}.$$

将 $\lambda_3=-2$ 代入 $(\boldsymbol{A}-\lambda\boldsymbol{E})\boldsymbol{x}=\boldsymbol{0}$，得方程组的基础解系

$$\boldsymbol{p}_3=(-1,1,1)^{\mathrm{T}}$$

由于 $\boldsymbol{p}_1$，$\boldsymbol{p}_2$，$\boldsymbol{p}_3$ 线性无关，所以 $\boldsymbol{A}$ 可对角化.

令
$$\boldsymbol{P}=(\boldsymbol{p}_1,\boldsymbol{p}_2,\boldsymbol{p}_3)=\begin{pmatrix}-2 & 0 & -1\\1 & 0 & 1\\0 & 1 & 1\end{pmatrix}$$

则有
$$\boldsymbol{P}^{-1}\boldsymbol{A}\boldsymbol{P}=\begin{pmatrix}1 & 0 & 0\\0 & 1 & 0\\0 & 0 & -2\end{pmatrix}.$$

注意

若令 $\boldsymbol{P}=(\boldsymbol{p}_3,\boldsymbol{p}_1,\boldsymbol{p}_2)=\begin{pmatrix}-1 & -2 & 0\\1 & 1 & 0\\1 & 0 & 1\end{pmatrix}$，则有 $\boldsymbol{P}^{-1}\boldsymbol{A}\boldsymbol{P}=\begin{pmatrix}-2 & 0 & 0\\0 & 1 & 0\\0 & 0 & 1\end{pmatrix}$.

即矩阵 $\boldsymbol{P}$ 的列向量和对角矩阵中特征值的位置要相互对应.

5.2.2 方阵对角化的应用

若 $\boldsymbol{A}$ 能对角化，即存在可逆矩阵 $\boldsymbol{P}$，使 $\boldsymbol{P}^{-1}\boldsymbol{A}\boldsymbol{P}=\boldsymbol{\Lambda}$，则有

$$\boldsymbol{A}=\boldsymbol{P}\boldsymbol{\Lambda}\boldsymbol{P}^{-1}$$

于是有

$$\begin{aligned}\boldsymbol{A}^k&=(\boldsymbol{P}\boldsymbol{\Lambda}\boldsymbol{P}^{-1})(\boldsymbol{P}\boldsymbol{\Lambda}\boldsymbol{P}^{-1})\cdots(\boldsymbol{P}\boldsymbol{\Lambda}\boldsymbol{P}^{-1})\\&=\boldsymbol{P}\boldsymbol{\Lambda}(\boldsymbol{P}^{-1}\boldsymbol{P})\boldsymbol{\Lambda}(\boldsymbol{P}^{-1}\boldsymbol{P})\boldsymbol{\Lambda}\cdots\boldsymbol{\Lambda}(\boldsymbol{P}^{-1}\boldsymbol{P})\boldsymbol{\Lambda}\boldsymbol{P}^{-1}=\boldsymbol{P}\boldsymbol{\Lambda}^k\boldsymbol{P}^{-1}\end{aligned}$$

若令

$$\boldsymbol{\Lambda}=\begin{pmatrix}\lambda_1 & & & \\ & \lambda_2 & & \\ & & \ddots & \\ & & & \lambda_n\end{pmatrix}=\mathrm{diag}(\lambda_1,\ \lambda_2,\ \cdots,\ \lambda_n)$$

则有

$$\boldsymbol{\Lambda}^k=\begin{pmatrix}\lambda_1^k & & & \\ & \lambda_2^k & & \\ & & \ddots & \\ & & & \lambda_n^k\end{pmatrix}=\mathrm{diag}(\lambda_1^k,\ \lambda_2^k,\ \cdots,\ \lambda_n^k)$$

所以

$$A^k=P\Lambda^k P^{-1}=P\begin{pmatrix}\lambda_1^k & & & \\ & \lambda_2^k & & \\ & & \ddots & \\ & & & \lambda_n^k\end{pmatrix}P^{-1}=P\mathrm{diag}(\lambda_1{}^k, \lambda_2{}^k, \cdots, \lambda_n{}^k)P^{-1}$$

由此，可更方便地计算 A^k.

习题 5-2

1. 下列矩阵能否对角化？若能对角化，试求可逆矩阵 P，使其对角化.

(1) $A=\begin{pmatrix}1 & 1\\ -1 & 3\end{pmatrix}$ (2) $A=\begin{pmatrix} & & 1\\ & 1 & \\ 1 & & \end{pmatrix}$ (3) $A=\begin{pmatrix}1 & -1 & 1\\ 2 & 4 & -2\\ -3 & -3 & 5\end{pmatrix}$

2. 设矩阵 $A=\begin{pmatrix}2 & 0 & 1\\ 3 & 1 & x\\ 4 & 0 & 5\end{pmatrix}$ 可相似对角化，求 x.

3. 设三阶矩阵 A 的特征值为 $\lambda_1=\lambda_2=1$，$\lambda_3=2$，特征向量为

$$\alpha_1=\begin{pmatrix}1\\0\\0\end{pmatrix}, \alpha_2=\begin{pmatrix}0\\0\\1\end{pmatrix}, \beta=\begin{pmatrix}1\\1\\0\end{pmatrix}$$

其中 α_1，α_2 属于 λ_1，λ_2 β 属于 λ_3，求矩阵 A.

4. 设矩阵 $A=\begin{pmatrix}1 & 1 & -1\\ -2 & 4 & -2\\ -2 & 2 & 0\end{pmatrix}$，判断其是否能对角化，并求 A^5.

5. 证明：如果 A 可逆，则 AB 与 BA 相似.

5.3 实对称矩阵的对角化

一个什么样的方阵才能对角化？这是一个较复杂的问题. 我们对此不进行一般性的讨论，而仅讨论当 A 为对称矩阵的情形. 实数域上的对称矩阵简称为**实对称矩阵**，实对称矩阵一定能对角化，其特征值与特征向量具有一些特殊的性质.

5.3.1 实对称矩阵的对角化

定理 5.4 实对称矩阵的特征值为实数.

证明 设复数 λ 为实对称矩阵 A 的特征值，复向量 x 为对应的特征向量，即

$$Ax=\lambda x (x\neq 0)$$

用 $\bar{\lambda}$ 表示 λ 的共轭复数，用 $\bar{x}$ 表示 x 的共轭复向量.

因 A 为实对称矩阵，因此有 $\bar{A}=A$，$A^T=A$，故

$$A\bar{x}=\bar{A}\,\bar{x}=\overline{Ax}=\bar{\lambda}\,\bar{x}$$

于是有

$$\bar{x}^{T}Ax=\bar{x}^{T}(Ax)=\bar{x}^{T}(\lambda x)=\lambda\bar{x}^{T}x \tag{5-8}$$

$$\bar{x}^{T}Ax=(\bar{x}^{T}A^{T})x=(A\bar{x})^{T}x=(\bar{\lambda}\bar{x})^{T}x=\bar{\lambda}\bar{x}^{T}x \tag{5-9}$$

将式(5-8)代入式(5-9)中，得

$$(\lambda-\bar{\lambda})\bar{x}^{T}x=0.$$

因 $x\neq 0$，则

$$\bar{x}^{T}x=\sum_{i=1}^{n}\bar{x}_i x_i=\sum_{i=1}^{n}|x_i|^2\neq 0$$

所以 $\lambda-\bar{\lambda}=0$，即 $\lambda=\bar{\lambda}$. 这就说明 λ 是实数.

显然，当特征值 λ_i 为实数时，齐次线性方程组 $(A-\lambda_i E)x=0$ 是实系数方程组，由 $|A-\lambda_i E|=0$ 知必有实的基础解系，所以对应的特征向量可以取实向量.

定理 5.5 设 λ_1，λ_2 是实对称矩阵 A 的两个不同的特征值，p_1，p_2 是对应的特征向量，则 p_1，p_2 正交.

证明 分析可知

$$Ap_1=\lambda_1 p_1,\ Ap_2=\lambda_2 p_2,\ \lambda_1\neq\lambda_2,\ A^{T}=A$$

故有

$$\begin{aligned}\lambda_1 p_1{}^{T}p_2&=(\lambda_1 p_1)^{T}p_2=(Ap_1)^{T}p_2=p_1{}^{T}A^{T}p_2\\&=p_1^{T}(Ap_2)=p_1^{T}(\lambda_2 p_2)=\lambda_2 p_1^{T}p_2\end{aligned}$$

于是

$$(\lambda_1-\lambda_2)p_1^{T}p_2=0$$

因为 $\lambda_1\neq\lambda_2$，所以 $p_1^{T}p_2=0$，即 p_1，p_2 正交.

定理 5.6 设 A 为 n 阶实对称矩阵，则必存在正交矩阵 P，使 $P^{-1}AP=P^{T}AP=\Lambda$. 其中，Λ 是以 A 的 n 个特征值为主对角线元素的对角矩阵.

证明 用数学归纳法.

当 $n=1$ 时，一阶矩阵 A 已是对角矩阵，结论显然成立.

假设对任意的 $n-1$ 阶实对称矩阵，结论成立. 下面证明：对 n 阶实对称矩阵 A，结论也成立.

设 λ_1 是 A 的一个特征值，α_1 是 A 的属于 λ_1 的一个实特征向量. 由于 $\frac{1}{\|\alpha_1\|}\alpha_1$ 也是 A 的属于 λ_1 的特征向量，故不妨设 α_1 已是单位向量. 记 P_1 是以 α_1 为第一列的任一 n 阶正交矩阵. 把 P_1 分块为 $P_1=(\alpha_1,\ R)$，其中 R 为 $n\times(n-1)$ 矩阵，则

$$\begin{aligned}P_1^{-1}AP_1=P_1{}^{T}AP_1&=\begin{pmatrix}\alpha_1^{T}\\R^{T}\end{pmatrix}A(\alpha_1,\ R)\\&=\begin{pmatrix}\alpha_1{}^{T}A\alpha_1 & \alpha_1^{T}AR\\R^{T}A\alpha_1 & R^{T}AR\end{pmatrix}\end{aligned}$$

注意到 $A\alpha_1=\lambda_1\alpha_1$，$\alpha_1^{T}\alpha_1=1$ 及 α_1 与 R 的各列向量都正交，所以

$$P_1^{-1}AP_1=\begin{pmatrix}\lambda_1 & 0\\0 & A_1\end{pmatrix}$$

其中 $A_1=R^{T}AR$ 为 $(n-1)$ 阶实对称矩阵. 根据归纳法假设，对于 A_1，存在 $(n-1)$ 阶正

交矩阵 $\boldsymbol{P}_2$，使得

$$\boldsymbol{P}_2^{-1}\boldsymbol{A}_1\boldsymbol{P}_2=\begin{pmatrix}\lambda_2 & & & \\ & \lambda_3 & & \\ & & \ddots & \\ & & & \lambda_n\end{pmatrix}$$

令 $\boldsymbol{P}_3=\begin{pmatrix}1 & 0\\0 & \boldsymbol{P}_2\end{pmatrix}$，不难验证 $\boldsymbol{P}_3$ 仍是正交矩阵，并且

$$\begin{aligned}\boldsymbol{P}_3^{-1}(\boldsymbol{P}_1^{-1}\boldsymbol{A}\boldsymbol{P}_1)\boldsymbol{P}_3&=\begin{pmatrix}1 & 0\\0 & \boldsymbol{P}_2\end{pmatrix}^{-1}\begin{pmatrix}\lambda_1 & 0\\0 & \boldsymbol{A}_1\end{pmatrix}\begin{pmatrix}1 & 0\\0 & \boldsymbol{P}_2\end{pmatrix}\\&=\begin{pmatrix}\lambda_1 & 0\\0 & \boldsymbol{P}_2^{-1}\boldsymbol{A}_1\boldsymbol{P}_2\end{pmatrix}\\&=\begin{pmatrix}\lambda_1 & & & \\ & \lambda_2 & & \\ & & \ddots & \\ & & & \lambda_n\end{pmatrix}\end{aligned}$$

记 $\boldsymbol{P}=\boldsymbol{P}_1\boldsymbol{P}_3$，则上面的结果表明 $\boldsymbol{P}^{-1}\boldsymbol{A}\boldsymbol{P}$ 为对角矩阵．由数学归纳法原理，对任意的 n 阶实对称矩阵，定理的结论成立．

推论 5.3 设 $\boldsymbol{A}$ 为 n 阶实对称矩阵，λ 是 $\boldsymbol{A}$ 的特征方程的 r 重特征根，则 $R(\boldsymbol{A}-\lambda\boldsymbol{E})=n-r$，从而对应于特征值 λ 恰有 r 个线性无关的特征向量．

证明 由定理 5.6 知，实对称矩阵 $\boldsymbol{A}$ 与对角矩阵 $\boldsymbol{\Lambda}=\mathrm{diag}(\lambda_1，\lambda_2，\cdots，\lambda_n)$ 相似，从而 $\boldsymbol{A}-\lambda\boldsymbol{E}$ 与 $\boldsymbol{\Lambda}-\lambda\boldsymbol{E}=\mathrm{diag}(\lambda_1-\lambda，\lambda_2-\lambda，\cdots，\lambda_n-\lambda)$ 相似．当 λ 是 $\boldsymbol{A}$ 的特征方程的 r 重特征根时，$\lambda_1，\lambda_2，\cdots，\lambda_n$ 这 n 个特征值中有 r 个等于 λ，有 $n-r$ 个不等于 λ，从而对角阵 $\boldsymbol{\Lambda}-\lambda\boldsymbol{E}$ 的对角线上的元素有 r 个等于 0，于是 $R(\boldsymbol{\Lambda}-\lambda\boldsymbol{E})=n-r$．而 $R(\boldsymbol{A}-\lambda\boldsymbol{E})=R(\boldsymbol{\Lambda}-\lambda\boldsymbol{E})$，所以 $R(\boldsymbol{A}-\lambda\boldsymbol{E})=n-r$. 从而对应于特征值 λ 恰有 r 个线性无关的特征向量.

5.3.2 用正交矩阵化实对称矩阵为对角阵

依据定理 5.6 及其推论，我们把实对称矩阵 $\boldsymbol{A}$ 对角化的步骤总结如下．

① 求出 $\boldsymbol{A}$ 的全部互不相等的特征值 $\lambda_1，\cdots，\lambda_s$，它们的重数依次为 $r_1，\cdots，r_s(r_1+\cdots+r_s=n)$.

② 对每个 r_i 重特征值 λ_i，求方程 $(\boldsymbol{A}-\lambda_i\boldsymbol{E})\boldsymbol{x}=\boldsymbol{0}$ 的基础解系，得 r_i 个线性无关的特征向量．再用施密特正交化方法把它们正交化、单位化，得 r_i 个两两正交的单位特征向量．因 $r_1+\cdots+r_s=n$，故总共可得 n 个两两正交的单位特征向量．

③ 用这 n 个两两正交的单位特征向量构成正交阵 $\boldsymbol{P}$，便有 $\boldsymbol{P}^{-1}\boldsymbol{A}\boldsymbol{P}=\boldsymbol{P}^{\mathrm{T}}\boldsymbol{A}\boldsymbol{P}=\boldsymbol{\Lambda}$. 注意 $\boldsymbol{\Lambda}$ 中对角元的排列次序应与 $\boldsymbol{P}$ 中列向量的排列次序相对应．

【例 5.9】 设 $\boldsymbol{A}=\begin{pmatrix}1 & 1 & 1\\1 & 1 & 1\\1 & 1 & 1\end{pmatrix}$，求正交矩阵 $\boldsymbol{P}$，使 $\boldsymbol{A}$ 对角化．

解 特征方程为

$$|\boldsymbol{A}-\lambda\boldsymbol{E}|=\begin{vmatrix}1-\lambda & 1 & 1\\ 1 & 1-\lambda & 1\\ 1 & 1 & 1-\lambda\end{vmatrix}=\begin{vmatrix}3-\lambda & 3-\lambda & 3-\lambda\\ 1 & 1-\lambda & 1\\ 1 & 1 & 1-\lambda\end{vmatrix}$$

$$=(3-\lambda)\begin{vmatrix}1 & 1 & 1\\ 1 & 1-\lambda & 1\\ 1 & 1 & 1-\lambda\end{vmatrix}=\lambda^2(3-\lambda)=0$$

得 $\boldsymbol{A}$ 的特征值为 $\lambda_1=3$，$\lambda_2=\lambda_3=0$.

当 $\lambda_1=3$ 时，解方程组 $(\boldsymbol{A}-3\boldsymbol{E})\boldsymbol{x}=0$，得特征向量 $\boldsymbol{p}_1=\begin{pmatrix}1\\1\\1\end{pmatrix}$；

当 $\lambda_2=\lambda_3=0$ 时，解方程组 $\boldsymbol{A}\boldsymbol{x}=0$，得特征向量 $\boldsymbol{p}_2=\begin{pmatrix}-1\\1\\0\end{pmatrix}$，$\boldsymbol{p}_3=\begin{pmatrix}-1\\0\\1\end{pmatrix}$.

由定理 5.5 知，$\lambda_1=3\neq\lambda_2=0$ 时，特征向量 $\boldsymbol{p}_1$，$\boldsymbol{p}_2$ 正交；$\lambda_1=3\neq\lambda_3=0$ 时，特征向量 $\boldsymbol{p}_1$，$\boldsymbol{p}_3$ 正交，由于 $\boldsymbol{p}_2$，$\boldsymbol{p}_3$ 不正交，所以用施密特正交化方法将 $\boldsymbol{p}_2$，$\boldsymbol{p}_3$ 正交化，得

$$\boldsymbol{\beta}_2=\boldsymbol{p}_2=\begin{pmatrix}-1\\1\\0\end{pmatrix}$$

$$\boldsymbol{\beta}_3=\boldsymbol{p}_3-\frac{[\boldsymbol{\beta}_2,\ \boldsymbol{p}_3]}{[\boldsymbol{\beta}_2,\ \boldsymbol{\beta}_2]}\boldsymbol{\beta}_2=\begin{pmatrix}-1\\0\\1\end{pmatrix}-\frac{1}{2}\begin{pmatrix}-1\\1\\0\end{pmatrix}=\begin{pmatrix}-\frac{1}{2}\\-\frac{1}{2}\\1\end{pmatrix}$$

再单位化，得

$$\boldsymbol{e}_1=\frac{\boldsymbol{p}_1}{\|\boldsymbol{p}_1\|}=\frac{1}{\sqrt{3}}\begin{pmatrix}1\\1\\1\end{pmatrix},\ \boldsymbol{e}_2=\frac{\boldsymbol{\beta}_2}{\|\boldsymbol{\beta}_2\|}=\frac{1}{\sqrt{2}}\begin{pmatrix}-1\\1\\0\end{pmatrix},\ \boldsymbol{e}_3=\frac{\boldsymbol{\beta}_3}{\|\boldsymbol{\beta}_3\|}=\frac{1}{\sqrt{6}}\begin{pmatrix}-1\\-1\\2\end{pmatrix}$$

取

$$\boldsymbol{P}=(\boldsymbol{e}_1,\ \boldsymbol{e}_2,\ \boldsymbol{e}_3)=\begin{pmatrix}\frac{1}{\sqrt{3}} & -\frac{1}{\sqrt{2}} & -\frac{1}{\sqrt{6}}\\ \frac{1}{\sqrt{3}} & \frac{1}{\sqrt{2}} & -\frac{1}{\sqrt{6}}\\ \frac{1}{\sqrt{3}} & 0 & \frac{2}{\sqrt{6}}\end{pmatrix}$$

则有

$$\boldsymbol{P}^{-1}\boldsymbol{A}\boldsymbol{P}=\boldsymbol{\Lambda}=\begin{pmatrix}3 & & \\ & 0 & \\ & & 0\end{pmatrix}$$

【例 5.10】 设$A=\begin{pmatrix}2&-2&0\\-2&1&-2\\0&-2&0\end{pmatrix}$，求正交矩阵 P，使 A 对角化．

解 特征方程为$|A-\lambda E|=\begin{vmatrix}2-\lambda&-2&0\\-2&1-\lambda&-2\\0&-2&-\lambda\end{vmatrix}=(4-\lambda)(\lambda-1)(\lambda+2)=0$

得 A 的特征值为$\lambda_1=4$，$\lambda_2=1$，$\lambda_3=-2$.

当$\lambda_1=4$时，解方程组$(A-4E)x=0$，得特征向量$p_1=\begin{pmatrix}-2\\2\\-1\end{pmatrix}$；

当$\lambda_2=1$时，解方程组$(A-E)x=0$，得特征向量$p_2=\begin{pmatrix}2\\1\\-2\end{pmatrix}$；

当$\lambda_3=-2$时，解方程组$(A+2E)x=0$，得特征向量$p_3=\begin{pmatrix}1\\2\\2\end{pmatrix}$.

由定理 5.5，由于 p_1，p_2，p_3 是属于 A 的 3 个不同特征值的特征向量，故它们必两两正交．

单位化得：$e_1=\dfrac{p_1}{\|p_1\|}=\begin{pmatrix}-\dfrac{2}{3}\\\dfrac{2}{3}\\-\dfrac{1}{3}\end{pmatrix}$，$e_2=\dfrac{p_2}{\|p_2\|}=\begin{pmatrix}\dfrac{2}{3}\\\dfrac{1}{3}\\-\dfrac{2}{3}\end{pmatrix}$，$e_3=\dfrac{p_3}{\|p_3\|}=\begin{pmatrix}\dfrac{1}{3}\\\dfrac{2}{3}\\\dfrac{2}{3}\end{pmatrix}$.

取$P=(e_1,e_2,e_3)=\begin{pmatrix}-\dfrac{2}{3}&\dfrac{2}{3}&\dfrac{1}{3}\\\dfrac{2}{3}&\dfrac{1}{3}&\dfrac{2}{3}\\-\dfrac{1}{3}&-\dfrac{2}{3}&\dfrac{2}{3}\end{pmatrix}$，则有$P^{-1}AP=\Lambda=\begin{pmatrix}4&&\\&1&\\&&-2\end{pmatrix}$.

【例 5.11】 设三阶实对称矩阵 A 的特征值为$\lambda_1=0$，$\lambda_2=\lambda_3=1$，A 的属于λ_1的特征向量为$p_1=(0,1,1)^T$，求 A.

解 三阶实对称矩阵必可对角化，由推论 5.3 知，对应于$\lambda_2=\lambda_3=1$的线性无关的特征向量应有 2 个，分别设为 p_2，p_3．根据定理 5.5 得 p_2，p_3与 p_1都正交．

设与向量 p_1正交的向量为$x=(x_1,x_2,x_3)^T$，则有

$$p_1^Tx=(0,1,1)\begin{pmatrix}x_1\\x_2\\x_3\end{pmatrix}=x_2+x_3=0$$

解此方程可得基础解系，即 A 的对应于$\lambda_2=\lambda_3=1$的线性无关的特征向量为

$$\boldsymbol{p}_2=\begin{pmatrix}1\\0\\0\end{pmatrix},\ \boldsymbol{p}_3=\begin{pmatrix}0\\-1\\1\end{pmatrix}$$

由于 $\boldsymbol{p}_2$，$\boldsymbol{p}_3$正交，所以只需将 $\boldsymbol{p}_1$，$\boldsymbol{p}_2$，$\boldsymbol{p}_3$单位化，得

$$\boldsymbol{e}_1=\frac{\boldsymbol{p}_1}{\|\boldsymbol{p}_1\|}=\begin{pmatrix}0\\\frac{1}{\sqrt{2}}\\\frac{1}{\sqrt{2}}\end{pmatrix},\ \boldsymbol{e}_2=\frac{\boldsymbol{p}_2}{\|\boldsymbol{p}_2\|}=\begin{pmatrix}1\\0\\0\end{pmatrix},\ \boldsymbol{e}_3=\frac{\boldsymbol{p}_3}{\|\boldsymbol{p}_3\|}=\begin{pmatrix}0\\-\frac{1}{\sqrt{2}}\\\frac{1}{\sqrt{2}}\end{pmatrix}$$

取正交矩阵

$$\boldsymbol{P}=(\boldsymbol{e}_1,\ \boldsymbol{e}_2,\ \boldsymbol{e}_3)=\begin{pmatrix}0&1&0\\\frac{1}{\sqrt{2}}&0&-\frac{1}{\sqrt{2}}\\\frac{1}{\sqrt{2}}&0&\frac{1}{\sqrt{2}}\end{pmatrix}$$

则有

$$\boldsymbol{P}^{-1}\boldsymbol{A}\boldsymbol{P}=\boldsymbol{\Lambda}=\begin{pmatrix}0&&\\&1&\\&&1\end{pmatrix}$$

所以

$$\boldsymbol{A}=\boldsymbol{P}\boldsymbol{\Lambda}\boldsymbol{P}^{-1}=\boldsymbol{P}\boldsymbol{\Lambda}\boldsymbol{P}^{\mathrm{T}}=\begin{pmatrix}0&1&0\\\frac{1}{\sqrt{2}}&0&-\frac{1}{\sqrt{2}}\\\frac{1}{\sqrt{2}}&0&\frac{1}{\sqrt{2}}\end{pmatrix}\begin{pmatrix}0&&\\&1&\\&&1\end{pmatrix}\begin{pmatrix}0&\frac{1}{\sqrt{2}}&\frac{1}{\sqrt{2}}\\1&0&0\\0&-\frac{1}{\sqrt{2}}&\frac{1}{\sqrt{2}}\end{pmatrix}$$

$$=\begin{pmatrix}1&0&0\\0&\frac{1}{2}&-\frac{1}{2}\\0&-\frac{1}{2}&\frac{1}{2}\end{pmatrix}$$

习题 5-3

求正交矩阵 $\boldsymbol{P}$，将下列矩阵对角化．

(1) $\boldsymbol{A}=\begin{pmatrix}0&0&1\\0&0&0\\1&0&0\end{pmatrix}$　　(2) $\boldsymbol{A}=\begin{pmatrix}1&-2&0\\-2&2&-2\\0&-2&3\end{pmatrix}$

(3) $\boldsymbol{A}=\begin{pmatrix}0&-1&1\\-1&0&1\\1&1&0\end{pmatrix}$　　(4) $\boldsymbol{A}=\begin{pmatrix}5&-3\\-3&5\end{pmatrix}$

5.4 二次型及其标准形

二次型在几何学、运筹学、统计学、物理学、力学、管理学等许多学科分支中都有重要的应用．二次型的理论，起源于解析几何中的二次曲线和二次曲面的研究．在解析几何中，为了便于研究二次曲线

$$ax^2+bxy+cy^2=1 \tag{5-10}$$

的几何性质，可做适当的坐标旋转变换

$$\begin{cases} x=x'\cos\theta-y'\sin\theta \\ y=x'\sin\theta+y'\cos\theta \end{cases},$$

使方程(5-10)化为标准形

$$mx'^2+ny'^2=1.$$

方程(5-10)左边的二次齐次多项式就是我们要研究的二次型．本节主要研究二次型化为标准形及正定二次型和正定矩阵的一些基本性质．

5.4.1 二次型的定义和矩阵表示，合同矩阵

定义 5.4 n 个变量 $x_1, x_2, \cdots, x_n$ 的二次齐次多项式

$$\begin{aligned} f(x_1, x_2, \cdots, x_n)=&a_{11}x_1^2+a_{22}x_2^2+\cdots+a_{nn}x_n^2+ \\ &2a_{12}x_1x_2+\cdots+2a_{1n}x_1x_n+\cdots+2a_{n-1,n}x_{n-1}x_n \end{aligned} \tag{5-11}$$

称为 ***n* 元二次型**，简称为**二次型**．当系数 a_{ij}（$i=1,2,\cdots,n;j=1,2,\cdots,n$）均为实数时称为 n 元实二次型，否则称为 n 元复二次型．以下仅考虑实二次型．

为方便起见，记 $2a_{ij}x_ix_j=a_{ij}x_ix_j+a_{ji}x_jx_i$，其中 $a_{ij}=a_{ji}$，则二次型可重新表示为

$$f(x_1, x_2, \cdots, x_n)=a_{11}x_1^2+a_{12}x_1x_2+\cdots+a_{1n}x_1x_n+a_{21}x_2x_1+a_{22}x_2^2+\cdots+a_{2n}x_2x_n+\cdots+a_{n1}x_nx_1+a_{n2}x_nx_2+\cdots+a_{nn}x_n^2=\sum_{i,j=1}^{n}a_{ij}x_ix_j$$

按矩阵乘法可写成

$$f(x_1, x_2, \cdots, x_n)=(x_1 \quad x_2 \quad \cdots \quad x_n)\begin{pmatrix} a_{11} & a_{12} & \cdots & a_{1n} \\ a_{21} & a_{22} & \cdots & a_{2n} \\ \vdots & \vdots & & \vdots \\ a_{n1} & a_{n2} & \cdots & a_{nn} \end{pmatrix}\begin{pmatrix} x_1 \\ x_2 \\ \vdots \\ x_n \end{pmatrix}$$

记

$$\boldsymbol{A}=\begin{pmatrix} a_{11} & a_{12} & \cdots & a_{1n} \\ a_{21} & a_{22} & \cdots & a_{2n} \\ \vdots & \vdots & & \vdots \\ a_{n1} & a_{n2} & \cdots & a_{nn} \end{pmatrix}, \quad \boldsymbol{x}=\begin{pmatrix} x_1 \\ x_2 \\ \vdots \\ x_n \end{pmatrix}$$

则二次型可写成

$$f(x_1, x_2, \cdots, x_n)=\boldsymbol{x}^{\mathrm{T}}\boldsymbol{A}\boldsymbol{x} \quad (\boldsymbol{A}^{\mathrm{T}}=\boldsymbol{A}) \tag{5-12}$$

由于二次型与实对称矩阵 $\boldsymbol{A}$ 是一一对应关系，因此 $\boldsymbol{A}$ 称为二次型 f 的矩阵，f 称为对称矩阵 $\boldsymbol{A}$ 的二次型，并称 $\boldsymbol{A}$ 的秩为**二次型 f 的秩**.

【例 5.12】 写出三元二次型 $f=x_1^2+2x_2^2+3x_3^2-2x_1x_2-6x_2x_3$ 的矩阵，并把这个二次型用矩阵表示出来.

解

$$\boldsymbol{A}=\begin{pmatrix}1&-1&0\\-1&2&-3\\0&-3&3\end{pmatrix}$$

$$f=\boldsymbol{x}^{\mathrm{T}}\boldsymbol{A}\boldsymbol{x}=(x_1\quad x_2\quad x_3)\begin{pmatrix}1&-1&0\\-1&2&-3\\0&-3&3\end{pmatrix}\begin{pmatrix}x_1\\x_2\\x_3\end{pmatrix}$$

【例 5.13】 已知实对称矩阵 $\boldsymbol{A}=\begin{pmatrix}2&1&-2\\1&-1&2\\-2&2&1\end{pmatrix}$，写出其二次型，并求出二次型的秩.

解 $f=2x_1^2-x_2^2+x_3^2+2x_1x_2-4x_1x_3+4x_2x_3$

因为 $|\boldsymbol{A}|=-15$，所以 $R(\boldsymbol{A})=3$，因此二次型 f 的秩为 3.

定义 5.5 仅含平方项的二次型 $f=k_1x_1^2+k_2x_2^2+\cdots+k_nx_n^2$ 称为**二次型的标准形**.

显然，标准形的矩阵为对角矩阵.

对于二次型，我们希望能找到一个从 x_1，x_2，…，x_n 到 y_1，y_2，…，y_n 的可逆线性变换

$$\begin{cases}x_1=c_{11}y_1+c_{12}y_2+\cdots+c_{1n}y_n\\x_2=c_{21}y_1+c_{22}y_2+\cdots+c_{2n}y_n\\\quad\vdots\\x_n=c_{n1}y_1+c_{n2}y_2+\cdots+c_{nn}y_n\end{cases}$$

即 $\boldsymbol{x}=\boldsymbol{C}\boldsymbol{y}$，$\boldsymbol{C}$ 为可逆矩阵，使二次型能化为标准形 $f=k_1y_1^2+k_2y_2^2+\cdots+k_ny_n^2$.

把可逆变换 $\boldsymbol{x}=\boldsymbol{C}\boldsymbol{y}$ 代入 $f=\boldsymbol{x}^{\mathrm{T}}\boldsymbol{A}\boldsymbol{x}$，得

$$f=(\boldsymbol{C}\boldsymbol{y})^{\mathrm{T}}\boldsymbol{A}(\boldsymbol{C}\boldsymbol{y})=\boldsymbol{y}^{\mathrm{T}}(\boldsymbol{C}^{\mathrm{T}}\boldsymbol{A}\boldsymbol{C})\boldsymbol{y}=\boldsymbol{y}^{\mathrm{T}}\boldsymbol{B}\boldsymbol{y}$$

f 化为 y_1，y_2，…，y_n 的 n 元二次型，且该二次型的矩阵为 $\boldsymbol{B}=\boldsymbol{C}^{\mathrm{T}}\boldsymbol{A}\boldsymbol{C}$ 为对角矩阵.

因为 $\boldsymbol{A}$ 是对称矩阵，则 $\boldsymbol{B}^{\mathrm{T}}=(\boldsymbol{C}^{\mathrm{T}}\boldsymbol{A}\boldsymbol{C})^{\mathrm{T}}=\boldsymbol{C}^{\mathrm{T}}\boldsymbol{A}^{\mathrm{T}}\boldsymbol{C}=\boldsymbol{C}^{\mathrm{T}}\boldsymbol{A}\boldsymbol{C}=\boldsymbol{B}$，即 $\boldsymbol{B}$ 亦为对称矩阵. 又 C 可逆，则 $\boldsymbol{C}^{\mathrm{T}}$ 也可逆，从而 $R(\boldsymbol{B})=R(\boldsymbol{A})$，即有以下定理.

定理 5.7 可逆线性变换下，二次型仍为二次型，二次型的秩不变.

上述讨论表明，二次型 f 经过可逆线性变换化成标准形等价于对实对称矩阵 $\boldsymbol{A}$，找一个可逆矩阵 $\boldsymbol{C}$，使 $\boldsymbol{C}^{\mathrm{T}}\boldsymbol{A}\boldsymbol{C}$ 为对角矩阵.

定义 5.6 设矩阵 $\boldsymbol{A}$，$\boldsymbol{B}$ 为同阶方阵，如果存在可逆矩阵 $\boldsymbol{C}$，使得 $\boldsymbol{B}=\boldsymbol{C}^{\mathrm{T}}\boldsymbol{A}\boldsymbol{C}$，则称 $\boldsymbol{A}$ 与 $\boldsymbol{B}$ 是合同的，记为 $\boldsymbol{A}\cong\boldsymbol{B}$. 对方阵 $\boldsymbol{A}$ 的运算 $\boldsymbol{C}^{\mathrm{T}}\boldsymbol{A}\boldsymbol{C}$ 称为对 $\boldsymbol{A}$ 的合同变换，并称 $\boldsymbol{C}$ 为把 $\boldsymbol{A}$ 变为 $\boldsymbol{B}$ 的合同变换矩阵.

容易验证，矩阵的合同关系是一个等价关系，即有如下性质.

① 反身性：$\boldsymbol{A}\cong\boldsymbol{A}$；

② 对称性：若 $\boldsymbol{A}\cong\boldsymbol{B}$，则 $\boldsymbol{B}\cong\boldsymbol{A}$；

③ 传递性：若 $\boldsymbol{A}\cong\boldsymbol{B}$，$\boldsymbol{B}\cong\boldsymbol{C}$，则 $\boldsymbol{A}\cong\boldsymbol{C}$.

定理 5.8 设 $\boldsymbol{A}$ 为实对称矩阵，则 $\boldsymbol{A}$ 合同于对角矩阵.

证明 由定理 5.6 知，存在正交矩阵 $\boldsymbol{P}$，使得

$$\boldsymbol{P}^{-1}\boldsymbol{A}\boldsymbol{P}=\begin{pmatrix}\lambda_1 & & \\ & \ddots & \\ & & \lambda_n\end{pmatrix}$$

其中 λ_1，λ_2，…，λ_n 为 $\boldsymbol{A}$ 的 n 个特征值，故

$$\boldsymbol{P}^{\mathrm{T}}\boldsymbol{A}\boldsymbol{P}=\boldsymbol{P}^{-1}\boldsymbol{A}\boldsymbol{P}=\begin{pmatrix}\lambda_1 & & \\ & \ddots & \\ & & \lambda_n\end{pmatrix},$$

所以，$\boldsymbol{A}$ 与对角矩阵合同.

5.4.2 正交变换化二次型为标准形

本节我们用一个特殊的可逆线性变换——正交变换，将二次型化为标准形. 正交变换在几何上的一个重要作用是它能保持向量的长度不变.

定理 5.9 任意 n 元实二次型 $f=\boldsymbol{x}^{\mathrm{T}}\boldsymbol{A}\boldsymbol{x}$ 都可经正交变换 $\boldsymbol{x}=\boldsymbol{P}\boldsymbol{y}$ 化为标准形

$$f=\lambda_1y_1^2+\lambda_2y_2^2+\cdots+\lambda_ny_n^2,$$

其中 λ_1，λ_2，…，λ_n 为 $\boldsymbol{A}$ 的 n 个特征值.

证明 由定理 5.6 知，存在正交矩阵 $\boldsymbol{P}$，使

$$\boldsymbol{P}^{-1}\boldsymbol{A}\boldsymbol{P}=\boldsymbol{P}^{\mathrm{T}}\boldsymbol{A}\boldsymbol{P}=\begin{pmatrix}\lambda_1 & & \\ & \ddots & \\ & & \lambda_n\end{pmatrix},$$

其中 λ_1，λ_2，…，λ_n 为 $\boldsymbol{A}$ 的 n 个特征值. 令 $\boldsymbol{x}=\boldsymbol{P}\boldsymbol{y}$，得

$$f=\boldsymbol{x}^{\mathrm{T}}\boldsymbol{A}\boldsymbol{x}=\boldsymbol{y}^{\mathrm{T}}(\boldsymbol{P}^{\mathrm{T}}\boldsymbol{A}\boldsymbol{P})\boldsymbol{y}=\lambda_1y_1^2+\lambda_2y_2^2+\cdots+\lambda_ny_n^2$$

【例 5.14】 将二次型

$$f=17x_1^2+14x_2^2+14x_3^2-4x_1x_2-4x_1x_3-8x_2x_3$$

通过正交变换 $\boldsymbol{x}=\boldsymbol{P}\boldsymbol{y}$，化成标准形.

解 1. 写出对应的二次型矩阵，并求其特征值

$$\boldsymbol{A}=\begin{pmatrix}17 & -2 & -2\\ -2 & 14 & -4\\ -2 & -4 & 14\end{pmatrix}$$

$$|\boldsymbol{A}-\lambda\boldsymbol{E}|=\begin{pmatrix}17-\lambda & -2 & -2\\ -2 & 14-\lambda & -4\\ -2 & -4 & 14-\lambda\end{pmatrix}=(\lambda-18)^2(\lambda-9)$$

从而得特征值 $\lambda_1=9$，$\lambda_2=\lambda_3=18$.

2. 求特征向量

将 $\lambda_1=9$ 代入 $(\boldsymbol{A}-\lambda\boldsymbol{E})\boldsymbol{x}=\boldsymbol{0}$，得基础解系

$$\boldsymbol{p}_1=(1/2,1,1)^{\mathrm{T}}$$

将 $\lambda_2=\lambda_3=18$ 代入 $(\boldsymbol{A}-\lambda\boldsymbol{E})\boldsymbol{x}=\boldsymbol{0}$，得基础解系

$$\boldsymbol{p}_2=(-2,1,0)^{\mathrm{T}},\boldsymbol{p}_3=(-2,0,1)^{\mathrm{T}}$$

3. 将特征向量正交化

取 $\boldsymbol{\alpha}_1=\boldsymbol{p}_1,\boldsymbol{\alpha}_2=\boldsymbol{p}_2,\boldsymbol{\alpha}_3=\boldsymbol{p}_3-\dfrac{[\boldsymbol{\alpha}_2,\boldsymbol{p}_3]}{[\boldsymbol{\alpha}_2,\boldsymbol{\alpha}_2]}\boldsymbol{\alpha}_2$，

得正交向量组

$$\boldsymbol{\alpha}_1=(1/2,1,1)^{\mathrm{T}},\boldsymbol{\alpha}_2=(-2,1,0)^{\mathrm{T}},\boldsymbol{\alpha}_3=(-2/5,-4/5,1)^{\mathrm{T}}.$$

4. 将正交向量组单位化，得正交矩阵 $\boldsymbol{P}$

令 $\boldsymbol{e}_i=\dfrac{\boldsymbol{\alpha}_i}{\|\boldsymbol{\alpha}_i\|},(i=1,2,3)$，

得 $\boldsymbol{e}_1=\begin{pmatrix}1/3\\2/3\\2/3\end{pmatrix},\boldsymbol{e}_2=\begin{pmatrix}-2/\sqrt{5}\\1/\sqrt{5}\\0\end{pmatrix},\boldsymbol{e}_3=\begin{pmatrix}-2/\sqrt{45}\\-4/\sqrt{45}\\5/\sqrt{45}\end{pmatrix}$

所以 $\boldsymbol{P}=\begin{pmatrix}1/3 & -2/\sqrt{5} & -2/\sqrt{45}\\2/3 & 1/\sqrt{5} & -4/\sqrt{45}\\2/3 & 0 & 5/\sqrt{45}\end{pmatrix}$.

于是所求正交变换为

$$\begin{pmatrix}x_1\\x_2\\x_3\end{pmatrix}=\begin{pmatrix}1/3 & -2/\sqrt{5} & -2/\sqrt{45}\\2/3 & 1/\sqrt{5} & -4/\sqrt{45}\\2/3 & 0 & 5/\sqrt{45}\end{pmatrix}\begin{pmatrix}y_1\\y_2\\y_3\end{pmatrix},$$

且有 $f=9y_1^2+18y_2^2+18y_3^2$.

正交变换的优点是保持二次型“几何图形”不变．下面将正交变换应用到二次曲面方程的标准化，以判断其类型(二次曲线情况类似).

【例 5.15】 用正交变换把二次曲面方程

$$2x_1^2+5x_2^2+5x_3^2+4x_1x_2-4x_1x_3-8x_2x_3=1$$

化为标准方程，并判断曲面的类型．

解 方程左端的二次型矩阵为

$$\boldsymbol{A}=\begin{pmatrix}2 & 2 & -2\\2 & 5 & -4\\-2 & -4 & 5\end{pmatrix}$$

它的特征多项式为

$$|\boldsymbol{A}-\lambda\boldsymbol{E}|=\begin{vmatrix}2-\lambda & 2 & -2\\2 & 5-\lambda & -4\\-2 & -4 & 5-\lambda\end{vmatrix}=\begin{vmatrix}2-\lambda & 2 & -2\\0 & 1-\lambda & 1-\lambda\\-2 & -4 & 5-\lambda\end{vmatrix}$$

$$=\begin{vmatrix}2-\lambda & 2 & -4\\ 0 & 1-\lambda & 0\\ -2 & -4 & 9-\lambda\end{vmatrix}=-(\lambda-1)^2(\lambda-10)$$

所以 $\boldsymbol{A}$ 的特征值为 $\lambda_1=10$，$\lambda_2=\lambda_3=1$.

当 $\lambda_1=10$ 时，解方程组 $(\boldsymbol{A}-10\boldsymbol{E})\boldsymbol{x}=\boldsymbol{0}$，得特征向量

$$\boldsymbol{p}_1=\begin{pmatrix}-1\\-2\\2\end{pmatrix}$$

当 $\lambda_2=\lambda_3=1$ 时，解方程组 $(\boldsymbol{A}-\boldsymbol{E})\boldsymbol{x}=\boldsymbol{0}$，得特征向量

$$\boldsymbol{p}_2=\begin{pmatrix}-2\\1\\0\end{pmatrix},\ \boldsymbol{p}_3=\begin{pmatrix}2\\0\\1\end{pmatrix}$$

正交化，得

$$\boldsymbol{q}_2=\begin{pmatrix}-2\\1\\0\end{pmatrix},\ \boldsymbol{q}_3=\begin{pmatrix}\frac{2}{5}\\ \frac{4}{5}\\ 1\end{pmatrix}$$

再单位化，得

$$\boldsymbol{e}_1=\frac{1}{3}\begin{pmatrix}-1\\-2\\2\end{pmatrix},\ \boldsymbol{e}_2=\frac{1}{\sqrt{5}}\begin{pmatrix}-2\\1\\0\end{pmatrix},\ \boldsymbol{e}_3=\frac{1}{3\sqrt{5}}\begin{pmatrix}2\\4\\5\end{pmatrix}$$

取

$$\boldsymbol{P}=(\boldsymbol{e}_1,\ \boldsymbol{e}_2,\ \boldsymbol{e}_3)=\begin{pmatrix}-\frac{1}{3} & -\frac{2}{\sqrt{5}} & \frac{2}{3\sqrt{5}}\\ -\frac{2}{3} & \frac{1}{\sqrt{5}} & \frac{4}{3\sqrt{5}}\\ \frac{2}{3} & 0 & \frac{\sqrt{5}}{3}\end{pmatrix}$$

则在正交变换 $\boldsymbol{x}=\boldsymbol{P}\boldsymbol{y}$ 下，原二次曲面方程化为标准方程

$$10y_1^2+y_2^2+y_3^2=1$$

故此曲面为椭球面.

5.4.3 配方法化二次型为标准形

用正交变换化二次型为标准形是一种常见的方法，通常计算量比较大. 如果不要求作正交变换，而只要求作一般的可逆线性变换，那么化二次型为标准形可用一种简便的方法——配方法. 我们以例题说明这种方法.

【例 5.16】 用配方法化二次型 $f=x_1^2+2x_2^2+5x_3^2+2x_1x_2+2x_1x_3+6x_2x_3$ 为标准形，并求所用的变换矩阵

含有平方项　　含有 x_1 的项配方

解

$$
\begin{aligned}
f &= x_1^2 + 2x_2^2 + 5x_3^2 + 2x_1x_2 + 2x_1x_3 + 6x_2x_3 \\
&= x_1^2 + 2x_1x_2 + 2x_1x_3 + 2x_2^2 + 5x_3^2 + 6x_2x_3 \\
&= (x_1 + x_2 + x_3)^2 \\
&\quad \boxed{-x_2^2 - x_3^2 - 2x_2x_3} + 2x_2^2 + 5x_3^2 + 6x_2x_3
\end{aligned}
$$

去掉配方后多出来的项

$$
\begin{aligned}
&= (x_1+x_2+x_3)^2 + x_2^2 + 4x_3^2 + 4x_2x_3 \\
&= (x_1+x_2+x_3)^2 + (x_2+2x_3)^2.
\end{aligned}
$$

令 $\begin{cases} y_1 = x_1 + x_2 + x_3 \\ y_2 = x_2 + 2x_3 \\ y_3 = x_3 \end{cases} \Rightarrow \begin{cases} x_1 = y_1 - y_2 + y_3 \\ x_2 = y_2 - 2y_3 \\ x_3 = y_3 \end{cases}$

$$\Leftrightarrow \begin{pmatrix} x_1 \\ x_2 \\ x_3 \end{pmatrix} = \begin{pmatrix} 1 & -1 & 1 \\ 0 & 1 & -2 \\ 0 & 0 & 1 \end{pmatrix} \begin{pmatrix} y_1 \\ y_2 \\ y_3 \end{pmatrix}$$

所以 $f = x_1^2 + 2x_2^2 + 5x_3^2 + 2x_1x_2 + 2x_1x_3 + 6x_2x_3 = y_1^2 + y_2^2$.

所用变换矩阵为

$$\boldsymbol{C} = \begin{pmatrix} 1 & -1 & 1 \\ 0 & 1 & -2 \\ 0 & 0 & 1 \end{pmatrix}, \ (|\boldsymbol{C}| = 1 \neq 0).$$

【例 5.17】 化二次型 $f = 2x_1x_2 + 2x_1x_3 - 6x_2x_3$ 为标准形，并求出所用的变换矩阵.

解 f 中不含平方项，无法配方，故先作线性变换，令

$$\begin{cases} x_1 = y_1 + y_2 \\ x_2 = y_1 - y_2 \\ x_3 = \qquad\quad y_3 \end{cases}$$

代入可得

$$f = 2y_1^2 - 2y_2^2 - 4y_1y_3 + 8y_2y_3$$

再配方，得

$$f = 2(y_1 - y_3)^2 - 2(y_2 - 2y_3)^2 + 6y_3^2$$

令

$$\begin{cases} z_1 = y_1 - y_3 \\ z_2 = \qquad y_2 - 2y_3 \\ z_3 = \qquad\qquad y_3 \end{cases}$$

得

$$\begin{cases} y_1 = z_1 + z_3 \\ y_2 = \qquad z_2 + 2z_3 \\ y_3 = \qquad\qquad z_3 \end{cases}$$

故

$$f=2z_1^2-2z_2^2+6z_3^2$$

所用变换矩阵为

$$\boldsymbol{C}=\begin{pmatrix}1&1&0\\1&-1&0\\0&0&1\end{pmatrix}\begin{pmatrix}1&0&1\\0&1&2\\0&0&1\end{pmatrix}=\begin{pmatrix}1&1&3\\1&-1&-1\\0&0&1\end{pmatrix}\quad (|\boldsymbol{C}|=-2\neq 0)$$

由以上各例可知，一个二次型的标准形并不是唯一的，但标准形中所含的项数(即二次型的秩)是相同的，更进一步可以证明：标准形中正(负)系数的个数是不变的.

定理 5.10 (惯性定理)设 n 元二次型 $f=\boldsymbol{x}^{\mathrm{T}}\boldsymbol{A}\boldsymbol{x}$ 的秩为 $r\leqslant n$，总有可逆变换 $\boldsymbol{x}=\boldsymbol{P}\boldsymbol{y}$ 把它化成标准形

$$f=k_1y_1^2+k_2y_2^2+\cdots+k_ry_r^2$$

其中 k_1，k_2，…，k_r 中正数的个数 s 与负数的个数 t 不变，且 $s+t=r$.

这里 s 称为二次型 f 或矩阵 $\boldsymbol{A}$ 的**正惯性指数**，$t=r-s$ 称为**负惯性指数**.

推论 5.4 二次型 $f(x_1, x_2, \cdots, x_n)$ 可以通过可逆线性变换 $\boldsymbol{x}=\boldsymbol{C}\boldsymbol{y}$ 化为

$$y_1^2+\cdots+y_s^2-y_{s+1}^2-\cdots-y_r^2$$

称上式为二次型的**规范形**，且规范形是唯一的.

推论 5.5 设 $\boldsymbol{A}$，$\boldsymbol{B}$ 为实对称阵，则 $\boldsymbol{A}$ 与 $\boldsymbol{B}$ 合同的充要条件为 $\boldsymbol{A}$，$\boldsymbol{B}$ 的秩和正惯性指数分别相同.

证明 必要性：若 $\boldsymbol{A}$ 与 $\boldsymbol{B}$ 合同，则存在可逆矩阵 $\boldsymbol{C}$，使 $\boldsymbol{B}=\boldsymbol{C}^{\mathrm{T}}\boldsymbol{A}\boldsymbol{C}$. 于是对二次型

$$f(x_1, x_2, \cdots, x_n)=\boldsymbol{x}^{\mathrm{T}}\boldsymbol{A}\boldsymbol{x},$$

经过可逆线性变换 $\boldsymbol{x}=\boldsymbol{C}\boldsymbol{y}$，化成

$$g(y_1, y_2, \cdots, y_n)=\boldsymbol{y}^{\mathrm{T}}\boldsymbol{B}\boldsymbol{y}$$

由惯性定理知，$\boldsymbol{A}$，$\boldsymbol{B}$ 的秩和正惯性指数分别相同.

充分性：若 $\boldsymbol{A}$，$\boldsymbol{B}$ 的秩和正惯性指数分别相同，那么 $\boldsymbol{A}$，$\boldsymbol{B}$ 均与

$$\begin{pmatrix}1&&&&&&&\\&\ddots&&&&&&\\&&1&&&&&\\&&&-1&&&&\\&&&&\ddots&&&\\&&&&&-1&&\\&&&&&&0&\\&&&&&&&\ddots\\&&&&&&&&0\end{pmatrix}\begin{matrix}\left.\vphantom{\begin{matrix}1\\1\\1\end{matrix}}\right\}s\text{ 个}\\\left.\vphantom{\begin{matrix}1\\1\\1\end{matrix}}\right\}r-s\text{ 个}\\\left.\vphantom{\begin{matrix}1\\1\\1\end{matrix}}\right\}n-r\text{ 个}\end{matrix}$$

合同，故 $\boldsymbol{A}$ 与 $\boldsymbol{B}$ 合同.

习题 5-4

1. 将下列各二次型用矩阵乘法表示，并指出二次型的秩.

(1) $f=x_1^2+2x_2^2+3x_3^2+x_1x_2+2x_1x_3-x_2x_3$

(2) $f=x_1x_2+x_1x_3+x_2x_3$

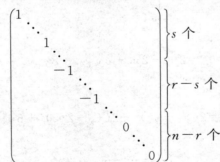

(3) $f=x_1^2+x_2^2-x_1x_2+x_3^2+x_4^2-x_3x_4$

2. 写出下列对称矩阵确定的二次型，并指出二次型的秩．

(1) $\begin{pmatrix} 2 & & \\ & -1 & \\ & & 3 \end{pmatrix}$　　(2) $\begin{pmatrix} 0 & 1 & \frac{1}{2} \\ 1 & 0 & -1 \\ \frac{1}{2} & -1 & 0 \end{pmatrix}$

(3) $\begin{pmatrix} -2 & 1 & 0 \\ 1 & -2 & -1 \\ 0 & -1 & -1 \end{pmatrix}$　　(4) $\begin{pmatrix} 3 & -1 & & \\ -1 & 2 & & \\ & & 3 & -1 \\ & & -1 & 2 \end{pmatrix}$

3. 证明 $\begin{pmatrix} a_1 & & \\ & a_2 & \\ & & a_3 \end{pmatrix}$ 与 $\begin{pmatrix} a_1 & & \\ & a_3 & \\ & & a_2 \end{pmatrix}$ 合同．

4. 用正交变换化下列二次型为标准形，并写出所用的正交变换．

(1) $f=x_1^2+x_2^2-3x_3^2-4x_1x_2+4x_1x_3+4x_2x_3$

(2) $f=4x_1^2+5x_2^2-4x_3^2-6x_1x_3$

5. 用配方法化下列二次型为标准形，并写出所用的线性变换．

(1) $f=2x_1^2+x_2^2-4x_3^2-4x_1x_2-2x_2x_3$

(2) $f=x_1^2+2x_2^2+3x_3^2-2x_1x_2-2x_2x_3$

5.5 正定二次型

在实二次型中，正定二次型具有重要的地位，本节介绍正定二次型、正定矩阵的定义和常用的几个判别方法．

定义 5.7 设 $f=\boldsymbol{x}^{\mathrm{T}}\boldsymbol{A}\boldsymbol{x}$ 为实二次型．若对于任意 $\boldsymbol{x}\neq\boldsymbol{0}$，都有 $f>0$(或 $f<0$)，则称 f 为**正定(或负定)二次型**，f 的矩阵 $\boldsymbol{A}$ 称为**正定(或负定)矩阵**，记为 $\boldsymbol{A}>0$(或 $\boldsymbol{A}<0$)．若 f 既不是正定的，也不是负定的，则称 f 是不定的．

例如，实二次型 $f(x_1, x_2, x_3)=x_1^2+2x_2^2+3x_3^2$ 显然为正定二次型，而 $g(x_1, x_2, x_3)=x_1^2+2x_2^2-5x_3^2$ 和 $h(x_1, x_2, x_3)=x_1^2+2x_2^2$ 就不是正定二次型，因为 $g(0, 0, 0)=-5<0$，$h(0, 0, 1)=0$.

下面介绍关于正定的几个判别方法．

定理 5.11 实二次型 $f=\boldsymbol{x}^{\mathrm{T}}\boldsymbol{A}\boldsymbol{x}$ 为正定(负定)的充要条件是它的标准形的 n 个系数全为正(负).

证明 设可逆变换 $\boldsymbol{x}=\boldsymbol{C}\boldsymbol{y}$，使

$$f=k_1y_1^2+k_2y_2^2+\cdots+k_ny_n^2$$

充分性：设 $k_i>0(i=1, 2, \cdots, n)$，任给 $\boldsymbol{x}\neq\boldsymbol{0}$，$\boldsymbol{y}=\boldsymbol{C}^{-1}\boldsymbol{x}\neq\boldsymbol{0}$，从而

$$f(\boldsymbol{x})=\sum_{i=1}^{n}k_iy_i^2>0.$$

因此，二次型 f 为正定的．

必要性：用反证法．假设 $k_i \leqslant 0$，则当 $\boldsymbol{y}=\boldsymbol{e}_i$（单位向量）时，$f(\boldsymbol{x})=f(\boldsymbol{C}\boldsymbol{e}_i)=k_i \leqslant 0$. 而 $\boldsymbol{x}=\boldsymbol{C}\boldsymbol{e}_i \neq \boldsymbol{0}$. 这与 f 是正定的相矛盾，故假设不成立，即 f 为正定的，有 $k_i>0$ $(i=1, 2, \cdots, n)$.

推论 5.6 实二次型 $f=\boldsymbol{x}^{\mathrm{T}}\boldsymbol{A}\boldsymbol{x}$ 为正定（负定）的充要条件是 $\boldsymbol{A}$ 的特征值全为正（负）.

下面我们给出判断实对称矩阵正定或负定的一个更为实用的方法．为此，先给出下面的定义．

定义 5.8 设 $\boldsymbol{A}=(a_{ij})$ 为 n 阶方阵，则行列式

$$\Delta_i=\begin{vmatrix} a_{11} & a_{12} & \cdots & a_{1i} \\ a_{21} & a_{22} & \cdots & a_{2i} \\ \vdots & \vdots & & \vdots \\ a_{i1} & a_{i2} & \cdots & a_{ii} \end{vmatrix} \quad (i=1, 2, \cdots, n)$$

称为 $\boldsymbol{A}$ 的 $\boldsymbol{i}$ **阶顺序主子式**．

由定义可知，方阵 $\boldsymbol{A}$ 的第一个顺序主子式就是 a_{11}，而第 n 个顺序主子式就是 $|\boldsymbol{A}|$.

定理 5.12 n 阶实对称矩阵 $\boldsymbol{A}$ 正定的充要条件是 $\boldsymbol{A}$ 的所有顺序主子式都大于零；$\boldsymbol{A}$ 负定的充要条件是 $\boldsymbol{A}$ 的顺序主子式中奇数阶的小于零而偶数阶的大于零．

【例 5.18】 判别二次型 $f(x_1, x_2, x_3)=2x_1^2+4x_2^2+5x_3^2-4x_1x_3$ 是否正定．

解 用特征值判别法

二次型的矩阵为
$$\boldsymbol{A}=\begin{pmatrix} 2 & 0 & -2 \\ 0 & 4 & 0 \\ -2 & 0 & 5 \end{pmatrix}$$

它的特征多项式为

$$|\boldsymbol{A}-\lambda\boldsymbol{E}|=\begin{vmatrix} 2-\lambda & 0 & -2 \\ 0 & 4-\lambda & 0 \\ -2 & 0 & 5-\lambda \end{vmatrix}=(4-\lambda)(\lambda-1)(\lambda-6)=0$$

特征值为 $\lambda_1=4$，$\lambda_2=1$，$\lambda_3=6$，由推论 5.6 知，f 是正定的．

【例 5.19】 判别二次型 $f(x_1,x_2,x_3)=5x_1^2+x_2^2+5x_3^2+4x_1x_2-8x_1x_3-4x_2x_3$ 是否正定．

解 $f(x_1,x_2,x_3)$的矩阵为$\begin{pmatrix} 5 & 2 & -4 \\ 2 & 1 & -2 \\ -4 & -2 & 5 \end{pmatrix}$，它的顺序主子式

$$\Delta_1=5>0,\Delta_2=\begin{vmatrix} 5 & 2 \\ 2 & 1 \end{vmatrix}=1>0,\Delta_3=|A|=1>0,$$

故上述二次型是正定的．

【例 5.20】 判别二次型 $f=-5x^2-6y^2-4z^2+4xy+4xz$ 的正定性．

解 f 的矩阵为 $\boldsymbol{A}=\begin{pmatrix}-5 & 2 & 2\\ 2 & -6 & 0\\ 2 & 0 & -4\end{pmatrix}$，

$$\Delta_1=-5<0,\Delta_2=\begin{vmatrix}-5 & 2\\ 2 & -6\end{vmatrix}=26>0,\Delta_3=|A|=-80<0,$$

根据定理 3 知 f 为负定.

【例 5.21】 已知实对称矩阵 $\boldsymbol{A}$ 满足 $\boldsymbol{A}^2-4\boldsymbol{A}+3\boldsymbol{E}=\boldsymbol{0}$，证明 $\boldsymbol{A}$ 是正定阵.

证明 设 λ 为 $\boldsymbol{A}$ 的任一特征值，那么 $\lambda^2-4\lambda+3$ 为 $\boldsymbol{A}^2-4\boldsymbol{A}+3\boldsymbol{E}$ 的特征值，于是

$$\lambda^2-4\lambda+3=0.$$

解得 $\lambda=1$ 或 $\lambda=3$，可见 $\boldsymbol{A}$ 的特征值均为正数，即 $\boldsymbol{A}$ 是正定矩阵.

习题 5-5

1. 判定习题 5-4 第 5 题各实二次型是否正定.
2. 判定习题 5-4 第 2 题各实二次型的矩阵是否正定.
3. t 取何值时，下列实二次型是正定的？
   (1) $f=x_1^2+x_2^2+5x_3^2+2tx_1x_2-2x_1x_3-4x_2x_3$
   (2) $f=x_1^2+tx_2^2+2x_3^2+2x_1x_3-2x_2x_3$
4. 已知 $\boldsymbol{x}^{\mathrm{T}}\boldsymbol{A}\boldsymbol{x}$ 和 $\boldsymbol{x}^{\mathrm{T}}\boldsymbol{B}\boldsymbol{x}$ 都是正定二次型，证明 $\boldsymbol{x}^{\mathrm{T}}(\boldsymbol{A}+\boldsymbol{B})\boldsymbol{x}$ 也是正定二次型.

5.6 特征值问题与二次型问题的 MATLAB 应用

5.6.1 特征值与对角化的 MATLAB 应用实例

【例 5.22】 求矩阵 $\boldsymbol{A}=\begin{pmatrix}-1 & 1 & 0\\ -4 & 3 & 0\\ 1 & 0 & 2\end{pmatrix}$ 的特征值和特征向量

解

```
>>A=[-1  1  0; -4  3  0; 1  0  2]
                                    %输入矩阵 A
A=

      -1     1     0
      -4     3     0
       1     0     2
>>[V, D]=eig(A)                     %求矩阵 A 的特征向量和特征值
V=                                  %返回值 V 的每一列为矩阵 A 的特征向量
```

```
         0    0.4082    0.4082
         0    0.8165    0.8165
    1.0000   -0.4082   -0.4082
D=                              %返回值D的主对角线上的元素为矩阵
                                 A的特征值
     2     0     0
     0     1     0
     0     0     1
```

即矩阵 $\boldsymbol{A}$ 的特征值为 2，1，1，对应的特征向量为 $\begin{pmatrix}0\\0\\1.0000\end{pmatrix}$，$\begin{pmatrix}0.4082\\0.8165\\-0.4082\end{pmatrix}$，$\begin{pmatrix}0.4082\\0.8165\\-0.4082\end{pmatrix}$.

其中 $\boldsymbol{A}\times\boldsymbol{V}=\boldsymbol{V}\times\boldsymbol{D}$.

```
>>A * V
ans=
         0    0.4082    0.4082
         0    0.8165    0.8165
    2.0000   -0.4082   -0.4082
>>V * D
ans=
         0    0.4082    0.4082
         0    0.8165    0.8165
    2.0000   -0.4082   -0.4082
```

【例 5.23】 给定矩阵 $\boldsymbol{A}=\begin{pmatrix}1&1&2\\-1&2&1\\0&1&3\end{pmatrix}$，求 $\boldsymbol{A}$，$\boldsymbol{A}^2$，$\boldsymbol{A}^3$，$\boldsymbol{A}^4$，$\boldsymbol{A}^{-1}$的特征值.

解

```
>>A=[1  1  2; -1  2  1; 0  1  3];
>>eig(A)                          %单独求A的特征值
ans=
    1.0000
    2.0000
    3.0000
>>eig(A^2)                        %求A²的特征值
```

```
ans=
        9.0000
        4.0000
        1.0000
>>eig(A^3)                          %求 A^3 的特征值
ans=
        27.0000
        8.0000
        1.0000
>>eig(A^4)                          %求 A^4 的特征值
ans=
        81.0000
        16.0000
        1.0000
>>eig(A^(-1))                       %求 A^-1 的特征值
ans=
        1.0000
        0.5000
        0.3333
```

由此可以看出，设 λ 为 $\boldsymbol{A}$ 的特征值，对任意正整数 k，有 λ^k 是 $\boldsymbol{A}^k$ 的特征值；$\frac{1}{\lambda}$ 是 $\boldsymbol{A}^{-1}$ 的特征值 .

【例 5.24】 判断矩阵 $\boldsymbol{A}=\begin{pmatrix}1 & 0 & 0\\0 & 3 & 0\\0 & 0 & 2\end{pmatrix}$ 能否相似于矩阵 $\boldsymbol{B}=\begin{pmatrix}1 & 1 & 0\\0 & 2 & 1\\0 & 0 & 3\end{pmatrix}$，并求可逆矩阵 $\boldsymbol{P}$，使得 $\boldsymbol{P}^{-1}\boldsymbol{AP}=\boldsymbol{B}$.

解

```
>>A=[1  0  0; 0  3  0; 0  0  2];
>>B=[1  1  0; 0  2  1; 0  0  3];
>>[V, D]=eig(B)                     %求矩阵 B 的特征值和特征向量
V=
     1.0000     0.7071     0.3333
          0     0.7071     0.6667
          0          0     0.6667
D=                                  %矩阵 B 的特征值
     1     0     0
     0     2     0
     0     0     3
```

n 阶方阵有 n 个互不相同的特征值，则一定能对角化.

```
≫Q=V                                  %取 Q=V
Q=
      1.0000      0.7071      0.3333
           0      0.7071      0.6667
           0           0      0.6667
≫inv(Q)*B*Q                           %计算 Q^-1*B*Q
ans=                                  %返回值和矩阵 A 第 2、3 列不同
      1.0000           0           0
           0      2.0000      0.0000
           0           0      3.0000
```

因此对 Q 进行处理.

```
≫Q(:, 2)=V(:, 3);                     %将矩阵 Q 的第 2、3 列进行交换
≫Q(:, 3)=V(:, 2);
≫inv(Q)*B*Q                           %重新计算 Q^-1*B*Q
ans=                                  %返回结果恰好为矩阵 A,
      1.0000           0           0
           0      3.0000           0
           0     -0.0000      2.0000
≫P=inv(Q)                             %令 P=Q^-1
P=
      1.0000     -1.0000      0.5000
           0           0      1.5000
           0      1.4142     -1.4142
≫inv(P)*A*P                           %计算 P^-1*A*P 显然等于 B
ans=
      1     1     0
      0     2     1
      0     0     3
```

【例 5.25】 求正交矩阵 $\boldsymbol{P}$，将 $\boldsymbol{A}=\begin{pmatrix}1&1&1\\1&1&1\\1&1&1\end{pmatrix}$对角化.

解

```
≫A=ones(3, 3)                         %生成 3 行 3 列的全为 1 的矩阵
A=
      1     1     1
      1     1     1
      1     1     1
≫[V, D]=eig(A)                        %求矩阵 A 的特征向量与特征值
```

```
V=                                  %矩阵 A 的特征向量返回值
     0.4082     0.7071     0.5774
     0.4082    -0.7071     0.5774
    -0.8165          0     0.5774
D=                                  %矩阵 A 的特征值返回值
    -0.0000          0          0
          0          0          0
          0          0     3.0000
>>[Q, R]=qr(V)                      %将矩阵 V 正交分解
Q=                                  %得到矩阵 V 的规范正交化结果
    -0.4082     0.7071     0.5774
    -0.4082    -0.7071     0.5774
     0.8165          0     0.5774
R=
    -1.0000    -0.0000     0.0000
          0     1.0000     0.0000
          0          0     1.0000
>>P=Q;                              %令 P=Q
>>inv(P) * A * P                    %计算 P^-1 * A * P
ans=                                %P^-1 * A * P 的返回值为对角阵
          0          0          0
          0    -0.0000    -0.0000
          0     0.0000     3.0000
```

5.6.2 正交变换化标准形的 MATLAB 应用实例

【例 5.26】 求一正交变换 $\boldsymbol{x}=\boldsymbol{P}\boldsymbol{y}$，把二次型 $f=x_1^2+2x_2^2+2x_1x_2+4x_1x_3+2x_2x_3$ 化为标准形．

解 二次型的矩阵为 $\boldsymbol{A}=\begin{pmatrix}1 & 1 & 2\\ 1 & 2 & 1\\ 2 & 1 & 1\end{pmatrix}$

```
>>A=[1 1 2; 1 2 1; 2 1 1];          %输入二次型矩阵 A
>>[V, D]=eig(A)                     %求矩阵 A 的特征值和特征向量
V=                                  %A 的特征向量返回值
     0.7071     0.4082     0.5774
     0.0000    -0.8165     0.5774
    -0.7071     0.4082     0.5774
D=                                  %A 的特征值返回值
    -1.0000          0          0
          0     1.0000          0
```

```
        0         0    4.0000
≫[Q, R]=qr(V)                          %将矩阵 V 正交分解
Q=                                      %得到矩阵 V 的规范正交化，可见 Q=V
    -0.7071     0.4082     0.5774
    -0.0000    -0.8165     0.5774
     0.7071     0.4082     0.5774
R=
    -1.0000    -0.0000          0
          0     1.0000     0.0000
          0          0     1.0000
```

令 $\boldsymbol{P}=\boldsymbol{V}$，做变换 $\boldsymbol{x}=\boldsymbol{P}\boldsymbol{y}$，新变量的二次型(标准形)为 $f=-y_1^2+y_2^2+4y_3^2$.

【例 5.27】 判别矩阵 $\boldsymbol{A}=\begin{pmatrix}1 & 1 & 1 & 1\\1 & 2 & 3 & 4\\1 & 3 & 6 & 10\\1 & 4 & 10 & 20\end{pmatrix}$ 的正定性.

解 解法 1:

```
≫A=[1  1  1  1; 1  2  3  4; 1  3  6  10; 1  4  10  20];
≫A1=A(1, 1)                             %输入矩阵 A 的 1 阶主子式
A1=
     1
≫A2=A(1: 2, 1: 2)                       %输入矩阵 A 的 2 阶主子式
A2=
     1     1
     1     2
≫A3=A(1: 3, 1: 3)                       %输入矩阵 A 的 3 阶主子式
A3=
     1     1     1
     1     2     3
     1     3     6
≫A4=A(1：4, 1：4)                       %输入矩阵 A 的 4 阶主子式
A4=
     1     1     1     1
     1     2     3     4
     1     3     6    10
     1     4    10    20
≫det(A1)                                %分别求 A 的各阶主子式的行列式的值
ans=
     1
≫det(A2)
```

```
ans=
        1
≫det(A3)
ans=
        1
≫det(A4)
ans=
        1
```

可见矩阵 **A** 的各阶主子式均为正，则 **A** 是正定的．

解法 2：

```
≫A=[1  1  1  1；1  2  3  4；1  3  6  10；1  4  10  20]；
≫eig(A)                                      %求矩阵 A 的特征值
ans=
      0.0380
      0.4538
      2.2034
      26.3047
```

若矩阵 **A** 为正定的，则矩阵 **A** 的特征值一定全为正．

【例 5.28】 判别二次型 $f=x_1^2+2x_2^2+2x_1x_2+4x_1x_3+2x_2x_3$ 的正定性．

f 为正定(或负定)二次型⇔对应矩阵 **A** 是正定(或负定)⇔若 **A** 是正定的，**A** 的各阶主子式都为正；**A** 是负定的，**A** 的奇数阶主子式为负，偶数阶主子式为正．

解 f 的矩阵为 $\boldsymbol{A}=\begin{pmatrix}1 & 1 & 2\\1 & 2 & 1\\2 & 1 & 1\end{pmatrix}$

```
≫A=[1  1  2；1  2  1；2  1  1]；
≫A1=[1]；                                    %输入矩阵 A 的 1 阶主子式
≫A2=A(1：2，1：2)                             %输入矩阵 A 的 2 阶主子式
A2=                                          %矩阵 A 的 2 阶主子式的返回值
      1    1
      1    2
≫A3=A(1：3，1：3)                             %输入矩阵 A 的 3 阶主子式
A3=                                          %矩阵 A 的三阶主子式的返回值
      1    1    2
      1    2    1
      2    1    1
≫det(A1)                                     %计算 A1 的行列式的值
ans=
      1
≫det(A2)                                     %计算 A2 的行列式的值
```

```
ans=
      1
≫det(A3)                                   %计算 A3 的行列式的值
ans=
    -4
```

所以 f 是不定的.

总习题 5

1. 求下列矩阵的特征值与特征向量.

(1) $\boldsymbol{A}=\begin{pmatrix}2 & -4\\ -3 & 3\end{pmatrix}$　　(2) $\boldsymbol{A}=\begin{pmatrix}2 & 1 & 1\\ 0 & 2 & 0\\ 0 & -1 & 1\end{pmatrix}$　　(3) $\boldsymbol{A}=\begin{pmatrix}2 & 0 & 0\\ 1 & -3 & 0\\ 2 & 3 & 2\end{pmatrix}$

2. 设 $\boldsymbol{A}$ 为正交阵，且 $|\boldsymbol{A}|=-1$，证明 $\lambda=-1$ 是 $\boldsymbol{A}$ 的特征值.

3. (2008 数学三)设 3 阶矩阵 $\boldsymbol{A}$ 的特征值为 1，2，2. $\boldsymbol{E}$ 为三阶单位矩阵，则 $|4\boldsymbol{A}^{-1}-\boldsymbol{E}|=$__________.

4. (2008 数学一)设 $\boldsymbol{A}$ 为 2 阶矩阵，$\boldsymbol{\alpha}_1$，$\boldsymbol{\alpha}_2$ 为线性无关的 2 维列向量，且 $\boldsymbol{A}\boldsymbol{\alpha}_1=0$，$\boldsymbol{A}\boldsymbol{\alpha}_2=2\boldsymbol{\alpha}_1+\boldsymbol{\alpha}_2$，$\boldsymbol{A}$ 的非 0 特征值为__________.

5. 设 n 阶实对称矩阵 $\boldsymbol{A}$ 满足 $\boldsymbol{A}^2\boldsymbol{x}=\boldsymbol{0}$，其中 $\boldsymbol{x}\in\boldsymbol{R}^n$. 试证 $\boldsymbol{A}\boldsymbol{x}=\boldsymbol{0}$.

6. 设四阶方阵 $\boldsymbol{A}$ 满足：$|3\boldsymbol{E}+\boldsymbol{A}|=0$，$\boldsymbol{A}\boldsymbol{A}^{\mathrm{T}}=2\boldsymbol{E}$，$|\boldsymbol{A}|<0$，求 $\boldsymbol{A}$ 的伴随矩阵 $\boldsymbol{A}^*$ 的一个特征值.

7. 已知三阶矩阵 $\boldsymbol{A}$ 的特征值为 -1，1，2，矩阵 $\boldsymbol{B}=\boldsymbol{A}-3\boldsymbol{A}^2$，试求 $\boldsymbol{B}$ 的特征值与 $|\boldsymbol{B}|$.

8. 设三阶矩阵 $\boldsymbol{A}$ 的特征值为 $\lambda_1=1$，$\lambda_2=2$，$\lambda_3=3$，对应的特征向量分别为

$$\boldsymbol{\alpha}_1=\begin{pmatrix}1\\1\\1\end{pmatrix},\ \boldsymbol{\alpha}_2=\begin{pmatrix}1\\0\\1\end{pmatrix},\ \boldsymbol{\alpha}_3=\begin{pmatrix}0\\1\\1\end{pmatrix},$$

求矩阵 $\boldsymbol{A}$ 和 $\boldsymbol{A}^3$.

9. 已知矩阵 $\boldsymbol{A}$，$\boldsymbol{B}$ 相似，其中

$$\boldsymbol{A}=\begin{pmatrix}1 & -1 & 1\\ 2 & 4 & -2\\ -3 & -3 & a\end{pmatrix},\ \boldsymbol{B}=\begin{pmatrix}2 & & \\ & 2 & \\ & & b\end{pmatrix}$$

(1)求 a，b 的值；

(2) 求可逆矩阵 $\boldsymbol{P}$，使 $\boldsymbol{P}^{-1}\boldsymbol{A}\boldsymbol{P}=\boldsymbol{B}$.

10. (2013 数学一、二、三)矩阵 $\begin{pmatrix}1 & a & 1\\ a & b & a\\ 1 & a & 1\end{pmatrix}$ 与 $\begin{pmatrix}2 & 0 & 0\\ 0 & b & 0\\ 0 & 0 & 0\end{pmatrix}$ 相似的充分必要条件为(　　).

(A) $a=0, b=2$；　　(B) $a=0$，b 为任意常数；

(C) $a=2$，$b=0$；　　(D) $a=2$，b 为任意常数

11. (2011 数学一、二、三)设三阶实对称矩阵 $\boldsymbol{A}$ 的秩为 2，且 $\boldsymbol{A}\begin{pmatrix}1&1\\0&0\\-1&1\end{pmatrix}=\begin{pmatrix}-1&1\\0&0\\1&1\end{pmatrix}$，求

(1)$\boldsymbol{A}$ 的特征值与特征向量；

(2) 矩阵 $\boldsymbol{A}$.

12. 对下列实对称矩阵 $\boldsymbol{A}$，求正交矩阵 $\boldsymbol{P}$，使 $\boldsymbol{P}^{-1}\boldsymbol{AP}=\boldsymbol{P}^{\mathrm{T}}\boldsymbol{AP}$ 为对角阵.

(1)$\boldsymbol{A}=\begin{pmatrix}2&-2&0\\-2&1&-2\\0&-2&0\end{pmatrix}$　　(2) $\boldsymbol{A}=\begin{pmatrix}1&2&2\\2&1&2\\2&2&1\end{pmatrix}$

13. (2010 数学二、三)设 $\boldsymbol{A}=\begin{pmatrix}0&-1&4\\-1&3&a\\4&a&0\end{pmatrix}$，求正交矩阵 $\boldsymbol{Q}$，使 $\boldsymbol{Q}^{-1}\boldsymbol{AQ}=\boldsymbol{\Lambda}$，若 $\boldsymbol{Q}$ 的第一列列向量为 $\frac{1}{\sqrt{6}}\begin{pmatrix}1\\2\\1\end{pmatrix}$，求 a，$\boldsymbol{Q}$.

14. (2015 数学二、三)设 3 阶矩阵 $\boldsymbol{A}$ 的特征值为 2，−2，1，$\boldsymbol{B}=\boldsymbol{A}^2-\boldsymbol{A}+\boldsymbol{E}$，其中 $\boldsymbol{E}$ 为 3 阶单位矩阵，则行列式 $|\boldsymbol{B}|=$________.

15. (2016 数学一、二、三) 设 $\boldsymbol{A}$，$\boldsymbol{B}$ 是可逆矩阵，且 $\boldsymbol{A}$ 与 $\boldsymbol{B}$ 相似，则下列结论错误的是(　　).

(A) $\boldsymbol{A}^{\mathrm{T}}$ 与 $\boldsymbol{B}^{\mathrm{T}}$ 相似；　　(B) $\boldsymbol{A}^{-1}$ 与 $\boldsymbol{B}^{-1}$ 相似；

(C) $\boldsymbol{A}+\boldsymbol{A}^{\mathrm{T}}$ 与 $\boldsymbol{B}+\boldsymbol{B}^{\mathrm{T}}$ 相似；　　(D) $\boldsymbol{A}+\boldsymbol{A}^{-1}$ 与 $\boldsymbol{B}+\boldsymbol{B}^{-1}$ 相似

16. (2014 数学一、二、三) 证明：n 阶矩阵 $\begin{pmatrix}1&1&\cdots&1\\1&1&\cdots&1\\\vdots&\vdots&\vdots&\vdots\\1&1&\cdots&1\end{pmatrix}$ 与 $\begin{pmatrix}0&\cdots&0&1\\0&\cdots&0&2\\\vdots&\vdots&\vdots&\vdots\\0&\cdots&0&n\end{pmatrix}$ 相似.

17. (2015 数学一、二、三) 设矩阵 $\boldsymbol{A}=\begin{pmatrix}0&2&-3\\-1&3&-3\\1&-2&a\end{pmatrix}$ 相似于矩阵 $\boldsymbol{B}=\begin{pmatrix}1&-2&0\\0&b&0\\0&3&1\end{pmatrix}$.

(1) 求 a，b 的值；

(2) 求可逆矩阵 $\boldsymbol{P}$，使得 $\boldsymbol{P}^{-1}\boldsymbol{AP}$ 成对角阵.

18. 矩阵 $\boldsymbol{A}=\begin{pmatrix}1&-1&2\\-1&1&1\\2&1&2\end{pmatrix}$ 所对应的二次型为________；

19. 二次型 $f=2x_1^2+x_2^2-5x_3^2+4x_1x_2-7x_2x_3$ 所对应的矩阵为________；

20. 二次型 $f=x_1^2-3x_2^2-2x_1x_2+2x_1x_3-6x_2x_3$ 的秩为________，正惯性指数

是________；

21. (2011 数学二)二次型 $f(x_1\quad x_2\quad x_3)=x_1^2+3x_2^2+x_3^2+2x_1x_2+2x_1x_3+2x_2x_3$， 则 f 的正惯性指数为________；

22. (2007 数学一、二、三、四)设矩阵 $\boldsymbol{A}=\begin{pmatrix}2&-1&-1\\-1&2&-1\\-1&-1&2\end{pmatrix}$，$\boldsymbol{B}=\begin{pmatrix}1&0&0\\0&1&0\\0&0&0\end{pmatrix}$，则 $\boldsymbol{A}$ 与 $\boldsymbol{B}$ (　　).

(A) 合同且相似；　　(B) 合同但不相似；

(C) 不合同，但是相似；　　(D) 既不合同也不相似

23. 设 $\boldsymbol{A}=\begin{pmatrix}1&1&1&1\\1&1&1&1\\1&1&1&1\\1&1&1&1\end{pmatrix}$，$\boldsymbol{B}=\begin{pmatrix}4&0&0&0\\0&0&0&0\\0&0&0&0\\0&0&0&0\end{pmatrix}$，则 $\boldsymbol{A}$ 与 $\boldsymbol{B}$ (　　).

(A) 合同且相似；(B) 合同但不相似；(C) 不合同但相似；(D) 不合同且不相似

24. (2008 数学二、三)设 $\boldsymbol{A}=\begin{pmatrix}1&2\\2&1\end{pmatrix}$，则在实数域上与 $\boldsymbol{A}$ 合同的矩阵为 (　　).

(A) $\begin{pmatrix}-2&1\\1&-2\end{pmatrix}$；(B) $\begin{pmatrix}2&-1\\-1&2\end{pmatrix}$；(C) $\begin{pmatrix}2&1\\1&2\end{pmatrix}$；(D) $\begin{pmatrix}1&-2\\-2&1\end{pmatrix}$

25. 与矩阵 $\boldsymbol{A}=\begin{pmatrix}1&2&0\\2&1&0\\0&0&1\end{pmatrix}$ 合同的矩阵为 (　　).

(A) $\begin{pmatrix}1&&\\&1&\\&&1\end{pmatrix}$；(B) $\begin{pmatrix}1&&\\&1&\\&&-1\end{pmatrix}$；(C) $\begin{pmatrix}1&&\\&-1&\\&&-1\end{pmatrix}$；(D) $\begin{pmatrix}-1&&\\&-1&\\&&-1\end{pmatrix}$

26. 用配方法化下列二次型为标准形，并写出所用的线性变换.

(1) $f=x_1x_2-3x_1x_3+x_2x_3$

(2) $f=x_1^2+2x_2^2+5x_3^2+2x_1x_2+2x_1x_3+6x_2x_3$

27. 用正交变换化下列二次型为标准形，并写出所用的正交变换.

(1) $f=-2x_1^2-x_2^2+2x_3^2+4x_2x_3$

(2) $f=3x_1^2+6x_2^2+3x_3^2-4x_1x_2-8x_1x_3-4x_2x_3$

28. 求参数 t 的范围，满足下列条件.

(1) $f=x_1^2+4x_2^2+x_3^2+2tx_1x_2+2tx_2x_3$ 是正定的

(2) $f=-x_1^2-4x_2^2-2x_3^2+2tx_1x_2+2x_1x_3+4x_2x_3$ 是负定的

29. 已知 $f=2x_1^2+3x_2^2+3x_3^2+2ax_2x_3\ (a>0)$，通过正交变换化为 $f=y_1^2+2y_2^2+5y_3^2$，求参数 a 及所用的正交变换.

30. 设 $\boldsymbol{A}$，$\boldsymbol{B}$ 都是 n 阶正定矩阵，证明 $\boldsymbol{A}+2\boldsymbol{B}$ 也是正定矩阵.

31. 设 $\boldsymbol{A}$ 是 n 阶正定矩阵，证明 $|\boldsymbol{A}+\boldsymbol{E}|>1$.

32. 讨论 k 的取值范围，使二次曲面

$$2x_1^2+x_2^2+x_3^2+2x_1x_2+kx_2x_3=1$$

表示椭球面.

33. 证明二次型 $f=\boldsymbol{x}^{\mathrm{T}}\boldsymbol{A}\boldsymbol{x}$ 在 $\|\boldsymbol{x}\|=1$ 时的最大值为矩阵 $\boldsymbol{A}$ 的最大特征值.

34. (2009 数学一)设二次型 $f(x_1, x_2, x_3)=ax_1^2+ax_2^2+(a-1)x_3^2+2x_1x_3-2x_2x_3$.

(1) 求二次型 f 的矩阵的所有特征值;(2) 若二次型 f 的规范型为 $y_1^2+y_2^2$,求 a 的值.

35. (2013 数学一、二、三)设二次型 $f(x_1, x_2, x_3)=2(a_1x_1+a_2x_2+a_3x_3)^2+(b_1x_1+b_2x_2+b_3x_3)^2$,记 $\boldsymbol{\alpha}=\begin{pmatrix}a_1\\a_2\\a_3\end{pmatrix}$,$\boldsymbol{\beta}=\begin{pmatrix}b_1\\b_2\\b_3\end{pmatrix}$.

(1) 证明二次型 f 对应的矩阵为 $2\boldsymbol{\alpha}\boldsymbol{\alpha}^{\mathrm{T}}+\boldsymbol{\beta}\boldsymbol{\beta}^{\mathrm{T}}$;

(2) 若 $\boldsymbol{\alpha}$,$\boldsymbol{\beta}$ 正交且均为单位向量,证明二次型 f 在正交变化下的标准形为二次型 $2y_1^2+y_2^2$.

36. (2015 数学一、二、三)设二次型 $f(x_1, x_2, x_3)$为正交变换 $\boldsymbol{x}=\boldsymbol{P}\boldsymbol{y}$ 下的标准形为 $2y_1^2+y_2^2-y_3^2$,其中 $\boldsymbol{P}=(\boldsymbol{e}_1, \boldsymbol{e}_2, \boldsymbol{e}_3)$,若 $\boldsymbol{Q}=(\boldsymbol{e}_1, -\boldsymbol{e}_3, \boldsymbol{e}_2)$,则 $f(x_1, x_2, x_3)$在 $\boldsymbol{x}=\boldsymbol{Q}\boldsymbol{y}$ 下的标准形为( ).

(A) $2y_1^2-y_2^2+y_3^2$; (B) $2y_1^2+y_2^2-y_3^2$;

(C) $2y_1^2-y_2^2-y_3^2$; (D) $2y_1^2+y_2^2+y_3^2$

37. (2014 数学一、二、三)设二次型 $f(x_1, x_2, x_3)=x_1^2-x_2^2+2ax_1x_3+4x_2x_3$ 的负惯性指数为 1,则 a 的取值为__________.

38. (2016 数学二、三)设二次型 $f(x_1, x_2, x_3)=a(x_1^2+x_2^2+x_3^2)+2x_1x_2+2x_2x_3+2x_1x_3$ 的正负惯性指数分别为 1,2 则( ).

(A) $a>1$; (B) $a<-2$;

(C) $-2<a<1$; (D) $a=-2$ 或 $a=1$

习题参考答案与提示

第1章

习题1-1

1.(1)10；(2) 0

2.(1)$\lambda_1=4$，$\lambda_2=-2$；(2) $\lambda_1=2$，$\lambda_2=1$（2重）

3.(1)$x_1=2$，$x_2=-3$；(2) $x_1=2$，$x_2=-1$，$x_3=3$

4.(1)$A_{31}=-1$，$A_{32}=1$，$A_{33}=2$，$A_{34}=2$. $D=0$

(2) 代数余子式与(1)相同. $D=-a+b+2c+2d$

5.(1)$x^n+(-1)^{n+1}y^n$；(2) $uvxyz$.

6. 提示：按行列式第一行展开.

习题1-3

1.(1)30；(2) $-2(a^3+b^3)$；(3) $abcd+ab+cd+ad+1$；(4) -11

(5) x^2y^2；(6) $(n+1)a_1a_2\cdots a_n$；(7) $(-1)^{n-1}m^{n-1}(a_1+a_2+\cdots+a_n-m)$

2. 略

习题1-4

1.(1)$x=0$，$y=1$，$z=2$；(2) $x_1=1$，$x_2=-1$，$x_3=-1$，$x_4=1$

2.$\lambda_1=-2$，$\lambda_2=\lambda_3=1$

总习题1

1.(1)D；(2) C；(3) C；(4) D

2.(1)-28；(2) -1；(3) $-\dfrac{6}{11}$；(4) $6d$

3.(1)-21；(2) 160；(3) $\sum\limits_{n=0}^{3}a_nx^n$；(4) $a_1a_2\cdots a_n\prod\limits_{n\geqslant i>j\geqslant 1}(a_i-a_j)$

4.(1) $(-1)^{\frac{(n-1)(n-2)}{2}}n!$；(2) $b_1b_2\cdots b_n$；(3) $(x-1)(x-2)\cdots(x-n+1)$

5. 略

6.$m=-4$，$k=-2$

7. 略

8. 略

9. $A_{41}+A_{42}+A_{43}+A_{44}=\begin{vmatrix}1 & -5 & 1 & 3\\1 & 1 & 3 & 4\\1 & 1 & 2 & 3\\1 & 1 & 1 & 1\end{vmatrix}=6$

10. $\lambda_1=-1$，$\lambda_2=-2$

11. $\lambda^4+\lambda^3+2\lambda^2+3\lambda+4$，提示：按第一列展开，得

$$\lambda\begin{vmatrix}\lambda & -1 & 0\\0 & \lambda & -1\\3 & 2 & \lambda+1\end{vmatrix}+4(-1)^{4+1}\begin{vmatrix}-1 & 0 & 0\\\lambda & -1 & 0\\0 & \lambda & -1\end{vmatrix}$$

上面第一个行列式再按第一列展开，得

$$\lambda\left[\lambda\begin{vmatrix}\lambda & -1\\2 & \lambda+1\end{vmatrix}+3(-1)^{3+1}\begin{vmatrix}-1 & 0\\\lambda & -1\end{vmatrix}\right]+4=\lambda^4+\lambda^3+2\lambda^2+3\lambda+4$$

12. $D_n=2^{n+1}-2$，提示：按第一行展开，得

$$D_n=2\begin{vmatrix}2 & 0 & \cdots & 0 & 2\\-1 & 2 & \cdots & 0 & 2\\\cdots & \cdots & \cdots & \cdots & \cdots\\0 & 0 & \cdots & -1 & 2\end{vmatrix}+2(-1)^{n+1}\begin{vmatrix}-1 & 2 & \cdots & 0 & 0\\0 & -1 & \cdots & 0 & 0\\\cdots & \cdots & \cdots & \cdots & \cdots\\0 & 0 & \cdots & 0 & -1\end{vmatrix}$$

$=2D_{n-1}+2(-1)^{n+1}(-1)^{n-1}=2D_{n-1}+2$，

即 $D_n+2=2(D_{n-1}+2)=\cdots=2^{n-1}(D_1+2)$

而 $D_1=2$，所以 $D_n=2^{n+1}-2$

13. (B). 提示：按第四行展开，得

$c(-1)^{4+1}\begin{vmatrix}a & b & 0\\0 & 0 & b\\c & d & 0\end{vmatrix}+d(-1)^{4+4}\begin{vmatrix}0 & a & b\\a & 0 & 0\\0 & c & d\end{vmatrix}$，两个三阶行列式按第二行展开，得$-cb$

$(-1)^{2+3}(ad-bc)+da(-1)^{2+1}(ad-bc)=-(ad-bc)^2$

故选 (B)

第 2 章

习题 2-1

1. $\begin{pmatrix}2 & 3 & -5\\0 & 1 & 1\\2 & -4 & 0\end{pmatrix}$；$\begin{pmatrix}2 & 3 & -5 & 1\\0 & 1 & 1 & 0\\2 & -4 & 0 & 0\end{pmatrix}$

2. $\begin{pmatrix} 1 & 0 & -1 & -2 & -3 \\ 3 & 2 & 1 & 0 & -1 \\ 5 & 4 & 3 & 2 & 1 \\ 7 & 6 & 5 & 4 & 3 \end{pmatrix}$

3. $\begin{pmatrix} 1 & 2 & 3 & 4 \\ 1 & 2^2 & 3^2 & 4^2 \\ 1 & 2^3 & 3^3 & 4^3 \\ 1 & 2^4 & 3^4 & 4^4 \end{pmatrix}$

习题 2-2

1. $\boldsymbol{A}+\boldsymbol{B}=\begin{pmatrix} 3 & 3 & 1 \\ 3 & 8 & 2 \end{pmatrix}$；$\boldsymbol{B}-\boldsymbol{C}=\begin{pmatrix} 1 & -3 & 0 \\ 3 & 6 & -1 \end{pmatrix}$；$2\boldsymbol{A}-3\boldsymbol{C}=\begin{pmatrix} 4 & 2 & 2 \\ 0 & 9 & 1 \end{pmatrix}$

2. (1) $\begin{pmatrix} 7 & 24 & 3 \\ 7 & -8 & 13 \\ 7 & 40 & -2 \end{pmatrix}$；(2) $\begin{pmatrix} 5 \\ 1 \\ 1 \end{pmatrix}$；(3) $\begin{pmatrix} 3 & 2 & -1 & 0 \\ -3 & -2 & 1 & 0 \\ 6 & 4 & -2 & 0 \\ 9 & 6 & -3 & 0 \end{pmatrix}$；(4) 18；

(5) $a_{11}x_1^2+a_{22}x_2^2+a_{33}x_3^2+2(a_{12}x_1x_2+a_{23}x_2x_3+a_{13}x_1x_3)$

3. (1) $\begin{pmatrix} 1 & 0 \\ n & 1 \end{pmatrix}$；(2) $\begin{pmatrix} \lambda^n & n\lambda^{n-1} & \frac{n(n-1)}{2!}\lambda^{n-2} \\ 0 & \lambda^n & n\lambda^{n-1} \\ 0 & 0 & \lambda^n \end{pmatrix}$

4. 略

5. 略

习题 2-3

1. (1) $\frac{1}{ad-bc}\begin{pmatrix} d & -b \\ -c & a \end{pmatrix}$；(2) $\begin{pmatrix} -\frac{5}{2} & 1 & -\frac{1}{2} \\ 5 & -1 & 1 \\ \frac{7}{2} & -1 & \frac{1}{2} \end{pmatrix}$；(3) $\begin{pmatrix} -11 & 2 & 2 \\ -4 & 0 & 1 \\ 6 & -1 & -1 \end{pmatrix}$

2. (1) $\begin{pmatrix} 1 & 0 \\ 0 & 2 \\ 1 & 1 \end{pmatrix}$；(2) $\begin{pmatrix} 4 & -1 & -8 \\ -3 & 1 & 7 \end{pmatrix}$

3. (1) $x_1=1$，$x_2=0$，$x_3=0$；(2) $x_1=5$，$x_2=0$，$x_3=3$

4. $\begin{pmatrix} 5 & -2 & -2 \\ 4 & -3 & -2 \\ -2 & 2 & 3 \end{pmatrix}$

5. $\boldsymbol{E}-\boldsymbol{B}$

6. 4

习题 2-4

1. $\begin{pmatrix} 12 & -15 & 21 & 0 & 0 \\ -3 & 6 & 18 & 0 & 0 \\ -9 & 3 & 24 & 0 & 0 \\ 3 & 0 & 0 & -5 & 15 \\ 0 & 3 & 0 & 45 & 15 \end{pmatrix}$

2. $\begin{pmatrix} 0 & \boldsymbol{B}^{-1} \\ \boldsymbol{A}^{-1} & 0 \end{pmatrix}$

3. $\begin{pmatrix} 1 & -2 & 0 & 0 \\ -2 & 5 & 0 & 0 \\ 0 & 0 & 2 & -3 \\ 0 & 0 & -5 & 8 \end{pmatrix}$

4. 6

习题 2-5

1. (1) $\begin{pmatrix} 1 & -5 & 2 & 1 & -1 \\ 0 & 16 & -7 & -5 & 5 \\ 0 & 0 & 0 & 0 & 0 \end{pmatrix}$，$\begin{pmatrix} 1 & 0 & -\frac{3}{16} & -\frac{9}{16} & \frac{9}{16} \\ 0 & 1 & -\frac{7}{16} & -\frac{5}{16} & \frac{5}{16} \\ 0 & 0 & 0 & 0 & 0 \end{pmatrix}$；

(2) $\begin{pmatrix} 1 & -1 & 2 \\ 0 & 5 & -5 \\ 0 & 0 & 0 \end{pmatrix}$，$\begin{pmatrix} 1 & 0 & 1 \\ 0 & 1 & -1 \\ 0 & 0 & 0 \end{pmatrix}$；(3) $\begin{pmatrix} 1 & 0 & 1 \\ 0 & -1 & 2 \\ 0 & 0 & 0 \\ 0 & 0 & 0 \\ 0 & 0 & 0 \end{pmatrix}$，$\begin{pmatrix} 1 & 0 & 1 \\ 0 & 1 & -2 \\ 0 & 0 & 0 \\ 0 & 0 & 0 \\ 0 & 0 & 0 \end{pmatrix}$；

(4) $\begin{pmatrix} 1 & 2 & 4 & 0 \\ 0 & -1 & 5 & -6 \\ 0 & 0 & 27 & -27 \end{pmatrix}$，$\begin{pmatrix} 1 & 0 & 0 & 2 \\ 0 & 1 & 0 & 1 \\ 0 & 0 & 1 & -1 \end{pmatrix}$

2. $\begin{pmatrix} a_3 & a_2 & a_1 \\ b_3 & b_2 & b_1 \\ c_3 & c_2 & c_1 \end{pmatrix}$

3.(1)$\begin{pmatrix}5 & 9 & -1\\ -2 & -3 & 0\\ 0 & 2 & -1\end{pmatrix}$；(2)$\begin{pmatrix}2 & -1 & 1\\ 4 & -2 & 1\\ -\frac{3}{2} & 1 & -\frac{1}{2}\end{pmatrix}$；(3)$\begin{pmatrix}1 & -1 & 0 & 0\\ 0 & 1 & -1 & 0\\ 0 & 0 & 1 & -1\\ 0 & 0 & 0 & 1\end{pmatrix}$

4. (1) $\boldsymbol{X}=\begin{pmatrix}2\\1\\2\end{pmatrix}$；(2) $\boldsymbol{X}=\begin{pmatrix}1 & 1\\ 3 & 2\\ -1 & -\frac{1}{2}\end{pmatrix}$；(3) $\boldsymbol{X}=(1,0,1)$；(4) $\boldsymbol{X}=\begin{pmatrix}-2 & 1 & 0\\ 1 & 3 & 4\\ 1 & 0 & 2\end{pmatrix}$

总习题 2

1.(1)B；(2) C；(3) D；(4) A；(5) D；(6) C；(7) B；(8) C

2.(1)2；(2) −1；(3) −27；(4) 3

3. $a=8$，$b=6$

4. $\boldsymbol{C}^n=\begin{pmatrix}3^{n-1} & \frac{3^{n-1}}{2} & 3^{n-2}\\ 2\cdot 3^{n-1} & 3^{n-1} & 2\cdot 3^{n-2}\\ 3^n & \frac{3^n}{2} & 3^{n-1}\end{pmatrix}$. 提示：$\boldsymbol{B}^{\mathrm{T}}\boldsymbol{A}=\begin{pmatrix}1 & \frac{1}{2} & \frac{1}{3}\end{pmatrix}\begin{pmatrix}1\\2\\3\end{pmatrix}=3$，

$\boldsymbol{C}^2=(\boldsymbol{A}\boldsymbol{B}^{\mathrm{T}})(\boldsymbol{A}\boldsymbol{B}^{\mathrm{T}})=\boldsymbol{A}(\boldsymbol{B}^{\mathrm{T}}\boldsymbol{A})\boldsymbol{B}^{\mathrm{T}}=3\boldsymbol{A}\boldsymbol{B}^{\mathrm{T}}$，…，$\boldsymbol{C}^n=3^{n-1}\boldsymbol{A}\boldsymbol{B}^{\mathrm{T}}$

5. $\boldsymbol{A}^{11}=\frac{1}{3}\begin{pmatrix}1+2^{13} & 4+2^{13}\\ -1-2^{11} & -4-2^{11}\end{pmatrix}$

6. $\boldsymbol{A}+\boldsymbol{B}=\begin{pmatrix}4 & 0 & 0\\ 0 & 7 & 0\\ 0 & 0 & 7\end{pmatrix}$

7. 81

8. (1)$\frac{1}{27}a^2$；(2) $\frac{1}{8a}$；(3) $(\frac{1}{2a}-\frac{1}{3})^3a^2$

9. (1)$\begin{pmatrix}-\frac{7}{11} & \frac{8}{11} & \frac{3}{11}\\ \frac{1}{11} & \frac{2}{11} & -\frac{2}{11}\\ \frac{19}{11} & -\frac{17}{11} & -\frac{5}{11}\end{pmatrix}$；(2)$\begin{pmatrix}\frac{13}{35} & -\frac{2}{35} & \frac{8}{35}\\ \frac{1}{5} & \frac{1}{5} & \frac{1}{5}\\ -\frac{11}{35} & -\frac{1}{35} & \frac{4}{35}\end{pmatrix}$

10. (1)$\boldsymbol{X}=\begin{pmatrix}\frac{13}{7} & \frac{2}{7}\\ \frac{10}{7} & -\frac{13}{7}\\ \frac{18}{7} & -\frac{1}{7}\end{pmatrix}$；(2) $\boldsymbol{X}=\begin{pmatrix}\frac{1}{7} & \frac{20}{7} & \frac{1}{7}\\ -\frac{8}{7} & \frac{57}{7} & \frac{20}{7}\end{pmatrix}$

第3章

习题 3-1

1. $a=5$，$b=1$

2. 当 $a=3$ 时，$R(\mathbf{A})=2$；当 $a\neq 3$ 时，$R(\mathbf{A})=3$

3. (1) $R(\mathbf{A})=3$，一个最高阶非零子式为 $\begin{vmatrix} 1 & 2 & 1 \\ 2 & 8 & 2 \\ -2 & -2 & 3 \end{vmatrix}$；

(2) $R(\mathbf{A})=2$，一个最高阶非零子式为 $\begin{vmatrix} 1 & 1 \\ 2 & -2 \end{vmatrix}$

习题 3-2

1. (1) 有无穷多解，$\begin{pmatrix} x_1 \\ x_2 \\ x_3 \\ x_4 \end{pmatrix}=c_1\begin{pmatrix} 2 \\ -2 \\ 1 \\ 0 \end{pmatrix}+c_2\begin{pmatrix} \frac{5}{3} \\ -\frac{4}{3} \\ 0 \\ 1 \end{pmatrix}$ $(\forall c_1, c_2\in\mathbf{R})$；

(2) 只有零解；

(3) 有无穷多解，$\begin{pmatrix} x_1 \\ x_2 \\ x_3 \\ x_4 \end{pmatrix}=c_1\begin{pmatrix} -1 \\ 1 \\ 0 \\ 0 \end{pmatrix}+c_2\begin{pmatrix} -1 \\ 0 \\ -3 \\ 1 \end{pmatrix}$ $(\forall c_1, c_2\in\mathbf{R})$；

(4) 有无穷多解，$\begin{pmatrix} x_1 \\ x_2 \\ x_3 \\ x_4 \end{pmatrix}=c_1\begin{pmatrix} \frac{3}{2} \\ \frac{3}{2} \\ 1 \\ 0 \end{pmatrix}+c_2\begin{pmatrix} -\frac{3}{4} \\ \frac{7}{4} \\ 0 \\ 1 \end{pmatrix}$ $(\forall c_1, c_2\in\mathbf{R})$

2. $\lambda=7$ 或 $\lambda=-2$

习题 3-3

1. (1) 不相容；(2) 不相容；

(3) 有无穷多解，$\begin{pmatrix} x_1 \\ x_2 \\ x_3 \\ x_4 \end{pmatrix}=c\begin{pmatrix} 0 \\ 1 \\ 2 \\ 1 \end{pmatrix}+\begin{pmatrix} -8 \\ 3 \\ 6 \\ 0 \end{pmatrix}$ $(\forall c\in \mathbf{R})$；

(4) 有无穷多解，$\begin{pmatrix} x_1 \\ x_2 \\ x_3 \\ x_4 \end{pmatrix}=c_1\begin{pmatrix} -3 \\ 1 \\ 1 \\ 0 \end{pmatrix}+c_2\begin{pmatrix} -3 \\ 2 \\ 0 \\ 1 \end{pmatrix}+\begin{pmatrix} 4 \\ -1 \\ 0 \\ 0 \end{pmatrix}$ $(\forall c_1, c_2\in \mathbf{R})$

2. (1) 当 $\lambda\neq -1$ 且 $\lambda\neq 4$ 时，方程组有唯一解；

(2) 当 $\lambda=-1$ 时，方程组无解；

(3) 当 $\lambda=4$ 时，方程组有无穷多解，$\begin{pmatrix} x_1 \\ x_2 \\ x_3 \end{pmatrix}=c\begin{pmatrix} -3 \\ -1 \\ 1 \end{pmatrix}+\begin{pmatrix} 0 \\ 4 \\ 0 \end{pmatrix}$ $(\forall c\in \mathbf{R})$

总习题 3

1. (1)秩为 3；(2) 秩为 3

2. (1) $\begin{pmatrix} x_1 \\ x_2 \\ x_3 \\ x_4 \end{pmatrix}=c_1\begin{pmatrix} -\frac{3}{7} \\ \frac{2}{7} \\ 1 \\ 0 \end{pmatrix}+c_2\begin{pmatrix} -\frac{13}{7} \\ \frac{4}{7} \\ 0 \\ 1 \end{pmatrix}$ $(\forall c_1, c_2\in \boldsymbol{R})$；(2) 只有零解

3. $a=1$ 或 $b=0$

4. (1) 无解；(2) $\begin{pmatrix} x_1 \\ x_2 \\ x_3 \\ x_4 \end{pmatrix}=c_1\begin{pmatrix} -\frac{9}{7} \\ \frac{1}{7} \\ 1 \\ 0 \end{pmatrix}+c_2\begin{pmatrix} \frac{1}{2} \\ -\frac{1}{2} \\ 0 \\ 1 \end{pmatrix}+\begin{pmatrix} 1 \\ -2 \\ 0 \\ 0 \end{pmatrix}$ $(\forall c_1, c_2\in \mathbf{R})$

5. (1) 当 $\lambda\neq 0$ 且 $\lambda\neq -1$ 且 $\lambda\neq 1$ 时，方程组有唯一解；

(2) 当 $\lambda=0$ 或 $\lambda=-1$ 时，方程组无解；

(3) 当 $\lambda=1$ 时，方程组有无穷多解，$\begin{pmatrix} x_1 \\ x_2 \\ x_3 \end{pmatrix}=c\begin{pmatrix} -1 \\ 1 \\ 0 \end{pmatrix}+\begin{pmatrix} 1 \\ 0 \\ 0 \end{pmatrix}$ $(\forall c\in \mathbf{R})$

6. A

7. 当 $a=1$ 时，可求得公共解为 $\xi=k(1, 0, -1)^{\mathrm{T}}$，$k$ 为任意常数；

当 $a=2$ 时，可求得公共解为 $\xi=(0, 1, -1)^{\mathrm{T}}$.

第4章

习题 4-1

1. $\boldsymbol{\beta}=\frac{1}{2}\boldsymbol{\alpha}_1+\frac{3}{2}\boldsymbol{\alpha}_2+0\boldsymbol{\alpha}_3$

2. （1）线性无关；（2）线性无关；（3）线性相关

3. $\boldsymbol{\beta}=2\boldsymbol{\alpha}_1-3\boldsymbol{\alpha}_2$

4. $t\neq5$ 时线性无关；$t=5$ 时线性相关

5. 略

习题 4-2

1. （1）秩为 3；$\boldsymbol{\alpha}_1$，$\boldsymbol{\alpha}_2$，$\boldsymbol{\alpha}_4$为一组最大无关组；

   （2）秩为 2；$\boldsymbol{\alpha}_1$，$\boldsymbol{\alpha}_2$为一组最大无关组

2. （1）$\boldsymbol{\alpha}_1$，$\boldsymbol{\alpha}_2$，$\boldsymbol{\alpha}_3$为一组最大无关组；$\boldsymbol{\alpha}_4=\boldsymbol{\alpha}_3-\boldsymbol{\alpha}_1-\boldsymbol{\alpha}_2$；

   （2）$\boldsymbol{\alpha}_1$，$\boldsymbol{\alpha}_2$，$\boldsymbol{\alpha}_3$为一组最大无关组；$\boldsymbol{\alpha}_4=3\boldsymbol{\alpha}_1-2\boldsymbol{\alpha}_2$；

   （3）$\boldsymbol{\alpha}_1$，$\boldsymbol{\alpha}_2$为一组最大无关组；$\boldsymbol{\alpha}_3=\boldsymbol{\alpha}_1+\boldsymbol{\alpha}_2$，$\boldsymbol{\alpha}_4=\boldsymbol{\alpha}_1+2\boldsymbol{\alpha}_2$

习题 4-3

1. $\boldsymbol{\beta}=\frac{4}{3}\boldsymbol{\alpha}_1+\boldsymbol{\alpha}_2+\frac{2}{3}\boldsymbol{\alpha}_3$

2. $\boldsymbol{\beta}=\boldsymbol{\alpha}_1+2\boldsymbol{\alpha}_2+3\boldsymbol{\alpha}_3$

习题 4-4

1. （1）$c_1\begin{pmatrix}-\frac{3}{2}\\ \frac{7}{2}\\ 1\\ 0\end{pmatrix}+c_2\begin{pmatrix}-1\\ -2\\ 0\\ 1\end{pmatrix}$；（2）$c_1\begin{pmatrix}\frac{19}{8}\\ \frac{7}{8}\\ 1\\ 0\\ 0\end{pmatrix}+c_2\begin{pmatrix}\frac{3}{8}\\ -\frac{25}{8}\\ 0\\ 1\\ 0\end{pmatrix}+c_3\begin{pmatrix}-\frac{1}{2}\\ \frac{1}{2}\\ 0\\ 0\\ 1\end{pmatrix}$

   （3）$c_1\begin{pmatrix}-4\\ 0\\ 1\\ -3\end{pmatrix}+c_2\begin{pmatrix}0\\ 1\\ 0\\ 4\end{pmatrix}$；（4）$c_1\begin{pmatrix}7\\ -1\\ -2\end{pmatrix}$

2. (1) $c_1\begin{pmatrix}\frac{1}{11}\\-\frac{5}{11}\\1\\0\end{pmatrix}+c_2\begin{pmatrix}-\frac{9}{11}\\\frac{1}{11}\\0\\1\end{pmatrix}+\begin{pmatrix}-\frac{2}{11}\\\frac{10}{11}\\0\\0\end{pmatrix}$；(2) $c_1\begin{pmatrix}1\\2\\0\\1\end{pmatrix}+\begin{pmatrix}-1\\-1\\0\\0\end{pmatrix}$

习题 4-5

1. (1) $\boldsymbol{e}_1=\begin{pmatrix}\frac{2}{\sqrt{5}}\\\frac{1}{\sqrt{5}}\\0\end{pmatrix}$，$\boldsymbol{e}_2=\begin{pmatrix}-\frac{2}{3\sqrt{5}}\\\frac{4}{3\sqrt{5}}\\\frac{5}{3\sqrt{5}}\end{pmatrix}$，$\boldsymbol{e}_3=\begin{pmatrix}\frac{1}{3}\\-\frac{2}{3}\\\frac{2}{3}\end{pmatrix}$；

(2) $\boldsymbol{e}_1=\begin{pmatrix}\frac{2}{3}\\\frac{1}{3}\\\frac{2}{3}\end{pmatrix}$，$\boldsymbol{e}_2=\begin{pmatrix}\frac{1}{\sqrt{2}}\\0\\-\frac{1}{\sqrt{2}}\end{pmatrix}$，$\boldsymbol{e}_3=\begin{pmatrix}\frac{\sqrt{2}}{6}\\\frac{-2\sqrt{2}}{3}\\\frac{\sqrt{2}}{6}\end{pmatrix}$

2.(1) 是；(2) 不是；(3) 是，提示：用定义 $\boldsymbol{A}^{\mathrm{T}}\boldsymbol{A}=\boldsymbol{E}$ 可验证；(4) 不是

3. 略

总习题 4

1. 3
2. 线性相关
3. B
4. $a=15$，$b=5$
5. (A)．提示：$R(\text{Ⅰ})\leqslant R(\text{Ⅱ})$
6. $a=6$. 提示：$R(\boldsymbol{\alpha}_1, \boldsymbol{\alpha}_2, \boldsymbol{\alpha}_3)=2$
7. D. 提示：由 $r(\boldsymbol{A})=3$，得 $r(\boldsymbol{A}^*)=1$
8. A
9. $a=-3$ 无解；$a\neq2$，-3 有唯一解；$a=2$ 有无穷多解，其通解为 $c\begin{pmatrix}5\\-4\\1\end{pmatrix}+\begin{pmatrix}0\\1\\0\end{pmatrix}$.
10. (1) 略；(2) $k=0$，$\boldsymbol{\xi}=k_1\boldsymbol{\alpha}_1-k_1\boldsymbol{\alpha}_3$，$(k_1\neq0)$

第5章

习题 5-1

1. （1）$\lambda_1=-1$，$\boldsymbol{p}_1=\begin{pmatrix}1\\-1\\0\end{pmatrix}$，$k_1\boldsymbol{p}_1(k_1\neq 0)$为属于$\lambda_1$的全部特征向量；

$\lambda_2=9$，$\boldsymbol{p}_2=\begin{pmatrix}1\\1\\2\end{pmatrix}$，$k_2\boldsymbol{p}_2(k_2\neq 0)$为属于$\lambda_2$的全部特征向量；

$\lambda_3=0$，$\boldsymbol{p}_3=\begin{pmatrix}1\\1\\-1\end{pmatrix}$，$k_3\boldsymbol{p}_3(k_3\neq 0)$为属于$\lambda_3$的全部特征向量；

（2）$\lambda_1=2$，$\boldsymbol{p}_1=\begin{pmatrix}1\\1\end{pmatrix}$，$k_1\boldsymbol{p}_1(k_1\neq 0)$为属于$\lambda_1$的全部特征向量；

$\lambda_2=4$，$\boldsymbol{p}_2=\begin{pmatrix}-1\\1\end{pmatrix}$，$k_2\boldsymbol{p}_2(k_2\neq 0)$为属于$\lambda_2$的全部特征向量；

（3）$\lambda_1=1$，$\boldsymbol{p}_1=\begin{pmatrix}1\\0\\-1\end{pmatrix}$，$k_1\boldsymbol{p}_1(k_1\neq 0)$为属于$\lambda_1$的全部特征向量；

$\lambda_2=\lambda_3=3$，$\boldsymbol{p}_2=\begin{pmatrix}1\\0\\1\end{pmatrix}$，$\boldsymbol{p}_3=\begin{pmatrix}0\\1\\0\end{pmatrix}$，$k_2\boldsymbol{p}_2+k_3\boldsymbol{p}_3$（$k_2$，$k_3$不同时为0）为属于$\lambda_2=\lambda_3=3$的全部特征向量

2. $(-2, 4, -4)^{\mathrm{T}}$
3. 18
4. 略
5. 略

习题 5-2

1. （1）不能对角化；

（2）能对角化，$\boldsymbol{P}=\begin{pmatrix}1&1&0\\0&0&1\\-1&1&0\end{pmatrix}$，$\boldsymbol{P}^{-1}\boldsymbol{AP}=\boldsymbol{\Lambda}=\begin{pmatrix}-1&&\\&1&\\&&1\end{pmatrix}$；

（3）能对角化，$\boldsymbol{P}=\begin{pmatrix}1&1&1\\-1&0&-2\\0&1&3\end{pmatrix}$，$\boldsymbol{P}^{-1}\boldsymbol{AP}=\boldsymbol{\Lambda}=\begin{pmatrix}2&&\\&2&\\&&6\end{pmatrix}$

2. $x=3$

3. $\boldsymbol{A}=\begin{pmatrix}1&1&0\\0&2&0\\0&0&1\end{pmatrix}$

4. 能对角化，$\boldsymbol{P}=\begin{pmatrix}1&1&-1\\2&1&0\\2&0&1\end{pmatrix}$，$\boldsymbol{\Lambda}=\begin{pmatrix}1&&\\&2&\\&&2\end{pmatrix}$，$\boldsymbol{A}^5=\begin{pmatrix}1&31&-31\\-62&94&-62\\-62&62&-30\end{pmatrix}$

5. 略

习题 5-3

(1) $\boldsymbol{P}=\begin{pmatrix}0&\frac{1}{\sqrt{2}}&-\frac{1}{\sqrt{2}}\\1&0&0\\0&\frac{1}{\sqrt{2}}&\frac{1}{\sqrt{2}}\end{pmatrix}$，$\boldsymbol{P}^{-1}\boldsymbol{AP}=\begin{pmatrix}0&&\\&1&\\&&-1\end{pmatrix}$；

(2) $\boldsymbol{P}=\begin{pmatrix}\frac{2}{3}&\frac{2}{3}&\frac{1}{3}\\\frac{2}{3}&-\frac{1}{3}&-\frac{2}{3}\\\frac{1}{3}&-\frac{2}{3}&\frac{2}{3}\end{pmatrix}$，$\boldsymbol{P}^{-1}\boldsymbol{AP}=\begin{pmatrix}-1&&\\&2&\\&&5\end{pmatrix}$；

(3) $\boldsymbol{P}=\begin{pmatrix}-\frac{1}{\sqrt{3}}&-\frac{1}{\sqrt{2}}&\frac{1}{\sqrt{6}}\\-\frac{1}{\sqrt{3}}&\frac{1}{\sqrt{2}}&\frac{1}{\sqrt{6}}\\\frac{1}{\sqrt{3}}&0&\frac{2}{\sqrt{6}}\end{pmatrix}$，$\boldsymbol{P}^{-1}\boldsymbol{AP}=\begin{pmatrix}-2&&\\&1&\\&&1\end{pmatrix}$；

(4) $\boldsymbol{P}=\begin{pmatrix}\frac{1}{\sqrt{2}}&\frac{1}{\sqrt{2}}\\\frac{1}{\sqrt{2}}&-\frac{1}{\sqrt{2}}\end{pmatrix}$，$\boldsymbol{P}^{-1}\boldsymbol{AP}=\begin{pmatrix}2&0\\0&8\end{pmatrix}$

习题 5-4

1. (1) $(x_1\quad x_2\quad x_3)\begin{pmatrix}1&\frac{1}{2}&1\\\frac{1}{2}&2&-\frac{1}{2}\\1&-\frac{1}{2}&3\end{pmatrix}\begin{pmatrix}x_1\\x_2\\x_3\end{pmatrix}$，秩为 3；

（2）$(x_1 \quad x_2 \quad x_3)\begin{pmatrix} 0 & \frac{1}{2} & \frac{1}{2} \\ \frac{1}{2} & 0 & \frac{1}{2} \\ \frac{1}{2} & \frac{1}{2} & 0 \end{pmatrix}\begin{pmatrix} x_1 \\ x_2 \\ x_3 \end{pmatrix}$，秩为 3；

（3）$(x_1 \quad x_2 \quad x_3 \quad x_4)\begin{pmatrix} 1 & -\frac{1}{2} & 0 & 0 \\ -\frac{1}{2} & 1 & 0 & 0 \\ 0 & 0 & 1 & -\frac{1}{2} \\ 0 & 0 & -\frac{1}{2} & 1 \end{pmatrix}\begin{pmatrix} x_1 \\ x_2 \\ x_3 \\ x_4 \end{pmatrix}$，秩为 4

2.（1）$f=2x_1^2-x_2^2+3x_3^2$，秩为 3；

（2）$f=2x_1x_2+x_1x_3-2x_2x_3$，秩为 3；

（3）$f=-2x_1^2-2x_2^2-x_3^2+2x_1x_2-2x_2x_3$，秩为 3；

（4）$f=3x_1^2+2x_2^2+3x_3^2+2x_4^2-2x_1x_2-2x_3x_4$，秩为 4

3. 提示：可找初等矩阵 $\boldsymbol{C}=\begin{pmatrix} 1 & 0 & 0 \\ 0 & 0 & 1 \\ 0 & 1 & 0 \end{pmatrix}$ 作为合同变换矩阵．

4.（1）$f=y_1^2+3y_2^2-5y_3^2$，$\begin{cases} x_1=\frac{1}{\sqrt{3}}y_1-\frac{1}{\sqrt{2}}y_2-\frac{1}{\sqrt{6}}y_3 \\ x_2=\frac{1}{\sqrt{3}}y_1+\frac{1}{\sqrt{2}}y_2-\frac{1}{\sqrt{6}}y_3 \\ x_3=\frac{1}{\sqrt{3}}y_1+\frac{1}{\sqrt{6}}y_3 \end{cases}$；

（2）$f=5y_1^2+5y_2^2-5y_3^2$，$\begin{cases} x_1=-\frac{3}{\sqrt{10}}y_2+\frac{1}{\sqrt{10}}y_3 \\ x_2=y_1 \\ x_3=\frac{1}{\sqrt{10}}y_2+\frac{3}{\sqrt{10}}y_3 \end{cases}$

5.（1）$f=2y_1^2-y_2^2-3y_3^2$，$\begin{cases} x_1=y_1+y_2-y_3 \\ x_2=y_2-y_3 \\ x_3=y_3 \end{cases}$；

（2）$f=y_1^2+y_2^2+2y_3^2$，$\begin{cases} x_1=y_1+y_2+y_3 \\ x_2=y_2+y_3 \\ x_3=y_3 \end{cases}$

习题 5-5

1.(1) 不正定；(2) 正定

2.(1) 不正定；(2) 不正定；(3) 负定；(4) 正定

3.(1) $0<t<\frac{4}{5}$；(2) $t>1$

4. 略

总习题 5

1. (1) $\lambda_1=-1$，$\boldsymbol{p}_1=\begin{pmatrix}4\\3\end{pmatrix}$，$k_1\boldsymbol{p}_1(k_1\neq 0)$为属于$\lambda_1$的全部特征向量；

$\lambda_2=6$，$\boldsymbol{p}_2=\begin{pmatrix}-1\\1\end{pmatrix}$，$k_2\boldsymbol{p}_2(k_2\neq 0)$为属于$\lambda_2$的全部特征向量；

(2) $\lambda_1=1$，$\boldsymbol{p}_1=\begin{pmatrix}-1\\0\\1\end{pmatrix}$，$k_1\boldsymbol{p}_1(k_1\neq 0)$为属于$\lambda_1$的全部特征向量；

$\lambda_2=\lambda_3=2$，$\boldsymbol{p}_2=\begin{pmatrix}1\\0\\0\end{pmatrix}$，$\boldsymbol{p}_3=\begin{pmatrix}0\\-1\\1\end{pmatrix}$，$k_2\boldsymbol{p}_2+k_3\boldsymbol{p}_3$($k_2$，$k_3$不同时为0)为属于$\lambda_2=\lambda_3=2$的全部特征向量；

(3) $\lambda_1=-3$，$\boldsymbol{p}_1=\begin{pmatrix}0\\5\\-3\end{pmatrix}$，$k_1\boldsymbol{p}_1(k_1\neq 0)$为属于$\lambda_1$的全部特征向量；

$\lambda_2=\lambda_3=2$，$\boldsymbol{p}_2=\begin{pmatrix}0\\0\\1\end{pmatrix}$，$k_2\boldsymbol{p}_2(k_2\neq 0)$为属于$\lambda_2=\lambda_3=2$的全部特征向量

2. 略

3. 3，提示：A的特征值为1，2，2，则存在可逆矩阵$\boldsymbol{P}$，使得

$$\boldsymbol{P}^{-1}\boldsymbol{A}\boldsymbol{P}=\begin{pmatrix}1&&\\&2&\\&&2\end{pmatrix}=\boldsymbol{B}，\boldsymbol{A}=\boldsymbol{P}\boldsymbol{B}\boldsymbol{P}^{-1}，\boldsymbol{A}^{-1}=\boldsymbol{P}\boldsymbol{B}^{-1}\boldsymbol{P}^{-1}$$

$$|4\boldsymbol{A}^{-1}-\boldsymbol{E}|=|4\boldsymbol{P}\boldsymbol{B}^{-1}\boldsymbol{P}^{-1}-\boldsymbol{E}|=|4\boldsymbol{P}\boldsymbol{B}^{-1}\boldsymbol{P}^{-1}-\boldsymbol{P}\boldsymbol{E}\boldsymbol{P}^{-1}|=$$
$$|\boldsymbol{P}||4\boldsymbol{B}^{-1}-\boldsymbol{E}||\boldsymbol{P}^{-1}|=|4\boldsymbol{B}^{-1}-\boldsymbol{E}|$$

因为$\boldsymbol{B}^{-1}=\begin{pmatrix}1&&\\&\frac{1}{2}&\\&&\frac{1}{2}\end{pmatrix}$，所以$|4\boldsymbol{B}^{-1}-\boldsymbol{E}|=\begin{vmatrix}3&&\\&1&\\&&1\end{vmatrix}=3$

4. 1，提示：由题得 $\boldsymbol{A}(\boldsymbol{\alpha}_1,\boldsymbol{\alpha}_2)=(\boldsymbol{A\alpha}_1,\boldsymbol{A\alpha}_2)=(0,2\boldsymbol{\alpha}_1+\boldsymbol{\alpha}_2)=(\boldsymbol{\alpha}_1,\boldsymbol{\alpha}_2)\begin{pmatrix}0&2\\0&1\end{pmatrix}$，

记 $\boldsymbol{P}=(\boldsymbol{\alpha}_1,\boldsymbol{\alpha}_2)$，因 $\boldsymbol{\alpha}_1,\boldsymbol{\alpha}_2$ 线性无关，故 $\boldsymbol{P}=(\boldsymbol{\alpha}_1,\boldsymbol{\alpha}_2)$ 是可逆矩阵．因此，$\boldsymbol{AP}=\boldsymbol{P}\begin{pmatrix}0&2\\0&1\end{pmatrix}$，从而 $\boldsymbol{P}^{-1}\boldsymbol{AP}=\begin{pmatrix}0&2\\0&1\end{pmatrix}$. 记 $\boldsymbol{B}=\begin{pmatrix}0&2\\0&1\end{pmatrix}$，则 $\boldsymbol{A}$ 与 $\boldsymbol{B}$ 相似，从而有相同的特征值．

因为 $|\lambda\boldsymbol{E}-\boldsymbol{B}|=\begin{vmatrix}\lambda&-2\\0&\lambda-1\end{vmatrix}=\lambda(\lambda-1)$，$\lambda=0$，$\lambda=1$，故 $\boldsymbol{A}$ 的非零特征值为 1

5. 提示：通过证明 $[\boldsymbol{A}^2\boldsymbol{x},\boldsymbol{x}]=0$，得到 $\|\boldsymbol{Ax}\|^2=0$，从而 $\boldsymbol{Ax}=\boldsymbol{0}$

6. $\frac{4}{3}$，提示：$|\boldsymbol{A}|=-4$

7. $\boldsymbol{B}$ 的特征值为 -4，-2，-10，$|\boldsymbol{B}|=-80$

8. $\boldsymbol{A}=\begin{pmatrix}1&-1&1\\-2&1&2\\-2&-1&4\end{pmatrix}$，$\boldsymbol{A}^3=\begin{pmatrix}1&-7&7\\-26&1&26\\-26&-7&34\end{pmatrix}$

9. (1) $a=5$，$b=6$，提示：利用性质 5.3；

(2) $\boldsymbol{P}=\begin{pmatrix}1&1&1\\-1&0&-2\\0&1&3\end{pmatrix}$

10. B，提示：$\begin{pmatrix}1&a&1\\a&b&a\\1&a&1\end{pmatrix}$ 与 $\begin{pmatrix}2&0&0\\0&b&0\\0&0&0\end{pmatrix}$ 相似的充要条件为 $\begin{pmatrix}1&a&1\\a&b&a\\1&a&1\end{pmatrix}$ 的特征值为 2，b，0，

又 $|\lambda\boldsymbol{E}-\boldsymbol{A}|=\begin{vmatrix}\lambda-1&-a&-1\\-a&\lambda-b&-a\\-1&-a&\lambda-1\end{vmatrix}=\lambda[(\lambda-b)(\lambda-2)-2a^2]$，从而 $a=0$，b 为任意实数．

11. (1) $\boldsymbol{A}$ 的特征值分别为 1，-1，0；对应的特征向量分别为 $\begin{pmatrix}1\\0\\1\end{pmatrix}$，$\begin{pmatrix}-1\\0\\1\end{pmatrix}$，$\begin{pmatrix}0\\1\\0\end{pmatrix}$；

提示：$\boldsymbol{A}\begin{pmatrix}-1\\0\\1\end{pmatrix}=-\begin{pmatrix}-1\\0\\1\end{pmatrix}$，$\boldsymbol{A}\begin{pmatrix}1\\0\\1\end{pmatrix}=\begin{pmatrix}1\\0\\1\end{pmatrix}$，可知 1，$-1$ 均为 $\boldsymbol{A}$ 的特征值，$\boldsymbol{\xi}_1=\begin{pmatrix}1\\0\\1\end{pmatrix}$ 与 $\boldsymbol{\xi}_2=\begin{pmatrix}-1\\0\\1\end{pmatrix}$ 分别为它们的特征向量．而 $R(\boldsymbol{A})=2$，可知 0 也是 $\boldsymbol{A}$ 的特征值，且 0 的特征向量与 $\boldsymbol{\xi}_1$，$\boldsymbol{\xi}_2$ 正交．设 $\boldsymbol{\xi}_3=\begin{pmatrix}x_1\\x_2\\x_3\end{pmatrix}$ 为 0 的特征向量，有 $\begin{cases}x_1+x_3=0\\-x_1+x_3=0\end{cases}$ 得 $\boldsymbol{\xi}_3=k\begin{pmatrix}0\\1\\0\end{pmatrix}$；所以，$\boldsymbol{A}$ 的特征值分别为 1，-1，0；对应的特征向量分别为 $\begin{pmatrix}1\\0\\1\end{pmatrix}$，$\begin{pmatrix}-1\\0\\1\end{pmatrix}$，$\begin{pmatrix}0\\1\\0\end{pmatrix}$；

(2) $\boldsymbol{A}=\begin{pmatrix}0&0&1\\0&0&0\\1&0&0\end{pmatrix}$

提示：$\boldsymbol{A}=\boldsymbol{P\Lambda P}^{-1}=\begin{pmatrix}1&-1&0\\0&0&1\\1&1&0\end{pmatrix}\begin{pmatrix}1&&\\&-1&\\&&0\end{pmatrix}\begin{pmatrix}1&-1&0\\0&0&1\\1&1&0\end{pmatrix}^{-1}=\begin{pmatrix}0&0&1\\0&0&0\\1&0&0\end{pmatrix}$

12. (1) $\boldsymbol{P}=\frac{1}{3}\begin{pmatrix}1&2&2\\2&1&-2\\2&-2&1\end{pmatrix}$，$\boldsymbol{P}^{-1}\boldsymbol{AP}=\boldsymbol{\Lambda}=\begin{pmatrix}-2&&\\&1&\\&&4\end{pmatrix}$；

(2) $\boldsymbol{P}=\begin{pmatrix}-\frac{1}{\sqrt{2}}&\frac{1}{\sqrt{6}}&\frac{1}{\sqrt{3}}\\\frac{1}{\sqrt{2}}&\frac{1}{\sqrt{6}}&\frac{1}{\sqrt{3}}\\0&-\frac{2}{\sqrt{6}}&\frac{1}{\sqrt{3}}\end{pmatrix}$，$\boldsymbol{P}^{-1}\boldsymbol{AP}=\boldsymbol{\Lambda}=\begin{pmatrix}-1&&\\&-1&\\&&5\end{pmatrix}$

13. $a=-1$，$\boldsymbol{Q}=\begin{pmatrix}\frac{1}{\sqrt{6}}&\frac{1}{\sqrt{3}}&-\frac{1}{\sqrt{2}}\\\frac{2}{\sqrt{6}}&-\frac{1}{\sqrt{3}}&0\\\frac{1}{\sqrt{6}}&\frac{1}{\sqrt{3}}&\frac{1}{\sqrt{2}}\end{pmatrix}$，$\boldsymbol{\Lambda}=\begin{pmatrix}2&&\\&5&\\&&-4\end{pmatrix}$

提示：$\boldsymbol{A}\begin{pmatrix}1\\2\\1\end{pmatrix}=\begin{pmatrix}0&-1&4\\-1&3&a\\4&a&0\end{pmatrix}\begin{pmatrix}1\\2\\1\end{pmatrix}=\lambda_1\begin{pmatrix}1\\2\\1\end{pmatrix}$，解得 $a=-1$，$\lambda_1=2$. 由于 $|\lambda\boldsymbol{E}-\boldsymbol{A}|=0$，解得 $\boldsymbol{A}$ 的特征值为 2，5，−4. 属于 5 的单位特征向量为 $\frac{1}{\sqrt{3}}(1,-1,1)^{\mathrm{T}}$，属于 −4 的单位特征向量为 $\frac{1}{\sqrt{2}}(-1,0,1)^{\mathrm{T}}$，令 $\boldsymbol{Q}=\begin{pmatrix}\frac{1}{\sqrt{6}}&\frac{1}{\sqrt{3}}&-\frac{1}{\sqrt{2}}\\\frac{2}{\sqrt{6}}&-\frac{1}{\sqrt{3}}&0\\\frac{1}{\sqrt{6}}&\frac{1}{\sqrt{3}}&\frac{1}{\sqrt{2}}\end{pmatrix}$，则有 $\boldsymbol{Q}^{\mathrm{T}}\boldsymbol{AQ}=\begin{pmatrix}2&&\\&5&\\&&-4\end{pmatrix}$，故 $\boldsymbol{Q}$ 为所求

14. 21

15. C

16. 令 $\boldsymbol{A}=\begin{pmatrix}1&1&\cdots&1\\1&1&\cdots&1\\\vdots&\vdots&&\vdots\\1&1&\cdots&1\end{pmatrix}$，$\boldsymbol{B}=\begin{pmatrix}0&\cdots&0&1\\0&\cdots&0&2\\\vdots&&\vdots&\vdots\\0&\cdots&0&n\end{pmatrix}$，

由 $|\boldsymbol{A}-\lambda\boldsymbol{E}|=0$ 得 $\boldsymbol{A}$ 的特征值为 $\lambda_1=\cdots=\lambda_{n-1}=0,\lambda_n=n$，

由 $|\boldsymbol{B}-\lambda\boldsymbol{E}|=0$ 得 $\boldsymbol{B}$ 的特征值为 $\lambda_1=\cdots=\lambda_{n-1}=0,\lambda_n=n$，

因为 $\boldsymbol{A}^{\mathrm{T}}=\boldsymbol{A}$，所以 $\boldsymbol{A}$ 可以对角化，

对 $\boldsymbol{B}$，因为 $R(\boldsymbol{OE}-\boldsymbol{B})=R(\boldsymbol{B})=1$，所以 $\boldsymbol{B}$ 可对角化，

因为 $\boldsymbol{A}$ 和 $\boldsymbol{B}$ 有相同的特征值且都可对角化，所以 $\boldsymbol{A}$ 与 $\boldsymbol{B}$ 相似.

17. (1) $a=4,b=5$；(2) $\boldsymbol{P}=\begin{pmatrix}2&-3&-1\\1&0&-1\\0&1&1\end{pmatrix}$

18. $f=x_1^2+x_2^2+2x_3^2-2x_1x_2+4x_1x_3+2x_2x_3$

19. $\boldsymbol{A}=\begin{pmatrix}2&2&0\\2&1&-\dfrac{7}{2}\\0&-\dfrac{7}{2}&-5\end{pmatrix}$

20. 秩为 2，正惯性指数为 1，提示：用配方法化为标准形

21. 正惯性指数为 2，提示：$\boldsymbol{A}=\begin{pmatrix}1&1&1\\1&3&1\\1&3&1\end{pmatrix}$，$\boldsymbol{A}$ 的特征值 $\lambda_1=0,\lambda_2=1,\lambda_3=4$

22. B，提示：由 $|\lambda\boldsymbol{E}-\boldsymbol{A}|=\lambda(\lambda-3)^2$，可得 $\lambda_1=\lambda_2=3,\lambda_3=0$，所以 $\boldsymbol{A}$ 的特征值为 3,3,0；而 $\boldsymbol{B}$ 的特征值为 1,1,0，所以 $\boldsymbol{A}$ 与 $\boldsymbol{B}$ 不相似，但是 $\boldsymbol{A}$ 与 $\boldsymbol{B}$ 的秩均为 2，且正惯性指数都为 2，所以 $\boldsymbol{A}$ 与 $\boldsymbol{B}$ 合同

23. A，提示：$\boldsymbol{A}$ 与 $\boldsymbol{B}$ 有相同的特征值

24. D，提示：$|\lambda\boldsymbol{E}-\boldsymbol{A}|=0$，则 $\lambda_1=-1,\lambda_2=3$，记 $\boldsymbol{D}=\begin{pmatrix}1&-2\\-2&1\end{pmatrix}$，则 $|\lambda\boldsymbol{E}-\boldsymbol{D}|=0$

有 $\lambda_1=-1,\lambda_2=3$，正负惯性指数相同

25. B，提示：先确定矩阵 $\boldsymbol{A}$ 的正惯性指数．考察与 $\boldsymbol{A}$ 的秩和正惯性指数相同的矩阵

26. (1) $\boldsymbol{x}=\boldsymbol{C}\boldsymbol{z},\boldsymbol{C}=\begin{pmatrix}1&1&-1\\1&-1&3\\0&0&1\end{pmatrix}$，$f=z_1^2-z_2^2+3z_3^2$；

(2) $\boldsymbol{x}=\boldsymbol{C}\boldsymbol{y},\boldsymbol{C}=\begin{pmatrix}1&-1&1\\1&1&-2\\0&0&1\end{pmatrix}$，$f=y_1^2+y_2^2$

27. (1) $\boldsymbol{x}=\boldsymbol{P}\boldsymbol{y},\boldsymbol{P}=\begin{pmatrix}1&0&0\\0&-\dfrac{2}{\sqrt5}&\dfrac{1}{\sqrt5}\\0&\dfrac{1}{\sqrt5}&\dfrac{2}{\sqrt5}\end{pmatrix}$，$f=-2y_1^2-2y_2^2+3y_3^2$；

(2)$\boldsymbol{x}=\boldsymbol{P}\boldsymbol{y}$，$\boldsymbol{P}=\begin{pmatrix}\frac{2}{3} & \frac{1}{\sqrt{2}} & \frac{1}{3\sqrt{2}}\\ \frac{1}{3} & 0 & -\frac{4}{3\sqrt{2}}\\ \frac{2}{3} & -\frac{1}{\sqrt{2}} & \frac{1}{3\sqrt{2}}\end{pmatrix}$，$f=-2y_1^2+7y_2^2+7y_3^2$

28. (1)$-\sqrt{2}<t<\sqrt{2}$；(2)$-2<t<0$

29. $a=2$，$\boldsymbol{x}=\boldsymbol{P}\boldsymbol{y}$，$\boldsymbol{P}=\begin{pmatrix}0 & 1 & 0\\ \frac{1}{\sqrt{2}} & 0 & \frac{1}{\sqrt{2}}\\ -\frac{1}{\sqrt{2}} & 0 & \frac{1}{\sqrt{2}}\end{pmatrix}$

30. 提示：利用正定矩阵特征值的性质

31. 提示：利用矩阵行列式与特征值之关系及正定矩阵特征值的性质

32. $-\sqrt{2}<k<\sqrt{2}$，提示：使二次曲面是椭球面，当且仅当二次型为正定二次型

33. 提示：利用正交变换化二次型为标准形，同时注意正交变换可以保持变换前后向量长度不变的性质

34. 提示：(1)$\boldsymbol{A}=\begin{pmatrix}a & 0 & 1\\ 0 & a & -1\\ 1 & -1 & a-1\end{pmatrix}$，$|\lambda\boldsymbol{E}-\boldsymbol{A}|=0$，所以$\lambda_1=a$，$\lambda_2=a-2$，$\lambda_3=a+1$；

(2)若规范形为$y_1^2+y_2^2$，说明有两个特征值为正，一个为0. 则：①若$\lambda_1=a=0$，则$\lambda_2=-2<0$，$\lambda_3=1$，不符题意；②若$\lambda_2=0$，即$a=2$，则$\lambda_1=2>0$，$\lambda_3=3>0$，符合；③若$\lambda_3=0$，即$a=-1$，则$\lambda_1=-1<0$，$\lambda_2=-3<0$，不符题意；综上所述$a=2$

35. 提示：(1)$f=(2a_1^2+b_1^2)x_1^2+(2a_2^2+b_2^2)x_2^2+(2a_3^2+b_3^2)x_3^2+(4a_1a_2+2b_1b_2)x_1x_2+(4a_1a_3+b_1b_3)x_1x_3+(4a_2a_3+2b_2b_3)x_2x_3$

则f的矩阵为$\begin{pmatrix}2a_1^2+b_1^2 & 2a_1a_2+b_1b_2 & 2a_1a_3+b_1b_3\\ 2a_1a_2+b_1b_2 & 2a_2^2+b_2^2 & 2a_2a_3+b_2b_3\\ 2a_1a_3+b_1b_3 & 2a_2a_3+b_2b_3 & 2a_3^2+b_3^2\end{pmatrix}=$

$$2\begin{pmatrix}a_1^2 & a_1a_2 & a_1a_3\\ a_1a_2 & a_2^2 & a_2a_3\\ a_1a_3 & a_2a_3 & a_3^2\end{pmatrix}+\begin{pmatrix}b_1^2 & b_1b_2 & b_1b_3\\ b_1b_2 & b_2^2 & b_2b_3\\ b_1b_3 & b_2b_3 & b_3^2\end{pmatrix}=2\boldsymbol{\alpha}\boldsymbol{\alpha}^{\mathrm{T}}+\boldsymbol{\beta}\boldsymbol{\beta}^{\mathrm{T}};$$

(2)令$\boldsymbol{A}=2\boldsymbol{\alpha}\boldsymbol{\alpha}^{\mathrm{T}}+\boldsymbol{\beta}\boldsymbol{\beta}^{\mathrm{T}}$，则$\boldsymbol{A}\boldsymbol{\alpha}=2\boldsymbol{\alpha}\boldsymbol{\alpha}^{\mathrm{T}}\boldsymbol{\alpha}+\boldsymbol{\beta}\boldsymbol{\beta}^{\mathrm{T}}\boldsymbol{\alpha}=2\boldsymbol{\alpha}$，$\boldsymbol{A}\boldsymbol{\beta}=2\boldsymbol{\alpha}\boldsymbol{\alpha}^{\mathrm{T}}\boldsymbol{\beta}+\boldsymbol{\beta}\boldsymbol{\beta}^{\mathrm{T}}\boldsymbol{\beta}=\boldsymbol{\beta}$，则1，2均为$\boldsymbol{A}$的特征值，又由于$R(\boldsymbol{A})=R(2\boldsymbol{\alpha}\boldsymbol{\alpha}^{\mathrm{T}}+\boldsymbol{\beta}\boldsymbol{\beta}^{\mathrm{T}})\leqslant R(\boldsymbol{\alpha}\boldsymbol{\alpha}^{\mathrm{T}})+R(\boldsymbol{\beta}\boldsymbol{\beta}^{\mathrm{T}})=2$，故0为$\boldsymbol{A}$的特征值，则三阶矩阵$\boldsymbol{A}$的特征值为2，1，0，故$f$在正交变换下的标准形为$2y_1^2+y_2^2$

36. A

37. $-2\leqslant a\leqslant 2$

38. C

附　录

附录 1　线性代数发展简史

（1）基本简介

如果研究关联着多个因素的量所引起的问题，需要考察多元函数。如果所研究的关联性是线性的，那么称这个问题为线性问题。历史上线性代数的第一个问题是关于解线性方程组的问题，而线性方程组理论的发展又促成了作为工具的矩阵论和行列式理论的创立与发展，这些内容已成为我们线性代数教材的主要部分。最初的线性方程组问题大都是来源于生活实践，正是实际问题刺激了线性代数这一学科的诞生与发展。另外，近现代数学分析与几何学等数学分支的发展要求也促使了线性代数的进一步发展。

代数学可以笼统地解释为关于字母运算的学科。在中学所学的初等代数中，字母仅用来表示数。初等代数从最简单的一元一次方程开始，一方面讨论二元及三元的一次方程组，另一方面研究二次以上及可以转化为二次的方程组。沿着这两个方向继续发展，代数学在讨论任意多个未知数的一次方程组，也即线性方程组的同时，还研究了次数更高的一元方程及多元方程组。发展到这个阶段，就叫做高等代数。

线性代数是高等代数的一大分支，是研究如何求解线性方程组而发展起来的。线性代数的主要内容有行列式、矩阵、向量、线性方程组、线性空间、线性变换、欧氏空间和二次型等。在线性代数中，字母的含义也推广了，它不仅用来表示数，也可以表示行列式、矩阵、向量等代数量。笼统地说，线性代数是研究具有线性关系的代数量的一门学科。线性代数不仅在内容上，更重要的是在观点和方法上比初等代数有很大提高。

（2）行列式

行列式出现于线性方程组的求解，它最早是一种速记的表达式，现在已经是数学中一种非常有用的工具。行列式是由德国数学家莱布尼茨(G. W. Leibniz)和日本数学家关孝和发明的。1693 年 4 月，莱布尼茨在写给洛比达(L’ Hôspital)的一封信中使用并给出了行列式，并给出方程组的系数行列式为零的条件。同时代的日本数学家关孝和在其著作《解伏题元法》中也提出了行列式的概念与算法。

1750 年，瑞士数学家克莱姆(G. Cramer)在其著作《线性代数分析导引》中，对行列式的定义和展开法则给出了比较完整、明确的阐述，并给出了现在我们所称的解线性方程组的克莱姆法则。稍后，数学家贝祖(E. Bezout)将确定行列式每一项符号的方法进行了系统化，利用系数行列式概念指出了如何判断一个齐次线性方程组有非零解。

总之，在很长一段时间内，行列式只是作为解线性方程组的一种工具使用，并没有人意识到它可以独立于线性方程组之外，单独形成一门理论。

在行列式的发展史上，第一个对行列式理论做出连贯的逻辑的阐述，即把行列式理论与线性方程组求解相分离的人，是法国数学家范德蒙(A. T. Vandermonde)。范德蒙自幼在父亲的指导下学习音乐，但对数学有浓厚的兴趣，后来终于成为法兰西科学院院士。特别地，他给出了用二阶子式和它们的余子式来展开行列式的法则。就对行列式本身这一点来说，他是这门理论的奠基人。1772 年，法国数学家拉普拉斯(P. S. Laplace)在一篇论文中证明了范德蒙提出的一些规则，推广了他的展开行列式的方法。

继范德蒙之后，在行列式的理论方面，另一位做出突出贡献的就是法国大数学家柯西(A. L. Cauchy)。1815 年，柯西在一篇论文中给出了行列式的第一个系统的、几乎是近代的处理。其中主要结果之一是行列式的乘法定理。另外，他第一个把行列式的元素排成方阵，采用双足标记法；引进了行列式特征方程的术语；给出了相似行列式概念；改进了拉普拉斯的行列式展开定理并给出了一个证明等。

19 世纪的半个多世纪中，对行列式理论研究始终不渝的研究者中有一位詹姆士·西尔维斯特(J. Sylvester)。他是一个活泼、敏感、兴奋、热情，甚至容易激动的人，然而由于是犹太人的缘故，他受到剑桥大学不平等的对待。西尔维斯特用火一般的热情介绍他的学术思想，并且在代数学方面取得了重要成就。西尔维斯特曾经在伍尔里奇的皇家军事学院作了 15 年的数学教授，曾在巴尔迪摩新成立的约翰·霍普金斯大学担任数学系主任，并在那里创建了《美国数学杂志》，并帮助开创了美国的研究生数学教育。

继柯西之后，在行列式理论方面最多产的人就是德国数学家雅可比(J. Jacobi)，他引进了函数行列式，即“雅可比行列式”，指出函数行列式在多重积分的变量替换中的作用，给出了函数行列式的导数公式。雅可比的著名论文《论行列式的形成和性质》标志着行列式系统理论的建成。

由于行列式在数学分析、几何学、线性方程组理论、二次型理论等多方面的应用，促使行列式理论自身在 19 世纪也得到了很大发展。整个 19 世纪都有行列式的新结果。除了一般行列式的大量定理之外，还有许多有关特殊行列式的其他定理都相继出现。

(3) 矩阵

矩阵是数学中的一个重要的基本概念，是代数学的一个主要研究对象，也是数学研究和应用的一个重要工具。“矩阵”这个词是由西尔维斯特首先使用的，他是为了将数字的矩形阵列区别于行列式而发明了这个术语。而实际上，矩阵这个课题之前就已经发展得很好了。矩阵的许多基本性质也是在行列式的发展中建立起来的。在逻辑上，矩阵的概念应先于行列式的概念，然而在历史上次序正好相反。

英国数学家凯莱一般被公认为是矩阵论的创立者，因为他首先把矩阵作为一个独立的数学概念提出来，并首先发表了关于这个题目的一系列文章。行列式现在的两条竖线记法就是他最先给出的。1858 年，他发表了关于这一课题的第一篇论文《矩阵论的研究报告》，系统地阐述了关于矩阵的理论。文中他定义了矩阵的相等、矩阵的运算法则、矩阵的转置以及矩阵的逆等一系列基本概念，指出了矩阵加法的可交换性与可结合性。另外，凯莱还给出了方阵的特征方程和特征根(特征值)以及有关矩阵的一些基本结果。著名的凯莱-哈密尔顿(Cayley-Hamilton)理论，是由凯莱于 1858 年在他的矩阵理论文集中提出的。利用单一的字母 $\boldsymbol{A}$ 来表示矩阵是对矩阵代数发展至关重要的。他发展出的早期公式 $\det(\boldsymbol{AB})=\det(\boldsymbol{A})\det(\boldsymbol{B})$ (即 $|\boldsymbol{AB}|=|\boldsymbol{A}||\boldsymbol{B}|$)为矩阵代数和行列式间提供了一种联系。

数学家柯西首先给出了特征方程的术语，并证明了阶数超过 3 的矩阵有特征值及任意阶实对称矩阵都有实特征值；给出了相似矩阵的概念，并证明了相似矩阵有相同的特征值。

1855 年，埃米特(C. Hermite)证明了别的数学家发现的一些矩阵类的特征根的特殊性质，如现在称为埃米特矩阵的特征根性质等。后来，克莱伯施(A. Clebsch)、布克海姆(A. Buchheim)等证明了对称矩阵的特征根性质。泰伯(H. Taber)引入矩阵的迹的概念并给出了一些有关的结论。

在矩阵论的发展史上，弗罗伯纽斯(G. Frobenius)的贡献是不可磨灭的。他讨论了最小多项式问题，引进了矩阵的秩、不变因子和初等因子、正交矩阵、矩阵的相似变换、合同矩阵等概念，以合乎逻辑的形式整理了不变因子和初等因子的理论，并讨论了正交矩阵与合同矩阵的一些重要性质。1854 年，约当研究了矩阵化为标准形的问题。1892 年，梅茨勒(H. Metzler)引进了矩阵的超越函数概念并将其写成矩阵的幂级数的形式。傅立叶(J. Fourier)、西尔和庞加莱(J. H. Poincaré)的著作中还讨论了无限阶矩阵问题。

矩阵本身所具有的性质依赖于元素的性质，矩阵由最初作为一种工具经过两个多世纪的发展，现在已成为独立的一门数学分支——矩阵论。而矩阵论又可分为矩阵方程论、矩阵分解论和广义逆矩阵论等矩阵的现代理论。矩阵及其理论现已广泛地应用于现代科技的各个领域。

(4) 方程组

线性方程组的解法，早在两千多年前中国古代的数学著作《九章算术》方程章中已作了比较完整的论述。其中所述方法实质上相当于现代的对方程组的增广矩阵施行初等行变换从而消去未知量的方法，即高斯消元法。

高斯(Gauss)大约在 1800 年提出了高斯消元法并用它解决了天体计算和后来的地球表面测量计算中的最小二乘法问题。这种涉及测量、求取地球形状或当地精确位置的应用数学分支被称为测地学。在当时的几年里，高斯消元法一直被认为是测地学发展的一部分，而不是数学。而高斯-约当消元法则最初是出现在由 Wilhelm Jordan 撰写的测地学手册中。许多人把著名的法国数学家约当(Camille Jordan)误认为是高斯-约当消元法中的约当。

在西方，线性方程组的研究是在 17 世纪后期由莱布尼茨开创的。他曾研究含两个未知量的三个线性方程组成的方程组。麦克劳林在 18 世纪上半叶研究了具有二、三、四个未知量的线性方程组，得到了现在称为克莱姆法则的结果。克莱姆不久也发表了这个法则。18 世纪下半叶，法国数学家贝祖对线性方程组理论进行了一系列研究，证明了 n 元齐次线性方程组有非零解的条件是系数行列式等于零。

19 世纪，英国数学家史密斯(H. Smith)和道奇森(C-L. Dodgson)继续研究线性方程组理论，前者引进了方程组的增广矩阵和非增广矩阵的概念，后者证明了 n 个未知数 m 个方程的方程组相容的充要条件是系数矩阵和增广矩阵的秩相同。这正是现代方程组理论中的重要结果之一。大量的科学技术问题，最终往往归结为解线性方程组。因此在线性方程组的数值解法得到发展的同时，线性方程组解的结构等理论性工作也取得了令人满意的进展。现在，线性方程组的数值解法在计算数学中占有重要地位。

(5) 向量

向量的概念，从数学的观点来看不过是有序三元数组的一个集合，然而它在物理上意义很大，并且在数学上用它能立刻写出物理上所说的事情。向量用于梯度、散度、旋度就更有说服力。第一个涉及不可交换向量积(即 $\boldsymbol{v}\times\boldsymbol{w}$ 不等于 $\boldsymbol{w}\times\boldsymbol{v}$)的向量代数是 1844 年由德国数学家格拉斯曼(Grassmann)在他的《线性扩张论》一书中提出的。在这部名著中，他引入了欧几里得 n 维空间概念，研究了点、直线、平面、两点间距离等概念，并把这些概念推广到 n 维空间。在 19 世纪末，美国数学物理学家吉布斯(Gibbs)发表了关于《向量分析基础》的著名论述。其后英国物理学家迪拉克(Dirac)提出了行向量和列向量的乘积为标量。我们习惯的列矩阵和向量都是在 20 世纪由物理学家给出的。

(6) 二次型

二次型的系统研究是从18世纪开始的，它起源于对二次曲线和二次曲面的分类问题的讨论。如何将二次曲线和二次曲面的方程变形，选有主轴方向的轴作为坐标轴以简化方程的形状等问题，柯西在其著作中给出结论：当方程是标准形时，二次曲面用二次项的符号来进行分类。然而，那时人们并不太清楚，在化简成标准形时为何总是得到同样数目的正项和负项。

西尔维斯特在二次型的化简和创立标准形理论方面起了重要作用。在二次型化简的研究中西尔维斯特得到了两个二次型等价的充分必要条件是它们有相同的秩和相同的指数，相继得到的另一个重要结果就是著名的“惯性定律”，即秩为 R 的一个实二次型 $f(x_1,x_2,\cdots,x_n)$ 可以通过非奇异的线性变换化成规范形：

$$y_1^2+\cdots+y_s^2-y_{s+1}^2-\cdots-y_r^2$$

其中 s 是唯一确定的，现在教科书中称为正惯性指数．当时西尔维斯特没有给出证明，这个定律后来被雅可比重新发现并证明．判定二次型是否正定具有重要的理论和实用价值。将二次型化为规范形来判定是方法之一，但是能否不用化简，只用二次型的系数进行判定呢？西尔维斯特对这个问题进行了研究，得到著名的西尔维斯特定理：一个 n 元实二次型正定的充分必要条件是该二次型的 n 个顺序主子式全为正数。

1801年，高斯在《算术研究》中引进了二次型的正定、负定、半正定和半负定等术语。二次型化简的进一步研究涉及二次型或行列式的特征方程的概念。特征方程的概念隐含地出现在欧拉的著作中。拉格朗日在其关于线性微分方程组的著作中首先明确地给出了这个概念。而三个变数的二次型的特征值的实性则是由阿歇特(J. N. P. Hachette)、蒙日(G. Monge)和泊松(S. D. Poisson)建立的。

1851年，西尔维斯特在研究二次曲线和二次曲面的切触和相交时考虑了这种二次曲线和二次曲面束的分类。在他的分类方法中他引进了初等因子和不变因子的概念，但他没有证明“不变因子组成两个二次型的不变量的完全集”这一结论。

1858年，魏尔斯特拉斯对同时化两个二次型成平方和给出了一个一般的方法，并证明如果二次型之一是正定的，那么即使某些特征根相等，这个化简也是可能的。魏尔斯特拉斯(Weierstrass)比较系统地完成了二次型的理论并将其推广到双线性型。

线性代数的主要理论成熟于19世纪。代数运算是有限次的，而且缺乏连续性的概念，也就是说，代数学主要是关于离散性的。尽管在现实中连续性和不连续性是辩证统一的，但是为了认识现实，有时候需要把它分成几个部分，然后分别地研究认识，再综合起来，就得到对现实的总的认识。这是我们认识事物的简单但科学的重要手段，也是代数学的基本思想和方法。代数学注意到离散关系，并不能说明这是它的缺点，时间已经多次、多方位地证明了代数学的这一特点是有效的。其次，代数学除了对物理、化学等科学有直接的实践意义外，就数学本身来说，代数学也占有重要的地位。代数学中产生的许多新的思想和概念，大大地丰富了数学的许多分支，成为众多学科的共同基础。第二次世界大战后随着现代数字计算机的飞速发展和广泛应用，许多实际问题可以通过离散化的数值计算得到定量的解决。于是作为处理离散问题的线性代数，成为从事科学研究和工程设计的科技人员必备的数学基础。

(7) 线性代数的扩展——从解方程到群论

求根问题是方程理论的一个中心课题。16世纪，数学家们解决了三、四次方程的求根公式，对于更高次方程的求根公式是否存在，成为当时的数学家们探讨的又一个问题。这个问题花费了不少数学家们大量的时间和精力。他们经历了屡次失败，但总是摆脱不了困境。

到了 18 世纪下半叶，拉格朗日认真总结分析了前人失败的经验教训，深入研究了高次方程的根与置换之间的关系，提出了预解式概念，并预见到预解式和各根在排列置换下的形式不变性有关。但他最终没能解决高次方程问题。拉格朗日的弟子鲁菲尼(Ruffini)也做了许多努力，但都以失败告终。高次方程的根式解的讨论，在挪威杰出数学家阿贝尔那里取得了很大进展。阿贝尔(N. K. Abel)只活了 27 岁，他一生贫病交加，但却留下了许多创造性工作。1824 年，阿贝尔证明了次数大于四次的一般代数方程不可能有根式解。但问题仍没有彻底解决，因为有些特殊方程可以用根式求解。因此，高于四次的代数方程何时没有根式解，是需要进一步解决的问题。这一问题被法国数学家伽罗瓦全面透彻地予以解决。

伽罗瓦(E. Galois)仔细研究了拉格朗日和阿贝尔的著作，建立了方程的根的“容许”置换，提出了置换群的概念，得到了代数方程用根式解的充分必要条件是置换群的自同构群可解。从这种意义上，我们说伽罗瓦是群论的创立者。伽罗瓦出身于巴黎附近一个富裕的家庭，幼时受到良好的家庭教育，只可惜，这位天才的数学家英年早逝。1832 年 5 月，由于政治和爱情的纠葛，他在一次决斗中被打死，年仅 21 岁。

置换群的概念和结论是最终产生抽象群的第一个主要来源。抽象群产生的第二个主要来源则是戴德金(R. Dedekind)和克罗内克(L. Kronecker)的有限群及有限交换群的抽象定义以及凯莱关于有限抽象群的研究工作。另外，克莱因(F. Clein)和庞加莱给出了无限变换群和其他类型的无限群。19 世纪 70 年代，李(M. S. Lie)开始研究连续变换群，并建立了连续群的一般理论，这些工作构成抽象群论的第三个主要来源。

1882～1883 年，迪克(W. Vondyck)的论文把上述三个主要来源的工作纳入抽象群的概念之中，建立了(抽象)群的定义。到 19 世纪 80 年代，数学家们终于成功地概括出抽象群论的公理体系。

20 世纪 80 年代，群的概念已经普遍地被认为是数学及其许多应用中最基本的概念之一。它不但渗透到诸如几何学、代数拓扑学、函数论、泛函分析及其他许多数学分支中而起着重要的作用，还形成了一些新学科如拓扑群、李群、代数群等，它们还具有与群结构相联系的其他结构，如拓扑、解析流形、代数簇等，并在结晶学、理论物理、量子化学以及编码学、自动机理论等方面有重要作用。

附录 2　一元多项式的一些概念和结论

一元多项式是代数学的一个基本内容，它的许多结果在本书第 5 章讨论矩阵对角化以及计算矩阵的特征值时经常用到，现将有关概念和结论作一简介．

定义 1　设 x 是一个变量，n 是一个非负整数，表示式

$$f(x)=a_nx^n+a_{n-1}x^{n-1}+\cdots+a_1x+a_0 \tag{1}$$

称为数域 P 上的**一元多项式**，其中 $a_i\in$ 数域 P $(i=1, 2, \cdots, n)$，数域 P 称为**系数域**．

当 P 是复数域时，$f(x)$称为**复系数多项式**；当 P 是实数域时，$f(x)$称为**实系数多项式**；当 P 是有理数域时，$f(x)$称为**有理系数多项式**，当式(1)中 $a_n, a_{n-1}, \cdots, a_1, a_0$ 均为整数时，$f(x)$称为**整系数多项式**．

在式(1)中，若 $a_n\neq0$，则 a_nx^n 称为多项式 $f(x)$的**首项**（或**最高次项**），a_n 称为**首项系数**，n 称为多项式 $f(x)$的**次数**．同时称 a_{n-1} 为**次高次项系数**，a_0 为**常数项**．若式(1)中

$a_n=0$，$a_{n-1}=0$，…，$a_1=0$，$a_0=0$，则称 $f(x)$ 为**零多项式**．零多项式是唯一不定义次数的多项式．

【例 1】 $-5x^7+x^2-1$ 是 7 次多项式，$\sqrt{2}x+1$ 是 1 次多项式，5 是零次多项式．

我们规定，在一个多项式中，可以任意添上或者去掉一些系数为零的项，并定义两个一元多项式 $f(x)$ 和 $g(x)$ 有完全相同的项，或者只差一些系数为零的项，就称 $f(x)$ 和 $g(x)$ **相等**，记为 $f(x)=g(x)$.

多项式可引入“根”的概念．设 $f(x)$ 如式(1)，并设 c 是数域 P 中的一个数，用 $f(c)$ 表示取 $x=c$ 时多项式 $f(x)$ 的值，即 $f(c)=a_nc^n+a_{n-1}c^{n-1}+\cdots+a_1c+a_0\in P$. 若 $f(c)=0$，则称 c 是 $f(x)$ 的一个**根**．因此多项式 $f(x)$ 的根也就是方程式 $f(x)=0$ 的解.

定理 1 数域 P 上数 c 为数域 P 上多项式 $f(x)$ 的一个根的充要条件为 $x-c$ 是 $f(x)$ 的因式，即 $f(x)$ 可表示成 $f(x)=(x-c)q(x)$，其中 $q(x)$ 是数域 P 上的一个多项式.

【例 2】 设 $f(x)=x^3+x^2-2x-2$，因 $f(-1)=0$，所以 -1 是 $f(x)$ 的一个根．

由定理 1 知，$x+1$ 是 $f(x)$ 的因式．要证实这一点可如数的除法一样列式计算（称**带余除法**）．具体做法是将被除式 x^3+x^2-2x-2 写在中间，除式 $x+1$ 写在左边，右边留着准备写商式．先对照被除式的最高次项 x^3 与除式的最高次项 x，得出商式的最高次项为 x^2. 将 x^2 写在右边商式的首位，并将 x^2 与除式 $x+1$ 相乘所得 x^3+x^2 写在被除式 x^3+x^2-2x-2 对应项的下面，然后两者相减得余式 $-2x-2$. 再对照余式和除式的最高次项，得出商式的第 2 项为 -2. 重复上述做法，得到余式为 0. 整个过程可用竖式表示为

$$
\begin{array}{r|r|l}
x+1 & x^3+x^2-2x-2 & x^2-2 \\
 & x^3+x^2 \qquad\qquad & \\
\hline
 & -2x-2 & \\
 & -2x-2 & \\
\hline
 & 0 &
\end{array}
$$

所以

$$x^3+x^2-2x-2=(x+1)(x^2-2)=(x+1)(x-\sqrt{2})(x+\sqrt{2}).$$

从而 $f(x)$ 的根为 -1，$\sqrt{2}$，$-\sqrt{2}$.

定义 2 设 $f(x)$ 是数域 P 上的一个多项式，c 是 P 中一个数，k 是正整数，若

$$f(x)=(x-c)^kq(x),$$

其中 $q(x)$ 是数域 P 上的多项式，且 $q(c)\neq 0$，则称 c 是 $f(x)$ 的 **k 重根**．当 $k=1$ 时，称为**单根**；当 $k>1$ 时，称为**重根**．

【例 3】 设 $f(x)=x^3+x^2-5x+3$，则 $f(x)=(x-1)^2(x+3)$，所以 -3 是 $f(x)$ 的单根，1 是 $f(x)$ 的 2 重根.

需要特别注意的是，同一个多项式的根与所讨论的数域有关．

【例 4】
$$
\begin{aligned}
f(x)&=x^5-x^4-2x+2\\
&=(x-1)(x^4-2)
\end{aligned}
$$

$$= (x-1)(x^2-\sqrt{2})(x^2+\sqrt{2})$$
$$= (x-1)(x-\sqrt[4]{2})(x+\sqrt[4]{2})(x-\sqrt[4]{2}\mathrm{i})(x+\sqrt[4]{2}\mathrm{i})$$

所以 $f(x)$在复数域有 5 个根：1，$\pm\sqrt[4]{2}$和$\pm\sqrt[4]{2}\mathrm{i}$；在实数域有 3 个根：1 和$\pm\sqrt[4]{2}$；在有理数域只有 1 个根：1.

一元多项式的求根是经典代数的核心问题，多项式根的计算也是一个很复杂的问题．下面所介绍的是一些最基本的结论．

定理 2 （代数基本定理）每个次数大于等于 1 的复系数多项式在复数域中有一个根．

推论 1 每个 n（$n\geqslant 1$）次 的复系数多项式在复数域中恰有 n 个根（重根按重数计算）．

推论 2 设 $f(x)$为 n 次多项式，首项系数为 a_n，若 $f(x)$的 n 个根为$\lambda_1,\lambda_2,\cdots,\lambda_n$，则 $f(x)=a_n(x-\lambda_1)(x-\lambda_2)\cdots(x-\lambda_n)$．

定理 2 和推论 1 都是从理论上说明多项式根的存在，而没有给出具体确定这些根的方法．下面两个定理有助于确定多项式的根．

定理 3 设 $f(x)=a_nx^n+a_{n-1}x^{n-1}+\cdots+a_1x+a_0$.

(1) 若 $a_0=0$，则 0 是 $f(x)$的一个根；

(2) 若 $a_n+a_{n-1}+\cdots+a_1+a_0=0$，则 1 是 $f(x)$的一个根；

(3) 若奇次项系数之和与偶次项系数之和相等，则-1是 $f(x)$的一个根．

证明 在（1）的条件下，有 $f(0)=0$；在（2）的条件下，有 $f(1)=0$；在（3）的条件下，有 $f(-1)=0$.

注： 用本定理的（3）判定出例 2 的 $f(x)$有一个根为-1，同样，用本定理的（2）判定出例 3 的 $f(x)$有一个根为 1.

定理 4 设 $f(x)=a_nx^n+a_{n-1}x^{n-1}+\cdots+a_1x+a_0$是一个整系数多项式，若 $f(x)$有一个有理根 $\frac{r}{s}$，其中 r，s 是互素整数（即 r，s 的公因数只有± 1)，则 s 是 a_n 的一个因数，而 r 是a_0 的一个因数．特别地，若 $f(x)$的首项系数 $a_n=1$，则 $f(x)$的有理根都是整数，且均是 a_0 的因数．

【例 5】 求 $f(x)=x^5-x^4-2x+2$ 的有理根．

解 由定理 4 知，$f(x)$的有理根都是整数，且为 2 的因数，所以只能为± 1，± 2.

计算得

$$f(1)=0, f(-1)=2\neq 0, f(2)=14\neq 0, f(-2)=-42\neq 0$$

所以 $f(x)$只有 1 个有理根 1.

进而可确定 $f(x)$的其他根．由定理 1 知，$(x-1)$ 是 $f(x)$的一个因式．作带余除法

$$\begin{array}{r|r|l}
x-1 & x^5-x^4-2x+2 & x^4-2 \\
 & x^5-x^4 & \\
\hline
 & -2x+2 & \\
 & -2x+2 & \\
\hline
 & 0 &
\end{array}$$

所以

$$f(x)=(x-1)(x^4-2)=(x-1)(x^2-\sqrt{2})(x^2+\sqrt{2})$$
$$=(x-1)(x-\sqrt[4]{2})(x+\sqrt[4]{2})(x-\sqrt[4]{2}\mathrm{i})(x+\sqrt[4]{2}\mathrm{i})$$

这就得出 $f(x)$在复数域的全部根．

由定理 4 还可以确定有理系数多项式的全部有理根．这是因为若 $f(x)$是有理系数多项式，则将 $f(x)$乘上一个适当的整数 c ［其实就是 $f(x)$所有系数的分母的公倍数］，就可使 $cf(x)=g(x)$是一个整系数多项式，由于 $f(x)$与 $g(x)$只相差一个非零的常数因子，所以 $f(x)$与 $g(x)$有相同的根，而 $g(x)$的全部有理根可由定理 4 确定，从而也就确定了 $f(x)$的全部有理根．

【例 6】 求 $f(x)=\frac{1}{2}x^3-2x^2+\frac{3}{2}x+1$ 的有理根．

解 因 $f(x)=\frac{1}{2}(x^3-4x^2+3x+2)$，所以 $f(x)$与整系数多项式 $g(x)=x^3-4x^2+3x+2$ 有相同的根，由定理 4 知，$g(x)$的有理根只可能是±1，±2.

计算得 $g(1)=2\neq0, g(-1)=-6\neq0, g(2)=0, g(-2)=-28\neq0$,所以 $g(x)$只有 1 个有理根 2.

进而可确定 $g(x)$的其他根．由定理 1 知，$(x-2)$ 是 $g(x)$的一个因式，作带余除法．

$$\begin{array}{r|r|l}
x-2 & x^3-4x^2+3x+2 & x^2-2x-1 \\
 & x^3-2x^2 & \\
\hline
 & -2x^2+3x & \\
 & -2x^2+4x & \\
\hline
 & -x+2 & \\
 & -x+2 & \\
\hline
 & 0 &
\end{array}$$

所以 $g(x)=(x-2)(x^2-2x-1)$．再用求根公式得出 2 次多项式 x^2-2x-1 的两个根为 $1+\sqrt{2}$和 $1-\sqrt{2}$. 这样 $g(x)=(x-2)[x-(1+\sqrt{2})][x-(1-\sqrt{2})]$．所以 $g(x)$，也就是 $f(x)$在实数域中全部根为 2，$1\pm\sqrt{2}$.

最后要指出的是，定理 4 和例 6 所介绍的方法在第 5 章矩阵对角化理论中也是十分有用的．

【例 7】 设实矩阵

$$\boldsymbol{A}=\begin{pmatrix} \frac{5}{2} & 3 & -5 \\ -3 & \frac{1}{2} & 3 \\ -1 & \frac{3}{2} & 0 \end{pmatrix},$$

求 $\boldsymbol{A}$ 的全部特征值，且判别 $\boldsymbol{A}$ 能否对角化．

解

$$f(\lambda)=|\lambda \boldsymbol{E}-\boldsymbol{A}|=\begin{vmatrix}\lambda-\frac{5}{2} & -3 & 5\\ 3 & \lambda-\frac{1}{2} & -3\\ 1 & -\frac{3}{2} & \lambda\end{vmatrix}=\lambda^3-3\lambda^2+\frac{3}{4}\lambda+\frac{1}{4}.$$

因 $f(\lambda)=\frac{1}{4}(4\lambda^3-12\lambda^2+3\lambda+1)$，所以 $f(\lambda)$可能的有理根为± 1，$\pm\frac{1}{2}$，$\pm\frac{1}{4}$. 经计算知，$f\left(\frac{1}{2}\right)=0$，当 c 取± 1，或$-\frac{1}{2}$，或$\pm\frac{1}{4}$时，均有 $f(c)\neq 0$，所以 $f(\lambda)$的有理根为$\frac{1}{2}$. 进而$\left(x-\frac{1}{2}\right)$是 $f(\lambda)$的一个因式，用带余除法可得 $f(\lambda)=\left(\lambda-\frac{1}{2}\right)\left(\lambda^2-\frac{5}{2}\lambda-\frac{1}{2}\right)$. 用求根公式可得 2 次多项式 $\lambda^2-\frac{5}{2}\lambda-\frac{1}{2}$ 两个根为$\frac{5}{4}+\frac{1}{4}\sqrt{33}$和$\frac{5}{4}-\frac{1}{4}\sqrt{33}$，所以 $\boldsymbol{A}$ 的全部特征值为$\frac{1}{2}$，$\frac{5}{4}+\frac{1}{4}\sqrt{33}$，$\frac{5}{4}-\frac{1}{4}\sqrt{33}$. 因 $\boldsymbol{A}$ 有 3 个互异的特征值，所以 $\boldsymbol{A}$ 能对角化，即 $\boldsymbol{A}$ 可与对角矩阵 $\mathrm{diag}\left[\frac{1}{2},\ \frac{5}{4}+\frac{1}{4}\sqrt{33},\ \frac{5}{4}-\frac{1}{4}\sqrt{33}\right]$ 相似.

参考文献

[1] 卢刚．线性代数．北京：高等教育出版社，2004．

[2] 邵建峰．线性代数．北京：高等教育出版社，2009．

[3] 陈建华．线性代数．北京：机械工业出版社，2011．

[4] 谢彦红．线性代数．第二版．大连：大连理工大学出版社，2008．

[5] 李炯生．线性代数．合肥：中国科学技术大学出版社，2010．

[6] 王萼芳．高等代数．北京：高等教育出版社，2003．

[7] 陈维新．线性代数简明教程．第二版．北京：科学出版社，2007．

[8] 李文林．数学史概论．第二版．北京：高等教育出版社，2002．

[9] 陈怀琛，龚杰民．线性代数实践及 MATLAB 入门．北京：电子工业出版社，2009．

[10] 王亮，冯国臣，王兵团．基于 MATLAB 的线性代数实用教程．北京：科学出版社，2008．